Emitter Detection and Geolocation for Electronic Warfare

电子战辐射源检测与定位

[美] 尼古拉斯·A. 奥唐纳（Nicholas A. O'Donoughue） 著
王建涛 张立东 译

清华大学出版社
北京

北京市版权局著作权合同登记号　图字：01-2021-5793

Translation from English language edition:
Emitter Detection and Geolocation for Electronic Warfare
By Nicholas A. O'Donoughue
ISBN 978-1-63081-564-6

图书在版编目(CIP)数据

电子战辐射源检测与定位/(美)尼古拉斯·A.奥唐纳著；王建涛，张立东译.—北京：清华大学出版社，2022.6(2023.12重印)
书名原文：Emitter Detection and Geolocation for Electronic Warfare
ISBN 978-7-302-60418-1

Ⅰ.①电…　Ⅱ.①尼…　②王…　③张…　Ⅲ.①电子对抗－辐射源－检测　Ⅳ.①TN97

中国版本图书馆CIP数据核字(2022)第111340号

责任编辑：黎　强
封面设计：何凤霞
责任校对：王淑云
责任印制：曹婉颖

出版发行：清华大学出版社
网　　址：https://www.tup.com.cn，https://www.wqxuetang.com
地　　址：北京清华大学学研大厦A座　　**邮　　编**：100084
社 总 机：010-83470000　　**邮　　购**：010-62786544
投稿与读者服务：010-62776969，c-service@tup.tsinghua.edu.cn
质量反馈：010-62772015，zhiliang@tup.tsinghua.edu.cn
印 装 者：天津鑫丰华印务有限公司
经　　销：全国新华书店
开　　本：170mm×240mm　　**印　　张**：16.5　　**字　　数**：331千字
版　　次：2022年8月第1版　　**印　　次**：2023年12月第3次印刷
定　　价：98.00元

产品编号：089182-01

“谨以此书献给我耐心的妻子 Lauren，她牺牲了许多夜晚和周末让我有时间写这本书，同时感谢我的孩子 Cecilia 和 Phineas，他们让我心情放松。”

——Nicholas A. O'Donoughue

前言

Preface

电子战领域非常广泛，当前有关电子战的研究也非常活跃。回顾已出版的专著，读者就会发现目前仍然缺乏一些有关电子战的入门书籍、历史资料和专业研究性手册。本书的目的是在简练的入门书籍（例如，David Adamy 的 *EW 101* 系列书籍）和综合的参考手册（例如，Richard Poisel 的 *Electronic Warfare：Receivers and Receiving Systems*）之间取得平衡。本书中提供了参考资料供读者查阅。

本书给出了有关威胁辐射源检测和定位的一致理论表述。包含基于统计信号处理和阵列处理原理的正式背景介绍。本书分为三部分，分别为“威胁辐射源检测”“到达角度估计”和“威胁辐射源定位”。

Artech House 网站提供了关于示例、图形和算法的 MATLAB® 代码。同时为每个技术章节提供了问题集。下载后，读者可以从程序包的根文件夹或通过将该根文件夹添加至 MATLAB 路径来运行代码。

采用一致的表述对于在问题集支持下的大学课程（无论是研究生课程还是高级本科课程）是非常有用的。本书的 MATLAB 代码可帮助从业人员、系统设计人员和研究人员理解和运用本书中的算法，并制定解决此类问题的新方法。

目标读者应当具备概率论和统计学以及信号处理概念（如奈奎斯特采样标准和傅里叶变换）方面的背景知识。

目录
Contents

第二部分 到达角估计

第1章

概　　论

电磁频谱以电子战(electronic warfare,EW)的形式广泛应用在现代战场中,辐射源检测和定位是其主要功能之一。辐射源检测主要用于雷达跟踪、制导告警或干扰源检测等;辐射源定位可协助飞行员针对威胁目标做出更为灵活的作战行动,例如,呼叫基于 GPS 定位的火力支援或机外干扰支援,乃至确定敌军部署情况。

近一个世纪以来,威胁辐射源检测与定位已成为军事打击行动中的关键一环。早期的射频(radio frequeney,RF)测向系统出现在 1906 年,并且在第二次世界大战爆发前的几十年内得到了迅速发展[1]。作为诺曼底登陆准备工作之一,多个测向站被部署于英国海岸上以检测和定位德军海岸防御雷达,为后续空袭打下了良好的基础。这种精确定位德军雷达阵地的能力,帮助盟军摧毁了尽可能多的敌军雷达,又帮助盟军对敌军雷达进行了精确干扰以屏蔽诺曼底登陆舰队驶向诺曼底的信号,并产生盟军于它地登陆的假象,从而使德军无法及时集结军队阻止诺曼底登陆行动[2]。在此后的几十年内,由于现代军队在观察和通信方面对射频发射技术的依赖日益增强,电子战技术取得了快速发展。

目前,雷达告警接收机(radar warning receiver,RWR)可为飞行员提供威胁检测和定位信息,综合电子战系统的功能日益强大,检测灵敏度和精确度日益提升,同时可将检测信息传送到其他平台进行定位处理和应用。美军在电子战系统的融资开发方面,尤其是在电磁频谱战斗管理和态势感知方面,已重新加大了力度①。其中态势感知的关键性需求,就是检测和定位设备提供的关于敌方军队部署情况的信息。

---

① 这主要是由 2013 年美国国防科学委员会夏季电子战研讨会发起的。该研讨会建议大力促进美军电子战系统防护技术和方法的发展。该研讨会内容摘要已向公众公布[3]。

本书分为三大部分：第一部分，威胁辐射源的检测；第二部分，到达角估计；第三部分，威胁辐射源的定位。每部分的第1章均为引言，介绍有关信号处理的理论。引言后有一系列较短的章节，介绍相应应用目标实现的具体方法。1.1～1.3节为第一部分到第三部分的简介。

1.1 威胁辐射源的检测

现有检测架构种类繁多，每种架构都有其优缺点。其中比较流行的接收机架构有3种：扫描超外差式接收机，这是一种对很宽的带宽进行扫描的窄带接收机；压缩接收机，这是一种分配频道到后续临时容器中的接收机；信道化接收机，这是一种将很宽的带宽进行数字化然后将信号分离到不同的数字信道中的接收机。每种接收机都有其优点和局限性，对最优架构的选择，往往在很大程度上取决于目标信号的特点，如带宽和扩展频谱的特点。

实际上，由于噪声的存在，所有收集到的信号在本质上都是随机信号。噪声大部分源于银河噪声或热态背景噪声，还源于射频硬件的低效。处理这些噪声源的典型办法就是将其建模为高斯噪声模型。在计算预期信号电平时，考虑到收集信号的不确定性，需要在计算时引入概率分布，最终计算结果也只是对信号电平的期望值估计。通常情况下，用信号功率除以噪声功率作为信号检测能力的度量指标，即信噪比(signal to noise ratio，SNR)。

根据虚警的最大容许概率(仅有噪声时信号电平超过检测阈值的概率)和期望达到的检测概率(期望信号电平超过检测阈值的概率)，就可以确定检测阈值。图1.1描绘了白噪声背景下两个信号的典型检测场景，图中的虚线为信号检测阈值，两个信号只有一个被检测到，而另一个发生了漏检。此外，在对第一个信号进行检测之前，还产生了一处虚警。

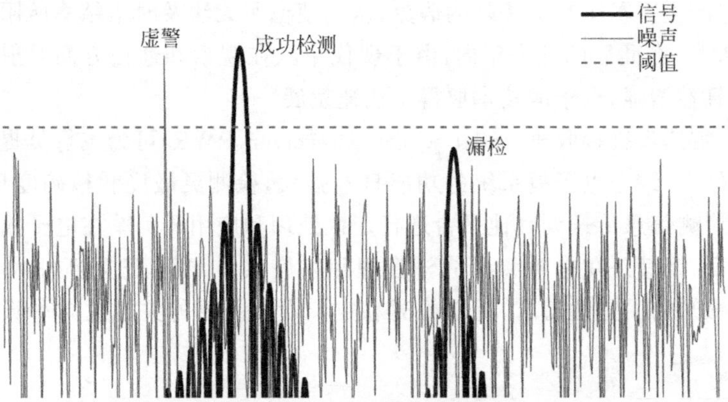

图1.1 设置合理的检测阈值，在无过度虚警的条件下，尽可能减小漏检的概率

对电子战信号检测基本原理感兴趣的读者，可查阅 Dave Adamy 编著的 *EW 103：Tactical Battlefield Communications Electronic Warfare*[4]。为了更透彻地了解各种接收机架构，感兴趣的读者可查阅 *Electronic Warfare Receivers and Receiving Systems*[5]中的大量参考文献。检测理论的有关算法，是本书进行讨论的基础。对此算法感兴趣的读者，可阅读 Louis Scharf 的 *Statistical Siginal Processing*[6]。

辐射源检测方法涉及多个关键性能参数。本书着重关注检测器虚警率（虚警数/时）、最小可检测信号（在给定的检测概率下）以及检测概率（在给定的观察时间内），分析被观察信号的特点（如带宽、跳频和脉冲持续时间）和接收机架构（观测带宽是否较宽，扫频瞬时带宽是否较窄，是否使用压缩混频器），是决定检测性能的重要方面。此时检测性能可以通过单脉冲或单次传输检测概率或检测期望延时等进行表述。

第 2 章将详细讨论检测理论和性能预测。第 3 章将讨论连续波（continuous wave，CW）信号的检测。第 4 章将讨论扩展频谱信号。第 5 章将讨论扫描接收机的影响和作用，扫描接收机的扫描带宽必须大于信号带宽。

1.2 到达角估计

到达角估计（angle of arrival，AOA）可提升态势感知能力，用于提示敌方方位。它也可为己方军事行动提供信息支撑，如对敌方辐射源进行干扰或发射导弹并进行导弹制导。如果没有距离信息辅助，则很难评估电子攻击的效果，并且当导弹仅基于角度信息进行目标跟踪时，会导致制导的作用下降，最终导致成功攻击的概率下降。尽管如此，到达角一般是单平台能够较容易获取的最有效制导参数，并具有某些优势。

与检测相似，射频辐射源测向也有多种不同的方法，并且都有其各自的优点与局限性。这种解决方案被称为到达角估计。到达角估计通常也被称为方位线（line of bearing，LOB）。到达角估计可通过利用单个天线的方向特性、空间密集天线的复杂排列或相控阵实现，上述 3 种方法按复杂性和精度的升序排列[1,7]。

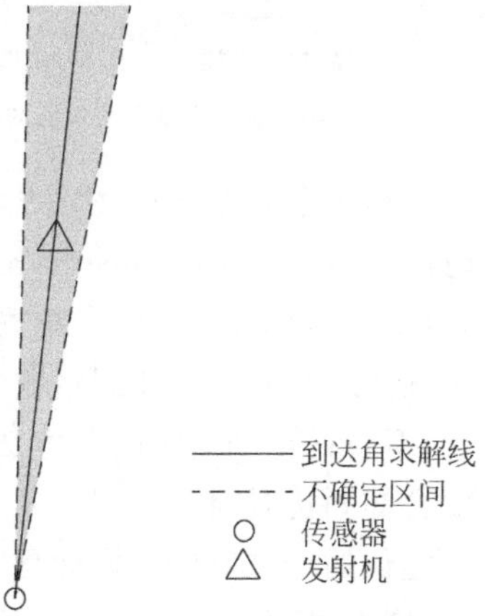

图 1.2 辐射源的到达角估计
阴影区域代表不确定区间，本例中误差为±5°

图 1.2 是到达角估计的图示。实线表示估计的到达角，阴影区域代表估计的不确定区间。造成这种不确定的原因包括影响多辐射源交互与随机噪声源，它们会导致到达角估计算法失真甚至出错。

到达角估计的标准偏差和角度分辨率(系统可分辨的两个辐射源之间的最小方向夹角)是衡量测向性能的两个最有效方法。第 6 章将讨论包括上述性能指标的估计理论。第 7 章将讨论测向的基本方法。第 8 章将概述基于阵列的测向技术。

1.3 威胁辐射源的定位

1.3.1 定位

定位,是根据全局坐标(如经纬度)或局部坐标(如相对某一固定参照物的距离与方位)对辐射源位置进行的估计。定位的方法之一是通过多个传感器产生方位线,然后通过三角测量法综合并求解定位估计值,如图 1.3 所示。可通过单个移动平台(如果与检测平台相比,辐射源移动速度足够慢),通常为一架飞机或一个近地轨道卫星进行三角测量[4,7-8]。

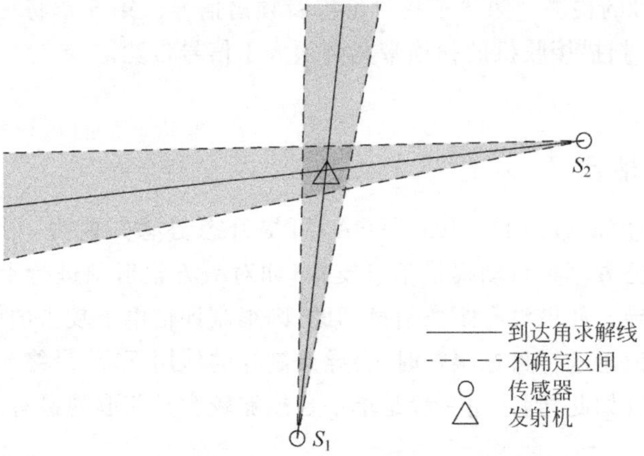

图 1.3 基于两个传感器的达角估计值,采用三角测量法求算辐射源定位
阴影区域代表单个测量值的不确定区间,相交部分代表辐射源位置估计的模糊区域

利用多个站点,通过多个地点或多个平台(飞机或航天器)采用相关技术,如到达时间差(time difference of arrival,TDOA)或到达频率差(frequency difference of arrival,FDOA),可产生精确定位[9]。综合起来考虑,在某些限制条件下,通过采用到达时间差方法和到达频率差方法,利用一对传感器就能求算出定位估计值。第 11 章将讨论到达时间差方法。第 12 章将讨论到达频率差方法。第 13 章将讨论混合的到达时间差—到达频率差方法。

定位的最重要性能指标是圆形概率误差(circular error probable,CEP)。根据定义,圆形概率误差就是以估计位置为中心的圆的半径,目标以特定的概率(一般为 50%或 95%)落在这个圆圈范围内。其他性能指标包括性能统计边界,如克拉美罗下界(Cramer-Rao lower bound,CRLB;其提供一个无偏估计值的均方误差下界)①或 Ziv-Zakai 界(Ziv-Zakai bound,ZZB;其在低中信噪比域内提供更严格的(更精确的)性能边界)。第 9 章将详细讨论定位性能。

对定位背景知识感兴趣的读者,可查阅 *EW 103*[4]。对于完整的定位讨论,可查阅 Poisel 的 *Electronic Warfare Target Location Methods*[9],本书第二部分和第三部分中讨论了很多定位方法。

1.3.2 星基定位

卫星是收集辐射源位置的电子情报(electronic intelligence,ELINT)的理想选择。电子情报包括辐射源定位估计。卫星之所以成为理想选择,部分原因是卫星可以在不引起军事行动的情况下飞临世界上任何国家的上空,并且还可以通过有效的信号检测方式获得通过其他方法无法检测到的信号。美国早在 20 世纪 60 年代就发射了第一颗电子情报卫星,随后其他几个国家也相继加入了这一行列[8]。随着较小卫星,如立方星和皮卫星的出现,现在甚至个人和研究机构也可以发射用于科学实验的有效载荷[10-11]。

卫星距离辐射源非常遥远,这就直接影响了卫星的定位性能。但是,卫星的高速和可预测轨道使一些无法应用于陆基或空基检测器的定位技术(包括几种单船技术)能够被应用到卫星上。关于星基定位的详细描述,感兴趣的读者可查阅 *Space Electronic Reconnaissance: Localization Theories and Methods*[8]。

1.4 本书关注的信号

实际环境中存在许多种类信号可供人们进行检测和定位。但是在电子战背景下,人们关注的信号主要是雷达信号和通信信号。

在实际应用中,雷达信号的变化范围很大。其载波频率范围是从超视距搜寻雷达的高频(3～30 MHz)到导弹导引头和宽带卫星成像的毫米波(30～300 GHz)。信号带宽最低为 1 MHz。在高分辨率成像应用中,信号带宽可超过 1 GHz。对于超视距雷达,脉冲重复时间(pulse recurrence interval,PRI)可以很长,长至几毫秒;对于短程跟踪雷达,PRI 可以非常短,短至几微秒。雷达信号也是难以预测的。单个雷达会因为执行不同任务而迅速转换模式。因任务和平台不同,雷达的功率等级也会发生很大变化。但是对于载人机载平台而言,雷达功率一般会超过 30 dBW(1 kW);对于船基和陆基系统,雷达功率一般会超过 60 dBW(1 MW)。最值得注意的问题是,大多数雷达都是高度定向的,这意味着没有被雷达正对着的接收机将只能检测到旁瓣辐射,但旁瓣辐射比主瓣辐射弱 40 dB。

虽然传统雷达系统的波行和形为常常固定,但固态放大器和有源电子扫描阵

① 无偏估计是以真实值为中心进行估计值计算的方法(估计值无偏差)。

列(active electronically scanned array,AESA)的出现大大提高了雷达系统的灵活性和不可预测性。现在雷达信号的最重要特征是从一个相干处理时间(coherent processing interval,CPI)到下一个相干处理时间,有时甚至从一个脉冲到下一个脉冲,现代雷达信号可能完全不可预测。

通信信号在很大程度上更加结构化。要在两个系统之间进行信息交换,则两个系统必须在对信息进行编码、调制和电磁波谱传输等方面达成一致。当空间存在多个发射机时,则可通过分时、分频和分空间或通过时间—频率编码来化解冲突。通信信号是单程信号,而雷达信号必须通过目标反射再返回接收机。因此,通信信号强度相比雷达通常弱得多,除某些卫星传输系统外,几乎在所有情况下通信功率都低于 30 dBW(1 kW)。另外一个显著差异是,通信信号一般是(虽然不是总是)全向传输的。

军事上波形检测所面临的主要挑战是跳频的使用。虽然现有的通信信道通常要么是公众所知的,要么是容易破译的(因为它们不太可能随时间而改变),但信道在任何时候都是(根据仅网络参与者知道的密钥)随机选择的,并且频率的变化速度也非常快。在 Link-16 的情况下①,跳频速率就超过 16 000 次/s,这意味着信号在一个频率下的平均持续时间还不到 100 μs。这就对电子战接收机提出了巨大挑战。电子战接收机必须瞬间从所有可用信号的整个带宽中取样以获取已跳到一个新频率的信号,并且如果信号在每个频率停留的时间越短,则电子战系统越难收集到足够的信号以进行检测和处理。军事系统中常采用的一种相关技术是直接序列扩频(direct sequence spread spectrum,DSSS)技术。这种技术采用较窄带宽信号,并使用密钥生成的重复编码对信号进行调制。这样可有效地将能量分布到较宽的射频频谱上,并可将信号密度降到本底噪声以下。这将会大大地复杂化信号检测工作。

除了通信信号外,研究人员还需要对一些关注的应答器进行检测和定位。应答器的检测和定位,包括指定货船使用的自动信息系统(automatic information system,AIS)。很多商业渔轮也自愿使用此系统。此系统采用一个固定频率(1.612 GHz)和若干预设信息进行交互。每艘船只分配一个唯一识别码。它们都将各自的坐标位置(一般都通过 GPS 定位)广播给此区域内的接收机和轨道上的卫星接收机。飞机也采用类似的应答器系统,此应答器系统通常被称为广播式自动相关监视(automatic dependent surveillance broadcast,ADS-B)。对应答器信号进行检测和定位,可有效检测(因设备故障或故意欺骗)正在广播错误位置的系统。大多数军用飞机也有类似的系统,此系统被称为敌我识别(integrated friend or foe,IFF)应答器。虽然敌我识别信号通常加密,且信号内容保密,但是对 IFF 信号

① Link-16 是一种美国军事数据链。它是美军飞机、盟军飞机以及某些地面用户广泛使用的数据链。它的波形是带跳频和加密“citengl16guide”的长波段脉冲波形。

的检测和定位仍是一个广受关注的方向。

1.5 非军事用途

本书讨论的技术并非都局限于军事电子战系统。这些技术也有很多非军事用途。其中某些技术的独有特点会对各种技术的性能都产生影响。例如,辐射源定位技术对于源定位启发性很强,如检测气体泄漏,探测基于传感器网测量的自然现象或追踪野生动物活动等。这类技术还可以用于用户的室内定位,如机器人在车间导航以及顾客在购物中心导航等。在室内和城市场景中,多径回波产生的影响不容忽视。手机供应商可应用类似技术来估计用户所在的位置。虽然信号塔提供的一个位置信息比较粗略,但通过多塔协同定位,即使在没有 GPS 且与用户手机处于非协作关系的情况下,通过这些信号塔接收的信号也可以精确确定用户所在位置[12]。

1.6 局限性

辐射源检测和定位的主要局限性之一是对辐射源的依赖。辐射源系统当希望免于受到电子侦察时,会进行辐射控制。但这样做的代价是,它们执行任务的效果经常会受到辐射源控制的影响。因此现在很多系统都在检测风险与射频频谱使用优势之间寻找平衡。

收发分置雷达的使用,给辐射源定位带来了巨大的挑战。在这种情况下,仅雷达发射机可被观察到。虽然信号仍可被检测到,并对发射机进行定位,但是检测不到接收机站点,无法对检测到的雷达进行干扰支援。还有一种特殊的收发分置雷达,即无源雷达,该雷达不设置发射机,而依赖附近的已知(并且一般是静态的)辐射源,一般情况为大功率广播站,如广播或电视发射机[13]。因此,通过电磁波方式是无法对它们进行定位的。

参考文献

[1] T. E. Tuncer and B. Friedlander, *Classical and modern direction-of-arrival estimation*. Boston, MA: Academic Press, 2009.

[2] H. Griffths, "The d-day deception operations taxable and glimmer," *IEEE Aerospace and Electronic Systems Magazine*, vol. 30, no. 3, pp. 12–20, 2015.

[3] D. S. Board, "21st century military operations in a complex electromagnetic environment," Office of the Secretary of Defense, Tech. Rep. AD1001629, July 2015.

[4] D. Adamy, *EW 103: Tactical battlefield communications electronic warfare*. Norwood, MA: Artech House, 2008.

[5] R. A. Poisel, *Electronic warfare receivers and receiving systems*. Norwood, MA: Artech House, 2015.

[6] L. L. Scharf, *Statistical signal processing*. Reading, MA: Addison-Wesley, 1991.

[7] A. Graham, *Communications, Radar and Electronic Warfare*. Hoboken, NJ: John Wiley & Sons, 2011.

[8] F. Guo, Y. Fan, Y. Zhou, C. Xhou, and Q. Li, *Space electronic reconnaissance: localization theories and methods*. Hoboken, NJ: John Wiley & Sons, 2014.

[9] R. Poisel, *Electronic warfare target location methods*. Norwood, MA: Artech House, 2012.

[10] H. Heidt, J. Puig-Suari, A. Moore, S. Nakasuka, and R. Twiggs, "Cubesat: A new generation of picosatellite for education and industry low-cost space experimentation," in *Proceedings 2000 Small Satellite Conference*, 2000.

[11] K. Woellert, P. Ehrenfreund, A. J. Ricco, and H. Hertzfeld, "Cubesats: Cost-effective science and technology platforms for emerging and developing nations," *Advances in Space Research*, vol. 47, no. 4, pp. 663–684, 2011.

[12] R. Zekavat and R. M. Buehrer, *Handbook of position location: Theory, practice and advances*. Hoboken, NJ: John Wiley & Sons, 2011, vol. 27.

[13] M. A. Richards, J. Scheer, W. A. Holm, and W. L. Melvin, *Principles of Modern Radar*. Edison, NJ: SciTech Publishing, 2010.

第一部分

威胁辐射源检测

第2章

检测理论

本章讨论检测理论，它是统计信号处理的主要手段之一，有时也称为假设测试或决策。检测理论的基本前提是检测器可以进行噪声测量，目的是确定在这些测量中是否存在目标信号。本章将讨论检测理论的基本原理，适用于辐射源检测。第 3 章和第 4 章将讨论该理论在感兴趣信号方面的应用，分别包括连续信号和扩频信号。第 5 章将讨论各种接收机结构，这些结构可用于观测宽频带中的任意信号。

本章对检测理论进行了概述。感兴趣的读者可以查阅 Louis Scharf [1]，Harry Van Trees [2]或 Steven Kay [3]的开创性著作。

2.1 背景

本章假设读者对随机变量、常见的统计分布和随机过程有所了解。附录 A 中给出了一些背景资料。

2.1.1 变化源

接收信号中存在无数变化源，其中许多被称为噪声或干扰，唯一原因是它们不是感兴趣的信号。噪声源和干扰源包括天体发出的射频信号（称为银河背景噪声）、由射频电路和部件产生的辐射（称为热噪声）及人为辐射（如射频广播和故意干扰信号）。

在数学上，用方程(2.1)表示：

$$N = kTB \tag{2.1}$$

其中，k 为玻耳兹曼常数(1.38×10^{-23} W·s/K)；T 为设备温度；B 为接收机带宽(单位：Hz)。这不包括人为干扰或系统低效。通常，参考的标准温度为 $T=290$ K

(室温),这将导致噪声功率谱密度为-144 dBW/MHz(对于每1 MHz的接收机带宽,进入系统的噪声为-144 dBW)。通常情况下,影响噪声的最重要因素是接收机中射频部件的非理想特性,这会放大传入噪声。可以测量这些部件的性能,并将其表示为噪声因子。因此,可以根据方程(2.2)计算系统中的总有效噪声[①]:

$$N = kTBF_{\mathrm{N}} \tag{2.2}$$

其中,F_{N}为噪声因子,有时也称为噪声因数。附录D中详细说明了噪声功率级的计算方法。

2.1.2 似然函数

似然函数是指随时间测定的或从传感器阵列获取的一组测量值$\boldsymbol{z}$,受未知参数的影响,本书中用项$\boldsymbol{\theta}$表示。参数化的似然函数表示为$f_{\boldsymbol{\theta}}(\boldsymbol{z})$,即在给定参数矢量$\boldsymbol{\theta}$情况下观测到测量值$\boldsymbol{z}$的概率。

图2.1显示了似然函数$f_{\boldsymbol{\theta}}(\boldsymbol{z})$的一个示例,其中未知参数$\boldsymbol{\theta}$的3个可能值分别为$\boldsymbol{\theta}_1$,$\boldsymbol{\theta}_2$和$\boldsymbol{\theta}_3$。在图2.1中,以影响测量值的$z$的平均值为例,控制$\boldsymbol{\theta}$变化,$z$的平均值会发生改变。而在其他情况下,$\boldsymbol{\theta}$同样可以修改方差,甚至修改分布函数类型(例如,一种情况下使用莱斯分布,另一种情况下使用高斯分布……)。

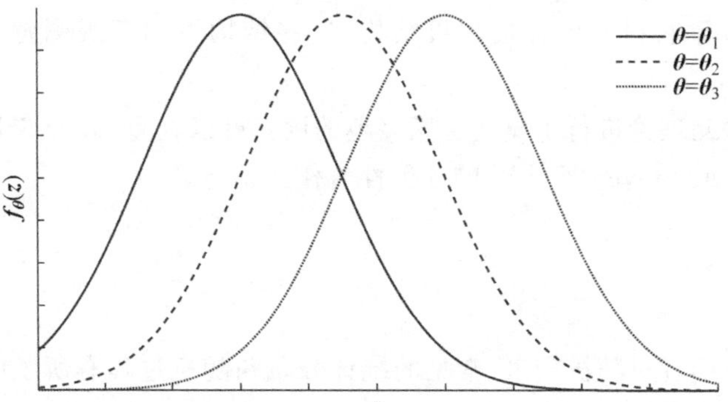

图2.1 参数$\boldsymbol{\theta}$有3个可能值的示例场景,这3个值会影响测量$\boldsymbol{z}$的平均值

在大多数辐射源检测情况下,未知参数$\boldsymbol{\theta}$表示衰减和延迟的影响,这是由于信号会在未经精细测算的大气信道中传播一定距离。

2.1.3 充分统计量

尽管测量向量$\boldsymbol{z}$提供了有关未知参数$\boldsymbol{\theta}$的一些信息,但通常难以构造一条使用完整测量向量进行决策的规则。充分统计量可提供一个较低维度(通常为标量)的

① 有些参考文献对噪声因子的定义略有不同,$N = kTB(F_{\mathrm{N}} - 1)$。

信号 $T(z)$，对于估计θ同样有用。为了求解或求证存在充分统计量，似然函数必须分为两个函数，一个依赖充分统计量和未知参数，另一个包含对 z 的剩余依赖关系，但与θ无关。换句话说，如果可以求解方程(2.3)：

$$f_{\boldsymbol{\theta}}(\boldsymbol{z})=a(\boldsymbol{z})b_{\boldsymbol{\theta}}(T(\boldsymbol{z})) \tag{2.3}$$

则 $T(z)$表示估计参数θ时，z 的充分统计量，并且使用时不会损失任何性能。

示例 2.1 样本均值

例如，假设一个复高斯随机向量 z，其 N 个元素服从独立均匀分布(independent identically distributed, IID)，方差 σ_n^2 已知，且均值 θ① 未知。则根据方程(2.4)计算似然函数：

$$f_{\boldsymbol{\theta}}(\boldsymbol{z})=\frac{1}{\pi^N\sigma_n^{2N}}\mathrm{e}^{-\frac{1}{\sigma_n^2}\sum_{i=1}^{N}|z_i-\boldsymbol{\theta}|^2} \tag{2.4}$$

我们可以扩展指数的平方，然后将求和拆分为 3 个不同的指数，以形成如下所示的扩展似然函数②：

$$f_{\boldsymbol{\theta}}(\boldsymbol{z})=\frac{1}{\pi^N\sigma_n^{2N}}\mathrm{e}^{-\frac{1}{\sigma_n^2}\sum_{i=1}^{N}|z_i|^2}\mathrm{e}^{\frac{2}{\sigma_n^2}\sum_{i=1}^{N}\Re\{\boldsymbol{\theta}^*z_i\}}\mathrm{e}^{-\frac{N}{\sigma_n^2}|\boldsymbol{\theta}|^2} \tag{2.5}$$

此时，我们可以将与θ无关的所有项合并到函数 $c(z)$ 中，并根据方程(2.6)和方程(2.7)计算似然函数：

$$f_{\boldsymbol{\theta}}(\boldsymbol{z})=c(\boldsymbol{z})\mathrm{e}^{\frac{2}{\sigma_n^2}\sum_{i=1}^{N}\Re\{\theta^*z_i\}}\mathrm{e}^{-\frac{N}{\sigma_n^2}|\boldsymbol{\theta}|^2} \tag{2.6}$$

$$=c(\boldsymbol{z})\underbrace{\mathrm{e}^{\frac{2}{\sigma_n^2}\Re\{\boldsymbol{\theta}T(\boldsymbol{z})\}}\mathrm{e}^{-\frac{N}{\sigma_n^2}|\boldsymbol{\theta}|^2}}_{b_{\boldsymbol{\theta}}(T(\boldsymbol{z}))} \tag{2.7}$$

其中，$T(z)=\sum_{i=1}^{N}z_i$。这满足了上文中关于充分统计量的条件。为了方便起见，本书采用标量乘法项，以得出以下样本均值：

$$T(z)=\frac{1}{N}\sum_{i=1}^{N}z_i \tag{2.8}$$

同理，如果有效信号为高斯信号(均值(μ)已知，且方差(θ)未知)，则可以证实以下样本方差：

$$T(z)=\frac{1}{N-1}\sum_{i=1}^{N}|z_i-\mu|^2 \tag{2.9}$$

为未知方差(θ)的充分统计量。

---

① 复高斯分布表示复变量 z，其实部和虚部均为高斯分布。关于分布详情，请参阅附录 A。

② $\Re\{\cdot\}$为实算子，返回复数的实部。

2.2 二元假设检测

用数学术语来说，辐射源检测通常也指假设测试，因为检测系统在给定测量集中尝试测试两个或多个假设，如是否存在信号以及其参数是什么(振幅、相位等)。

最简单的形式是用二元假设表示检测。本书首先定义需要测试的两个假设，通常称为零假设(无信号)和备择假设(有信号)，分别用项$\mathcal{H}_0$和$\mathcal{H}_1$表示这些假设。本书还需要一个用于接收信号向量 $\boldsymbol{z}$ 的测量模型。本书定义信号模型如下：

$$\boldsymbol{z}=\boldsymbol{\theta} s+\boldsymbol{n} \tag{2.10}$$

其中，s 为感兴趣的潜在信号；$\boldsymbol{n}$ 为噪声矢量。通常假定为高斯白噪声(平坦频谱)，且高斯分布方差为 σ_{n}^2，因此噪声矢量 $\boldsymbol{n}$ 的协方差矩阵为 $\sigma_{\mathrm{n}}^2\boldsymbol{I}$。虽然该假设较为理想，但是对于大多数应用来说已足够准确，并且为学术圈广泛接受。然后，可以根据方程(2.11)用两个假设来表示参数 θ：

$$\theta=\begin{cases}\theta_0, & \mathcal{H}_0 \\ \theta_1, & \mathcal{H}_1\end{cases} \tag{2.11}$$

方程(2.11)表示，在零假设(无信号)条件下，$\theta=\theta_0$(通常为 0)，在备择假设(有信号)条件下，$\theta=\theta_1$。

那么，下一个要解决的问题是确定检验方法，一种简单的方法是声明似然度最高的场景为真。可以通过似然比测试(两种假设条件下似然函数 $f_\theta(\boldsymbol{z})$的比值)的计算来完成。我们经常使用具有等效意义的对数似然比：

$$\ell(\boldsymbol{z})=\ln\left(\frac{f_{\theta_1}(\boldsymbol{z})}{f_{\theta_0}(\boldsymbol{z})}\right) \tag{2.12}$$

然后，将其与某个阈值 η 相比较。如果 $\ell(\boldsymbol{z})\geqslant\eta$，我们声明$\mathcal{H}_1$为真；否则，我们声明$\mathcal{H}_0$为真。换句话说，我们将假设在$\mathcal{H}_1$为真时数据向量 $\boldsymbol{z}$ 的似然度与在$\mathcal{H}_0$为真时 $\boldsymbol{z}$ 的似然度进行比较。如果该比值大于 η，则$\mathcal{H}_1$为真的似然度要比$\mathcal{H}_0$为真的似然度大很多，可声明检测成立。

为了选择合适的阈值 η，我们必须首先分析可能的误差。如图 2.2 所示，实曲线表示在$\mathcal{H}_0$条件下的似然比，而虚曲线表示在$\mathcal{H}_1$条件下的似然比。如果测得的似然比在阈值的右侧，则系统会声明$\mathcal{H}_1$为真。但是由于误差导致估计结果为$\mathcal{H}_0$为假，实际上为真，这种情况称为虚警，可以对阈值右侧$\mathcal{H}_0$条件下似然比的面积积分来计算发生虚警的概率。

$$P_{\mathrm{FA}}=Pr_{\theta_0}[\ell(\boldsymbol{z})\geqslant\eta]=\int_\eta^\infty f_{\theta_0}(t)\,\mathrm{d}t \tag{2.13}$$

这在图 2.2 中显示为浅灰色区域。同理，当$\mathcal{H}_1$实际上为真，却被估计为假时，将$\mathcal{H}_0$声明称为漏检，用阈值左侧$\mathcal{H}_1$条件下的似然比面积表示。

$$P_{\mathrm{MD}}=Pr_{\theta_1}[\ell(\boldsymbol{z})<\eta]=\int_{-\infty}^\eta f_{\theta_1}(t)\,\mathrm{d}t \tag{2.14}$$

这在图 2.2 中显示为深灰色区域。通过选择一个较大的阈值，用户可以降低虚警的可能性，但其代价是增大漏检的可能性。同理，通过选择一个较小的阈值，可以降低漏检率，但其代价是增大了虚警率。

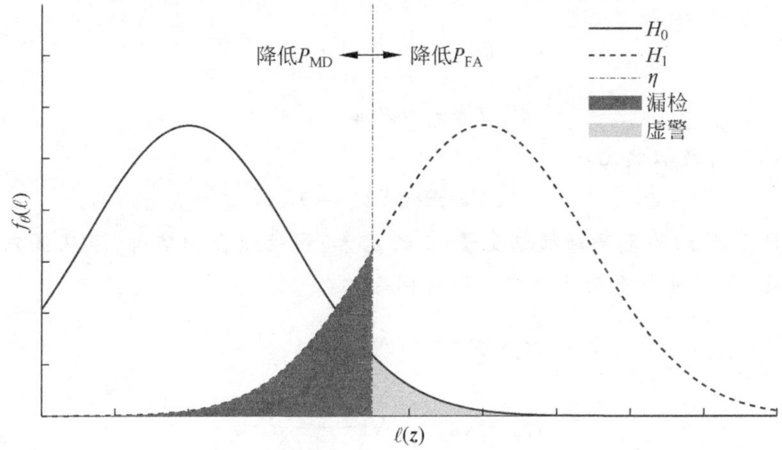

图 2.2 检测误差图示

虚警（浅灰色）和漏检（深灰色），通过移动阈值，可以改善某一类型的误差，但其代价是增加另一类型的误差，合理的检测器设计应在两者之间找到平衡

最常见的确定阈值的方法是预先设定 P_{FA}，并通过方程(2.13)计算相应的阈值 η。①

示例 2.2 高斯随机向量

假设以下检测：

$$\mathcal{H}_0: z \sim \mathcal{CN}(\boldsymbol{\theta}_0, \sigma_n^2 \boldsymbol{I})$$
$$\mathcal{H}_1: z \sim \mathcal{CN}(\boldsymbol{\theta}_1, \sigma_n^2 \boldsymbol{I}) \tag{2.15}$$

推导最佳检测器并分析其性能。②

为了简单起见，本书引入复高斯 PDF 的矢量化形式。③

$$f_{\boldsymbol{\theta}}(\boldsymbol{z}) = \pi^{-N} \sigma_n^{-2N} \exp\left\{\frac{-1}{\sigma_n^2}(\boldsymbol{z}-\boldsymbol{\theta})^H(\boldsymbol{z}-\boldsymbol{\theta})\right\} \tag{2.16}$$

本书通过将方程(2.16)代入方程(2.12)来计算$\mathcal{H}_1$相对$\mathcal{H}_0$的对数似然比：

$$\ell(\boldsymbol{z}) = c + \Re\left\{\frac{2}{\sigma_n^2}(\boldsymbol{\theta}_1-\boldsymbol{\theta}_0)^H \boldsymbol{z} + \frac{1}{\sigma_n^2}(\boldsymbol{\theta}_1+\boldsymbol{\theta}_0)^H(\boldsymbol{\theta}_0-\boldsymbol{\theta}_1)\right\} \tag{2.17}$$

① 由 Neyman-Pearson 引理给出，并且是检测器最优化标准之一。文献[1]中详细讨论了该引理，以及其他类型检测器(如贝叶斯检测器和最大后验概率(maximum a posteriori, MAP)检测器)。

② 符号～表示"分布服从于"，$\mathcal{CN}$表示预期和协方差矩阵参数化的复杂高斯随机矢量。详情可参见附录 A。

③ $(\cdot)^H$ 为厄米特转置，也称为共轭转置，表示矩阵转置且矩阵每个元素作复共轭运算。

其中,将对数似然比中与输入 z 无关的所有常量合并入 c,因此 c 在检验计算中可以忽略。为了简单起见,本书定义以下各项:

$$\boldsymbol{w}=\frac{1}{\sigma_{\mathrm{n}}^{2}}(\boldsymbol{\theta}_{1}-\boldsymbol{\theta}_{0}) \tag{2.18}$$

$$\boldsymbol{\theta}^{*}=\frac{1}{2}(\boldsymbol{\theta}_{1}+\boldsymbol{\theta}_{0}) \tag{2.19}$$

$$d^{2}=\sigma_{\mathrm{n}}^{2}\boldsymbol{w}^{\mathrm{H}}\boldsymbol{w} \tag{2.20}$$

并重新计算对数似然比:

$$\ell(\boldsymbol{z})=\Re\{\boldsymbol{w}^{\mathrm{H}}(\boldsymbol{z}-\boldsymbol{\theta}^{*})\} \tag{2.21}$$

检验统计量 $\ell(\boldsymbol{z})$ 为复高斯随机变量($\boldsymbol{z}$ 的元素)线性组合的实部,服从高斯随机分布。因此,本书可以重新表述二元假设问题:

$$\begin{aligned}\mathcal{H}_{1}: \ell(\boldsymbol{z}) &\sim \mathcal{N}\left(\frac{d^{2}}{2}, d^{2}\right)\\ \mathcal{H}_{0}: \ell(\boldsymbol{z}) &\sim \mathcal{N}\left(-\frac{d^{2}}{2}, d^{2}\right)\end{aligned} \tag{2.22}$$

从式(2.13)调用 P_{FA},需注意的是,P_{FA} 是$\mathcal{H}_0$条件下累积分布函数(cumulative distribution function,CDF)的反函数。根据方程(2.23)和方程(2.24)计算高斯随机变量的 CDF(均值为 μ,方差为 σ_{n}^{2}):

$$F(x)=\frac{1}{2}\left[1+\operatorname{erf}\left(\frac{x-\mu}{\sigma_{\mathrm{n}}\sqrt{2}}\right)\right] \tag{2.23}$$

其中,$\operatorname{erf}(x)$是误差函数,定义如下:

$$\operatorname{erf}(x)=\frac{2}{\sqrt{\pi}}\int_{0}^{x}\mathrm{e}^{-t^{2}}\,\mathrm{d}t \tag{2.24}$$

μ 和 σ_{n}^{2} 分别为均值和方差,因此:

$$P_{\mathrm{FA}}=1-F(\eta) \tag{2.25}$$

$$=\frac{1}{2}\left[1-\operatorname{erf}\left(\frac{\eta+d^{2}/2}{d\sqrt{2}}\right)\right] \tag{2.26}$$

求解 η 即解方程(2.26):

$$\eta=d\sqrt{2}\operatorname{erfinv}(1-2P_{\mathrm{FA}})-\frac{d^{2}}{2} \tag{2.27}$$

其中,$\boldsymbol{x}=\operatorname{erfinv}(\boldsymbol{y})$,即 $\boldsymbol{y}=\operatorname{erf}(\boldsymbol{x})$。

确定阈值 η 后,我们可以使用$\mathcal{H}_1$条件下 $\ell(\boldsymbol{z})$ 的概率分布函数重复该过程,以计算检测概率(P_{D}):

$$P_{\mathrm{D}}=\frac{1}{2}\left[1-\operatorname{erf}\left(\frac{\eta-d^{2}/2}{d\sqrt{2}}\right)\right] \tag{2.28}$$

为了进一步说明 P_{FA}和 P_{D} 之间的关系,本书可以将方程(2.27)中 η 的解代

入方程(2.28)：

$$P_{\mathrm{D}}=\frac{1}{2}\{1-\operatorname{erf}\left[\operatorname{erfinv}(1-2P_{\mathrm{FA}})-d/\sqrt{2}\right]\} \tag{2.29}$$

当 P_{FA} 给定后，可通过两个分布之间的距离 d^2 确定可达到的 P_{D}。该距离是指两个假设条件下 $\ell(z)$ 分布之间的重叠部分。重叠越少，而 P_{FA} 确定，检测器的性能越好。

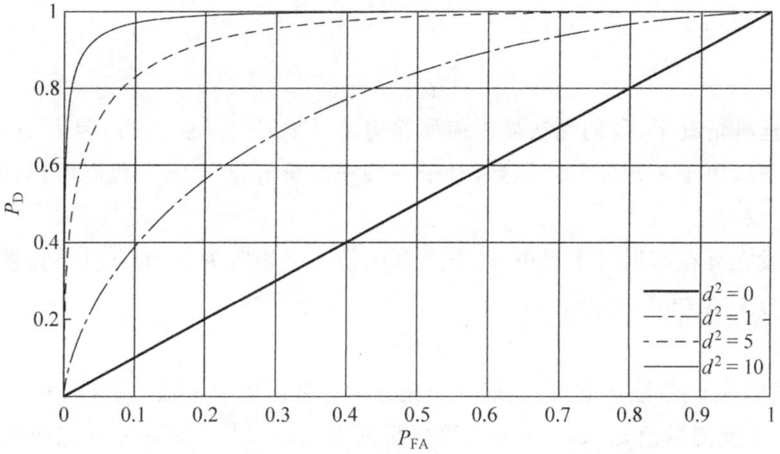

图 2.3 高斯检验的 ROC

其中每条 ROC 曲线对应似然函数 $\mathcal{H}_0$ 和 $\mathcal{H}_1$ 之间的距离(d^2)不同，见方程(2.29)

本书在图 2.3 中给出了几个代表性 d^2 值与 P_{D} 之间的关系，该图通常称为接收机工作特性(receiver operating characteristics，ROC)曲线。以下为生成图 2.3 的 MATLAB® 代码。

```
% Set up PFA and SNR vectors
pfa=linspace(1e-9,1,1001);
d2_vec=[1e-6,1,5,10];                 % d^2, as defined in (2.20)
[PFA,D2]=ndgrid(pfa,d2_vec);          % Use nd-grid to clean up code

% Compute the threshold according to (2.25)
eta=sqrt(2*D2).*erfinv(1-2*PFA)-D2/2;

% Compute the probability of detection
PD=.5*(1-erf((eta-D2/2)./sqrt(2*D2)));
```

或者，若要以更紧凑的方式计算 ROC，可以直接根据方程(2.29)进行计算，而不是先计算阈值来得出。

```
PD=.5*(1-erf(erfinv(1-2*PFA)-D/sqrt(2)));
```

2.3 复合假设

2.2 节假设未知参数 θ 取两个已知值中的一个。实际上，这两个值通常都是未知的。最常见的例子是信号强度未知（由于诸多因素，如未知距离、大气条件和辐射功率）。这就是单边复合假设测试：

$$\begin{cases}\mathcal{H}_0: \theta=\theta_0 \\ \mathcal{H}_1: \theta>\theta_0\end{cases} \tag{2.30}$$

在这种情况下，我们无法像以前那样构建对数似然函数 $\ell(\boldsymbol{z})$，因为 $\mathcal{H}_1$ 条件下的似然率取决于未知参数。但是，对于一些充分统计量 $T(\boldsymbol{z})$，我们可以使用简单的阈值检验。①

假设在存在高斯分布噪声 $\boldsymbol{n}$（均值为 0，协方差矩阵 $\boldsymbol{R}$ 为 0）条件下检测到一些已知信号 $\boldsymbol{s}$（振幅 θ 未知）。

$$\boldsymbol{z}=\theta \boldsymbol{s}+\boldsymbol{n} \tag{2.31}$$

首先，我们为 $\boldsymbol{z}$（参数 θ 未知）确定一个充分统计量。通过文献[1]可以发现，对于一组 N 次重复测量值 $\boldsymbol{z}_1, \boldsymbol{z}_2, \cdots, \boldsymbol{z}_N$，可以根据方程(2.32)计算该充分统计量：

$$T(\boldsymbol{z})=\sum_{i=1}^{N} \Re\{\boldsymbol{s}^{\mathrm{H}} \boldsymbol{z}_i\} \tag{2.32}$$

这代表了一个匹配的滤波器，其已知信号为 $\boldsymbol{s}$，第 i 测量值为 $\boldsymbol{z}_i$，匹配滤波器可在存在白噪声条件下优化输出 SNR[4]。作为联合复高斯随机变量线性组合的实部，服从高斯分布。为了简单起见，本书采用一个比例因子，该因子对 $\mathcal{H}_0$ 条件下的 $T(\boldsymbol{z})$ 变量进行标准化。如果所有样本的 $\boldsymbol{z}_i=\boldsymbol{n}$（无信号），则可以根据方程(2.32)计算 $T(\boldsymbol{z})$ 方差：

$$E[T(\boldsymbol{z})^2]-E[T(\boldsymbol{z})]^2=\frac{N E_{\mathrm{s}} \sigma_{\mathrm{n}}^2}{2} \tag{2.33}$$

其中，$E_{\mathrm{s}}=\boldsymbol{s}^{\mathrm{H}} \boldsymbol{s}$ 为信号矢量中的能量。因此，本书引入换算的充分统计量：

$$T(\boldsymbol{z})=\sqrt{\frac{2}{N E_{\mathrm{s}} \sigma_{\mathrm{n}}^2}} \sum_{i=1}^{N} \Re\{\boldsymbol{s}^{\mathrm{H}} \boldsymbol{z}_i\} \tag{2.34}$$

在 $\mathcal{H}_0$ 条件下，作为标准正态变量（高斯为 0 均值，单位方差）分布：

$$T_{\mathcal{H}_0}(\boldsymbol{z}) \sim \mathcal{N}(0,1) \tag{2.35}$$

---

① 这为单边复合假设检验的 Karlin-Rubin 定理结果，详细讨论参见文献[1]。潜在的假设是统计量 $T(\boldsymbol{z})$ 在未知参数 θ 中必须是单调的。即随着 θ 增大，$T(\boldsymbol{z})$ 必须不能减小。如果满足了相对简单的要求，则 $T(\boldsymbol{z})$ 的阈值检验为 θ 的一致最大功率检验，并被认为是 θ 的最佳检验，因为它可以在给定虚警概率条件下得到最大检测概率。

在$\mathcal{H}_1$条件下，仍以单位方差分布，但现在均值并不为 0：

$$T_{\mathcal{H}_1}(z) \sim \mathcal{N}(\sqrt{\xi}, 1) \tag{2.36}$$

其中，ξ 为 SNR 项：

$$\xi = \frac{2NE_s\theta^2}{\sigma_n^2} \tag{2.37}$$

可以使用与方程(2.26)和方程(2.27)相同的方法，根据预定虚警概率计算检测阈值。本书从方程(2.23)中的累积分布 $F(x)$开始推导 η 和 P_{FA} 之间的关系：

$$P_{FA} = 1 - F_{\theta_0}(\eta) \tag{2.38}$$

$$= \frac{1}{2}\left[1 - \text{erf}\left(\frac{\eta}{\sqrt{2}}\right)\right] \tag{2.39}$$

$$\eta = \sqrt{2}\,\text{erfinv}(1 - 2P_{FA}) \tag{2.40}$$

$$P_D = \frac{1}{2}\left[1 - \text{erf}\left(\frac{\eta - \sqrt{\xi}}{\sqrt{2}}\right)\right] \tag{2.41}$$

$$= \frac{1}{2}\left\{1 - \text{erf}\left[\text{erfinv}(1 - 2P_{FA}) - \sqrt{\frac{\xi}{2}}\right]\right\} \tag{2.42}$$

对于简单的 $\theta=1$ 的情况，图 2.4 中绘制了不同 P_{FA} 和 ξ 值。用于生成图 2.4 的 MATLAB® 代码如下。

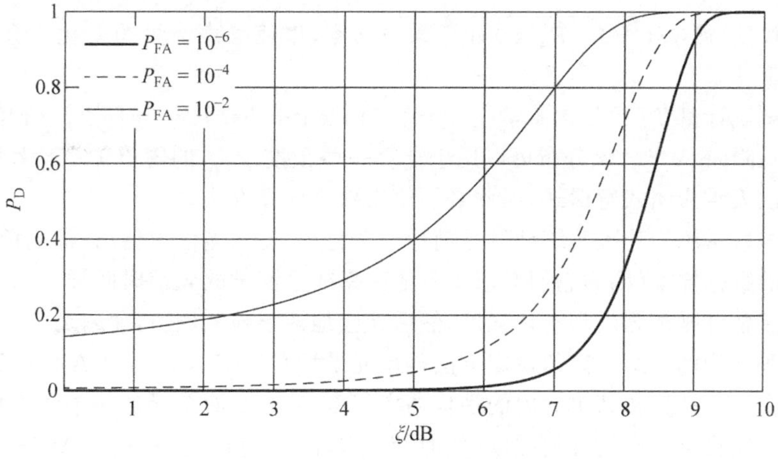

图 2.4 对于各种期望的虚警概率

检测性能为 SNR ξ 的函数。根据方程(2.42)计算，$\theta=1$

```
% Set up PFA and SNR vectors
pfa=[1e-6,1e-4,1e-2];
```

```
xi=0:.1:10;                    % dB Scale
xi_lin=10.^(xi/10);            % Convert SNR to linear
[PFA,XI]=ndgrid(pfa,xi_lin);

% Compute the PD according to the simplified equation in (2.42)
PD=.5*(1-erf(erfinv(1-2*PFA)-sqrt(XI/2)));
```

2.4 恒定虚警率检测器

若待检测的信号已知,但信号幅度未知,并且噪声功率也是未知的,则无法像本书之前那样建立一个确保给定 P_{FA} 的阈值测试。解决办案是使用恒定虚警率(constant false alarm rate,CFAR)检测器。该检测器既可以缩放输入信号以适应噪声功率的变化,也可以根据输入噪声信号的功率调整检测阈值。

根据文献[1],CFAR 检测器可以通过最大不变检验统计量的阈值检验来实现,该检测器可在噪声功率未知条件下检测出已知信号:

$$T(\boldsymbol{z})=\frac{\boldsymbol{s}^{\mathrm{H}}\boldsymbol{P}_{\mathrm{s}}\boldsymbol{z}}{\sqrt{\boldsymbol{s}^{\mathrm{H}}\boldsymbol{s}}\sqrt{\boldsymbol{z}^{\mathrm{H}}(\boldsymbol{I}-\boldsymbol{P}_{\mathrm{s}})\boldsymbol{z}}} \tag{2.43}$$

其中,$\boldsymbol{P}_{\mathrm{s}}$ 为已知信号 $\boldsymbol{s}$($\boldsymbol{P}_{\mathrm{s}}=\boldsymbol{s}\boldsymbol{s}^{\mathrm{H}}/\boldsymbol{s}^{\mathrm{H}}\boldsymbol{s}$)的投影矩阵。项 $\boldsymbol{s}^{\mathrm{H}}\boldsymbol{P}_{\mathrm{s}}\boldsymbol{z}$ 用于计算与预期信号 $\boldsymbol{s}$ 相关的接收能量,而分母项为 $T(\boldsymbol{z})$ 大小的缩放因子。第一项($\sqrt{\boldsymbol{s}^{\mathrm{H}}\boldsymbol{s}}$)控制与 $\boldsymbol{s}$ 相乘的尺度,而($\sqrt{\boldsymbol{z}^{\mathrm{H}}(\boldsymbol{I}-\boldsymbol{P}_{\mathrm{s}})\boldsymbol{z}}$)计算噪声功率,以使噪声能量的变化不会影响测试统计量 $T(\boldsymbol{z})$。

测试统计量 $T(\boldsymbol{z})$ 是按照学生 t 分布(student-t distribution)进行分布的,详细讨论参见附录 A[1]。该分布可以用于计算一些预期 P_{FA} 的阈值 η。不幸的是,该分布无法表示为闭式解形式,因此必须使用数值计算方法。

大多数系统构建检验统计量是随噪声变化的,使用侧信道信息,即当前检验中未使用的数据样本(因为它们对应于其他频率或已测试的先前时间样本)。侧信道信息用于估计噪声强度和干扰强度,然后相应地调整检测阈值,如图 2.5 所示。

一种典型的自适应阈值设定方法是单元平均 CA-CFAR。在 CA-CFAR 中,使用滑动窗口来计算相邻单元内的平均功率强度,并与被测单元的功率强度相比较。可以在预期噪声稳定的任何维度(如时间或频率)中完成这一点。CA-CFAR 的主要参数包括窗口大小、计算噪声功率估计值的平均单元数、保护带大小、被测单元附近被忽略的单元数。保护带是非常重要的,可以防止被测单元中的信号泄漏污染相邻单元或影响噪声功率估计值。

可根据方程(2.44)~方程(2.46)进行 CA-CFAR 估计:

$$\bar{\sigma}_{\mathrm{n}}^{2}=\frac{1}{K(M-1)}\sum_{i=1}^{M}\bar{\boldsymbol{z}}_{i}^{\mathrm{H}}\bar{\boldsymbol{z}}_{i} \tag{2.44}$$

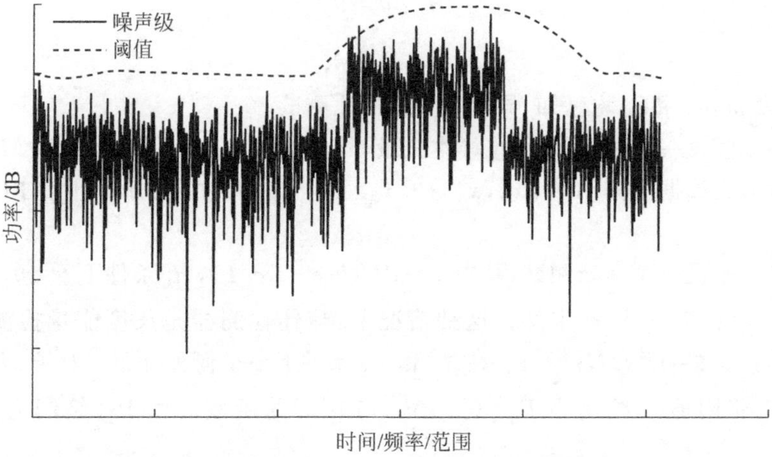

图 2.5 当输入信号的噪声功率发生变化时，通过更改阈值水平来显示 CA-CFAR

其中，$\bar{z}_i$，$i=1,2,\cdots,M$ 为当前被测单元的 M 个侧信道样本矢量；K 为样本矢量 $\bar{z}_i$ 的长度。输出 $\bar{\sigma}_n^2$ 为噪声功率 σ_n^2 的估计值。为确保无偏估计，本书将噪声功率估计值除以 $M-1$ 而不是除以 M，以确保其是无偏估计(将在第 6 章中详细讨论)。我们重新使用方程(2.32)中的测试统计量和方程(2.40)中的检验阈值，用估计值 $\bar{\sigma}_n^2$ 替换实际协方差矩阵 σ_n^2：

$$T(\boldsymbol{z})=\frac{1}{\sqrt{2NE_s}}\sum_{i=1}^{K}\Re\{\boldsymbol{s}^H\boldsymbol{z}_i\} \tag{2.45}$$

$$\eta=\sqrt{2\bar{\sigma}_n^2}\,\text{erfinv}(1-2P_{FA}) \tag{2.46}$$

注意，本书不再使用噪声功率 σ_n^2 来换算测试统计量 $T(\boldsymbol{z})$。现在通过在可变阈值 η 中计入噪声功率估计值 $\bar{\sigma}_n^2$ 来计算该比例因子。

2.5 问题集

2.1 对于高斯随机试验，方程(2.47)中的统计量

$$\bar{x}=\sum_{m=0}^{M-1}x_m \tag{2.47}$$

对于样本 x_m 的均值 μ 是充分统计量。比较编码/存储/传输 $\bar{x}$ 所需的位数与整个样本矢量 $\boldsymbol{x}=[x_0,x_1,\cdots,x_{M-1}]$所需的位数。

2.2 假设测量矢量分布为瑞利随机变量 $\boldsymbol{z}\sim R(\sigma)$。证明 $t=\sum_{n=0}^{N-1}x_i^2$ 为 σ^2 的充分统计量。

2.3 考虑对具有 M 个元素的数据向量进行二元假设测试 $\boldsymbol{z}\sim\mathcal{CN}(\boldsymbol{\mu},\theta\boldsymbol{I})$。

$$\mathcal{H}_0: \theta = \theta_0$$

$$\mathcal{H}_1: \theta = \theta_1$$

假设 m,$\boldsymbol{\theta}_0$ 和$\boldsymbol{\theta}_1$ 均已知,导出对数似然比测试。

2.4 假设一组独立的 N 维样本矢量,其分布与 $\boldsymbol{x}_m \sim \mathcal{N}(\boldsymbol{H\vartheta}, \boldsymbol{C})$和 M 个快拍相同,以形成数据矩阵 $\boldsymbol{X} = [\boldsymbol{x}_0, \boldsymbol{x}_1, \cdots, \boldsymbol{x}_{M-1}]$。求得$\boldsymbol{\vartheta}$ 的充分统计量 $\boldsymbol{T}(\boldsymbol{x})$及其方差。

2.5 假设一个高斯测试,其中 $x \sim \mathcal{CN}(\theta \boldsymbol{s} \mathrm{e}^{\mathcal{J}\varnothing}, \sigma^2 \boldsymbol{I})$,$\mathcal{H}_0$条件下 $\theta=0$,$\mathcal{H}_1$条件下 $\theta>0$,σ^2 已知,$\boldsymbol{s}$ 和 φ 未知。这种情况下,最佳检测器是尺度能量检测器 $\boldsymbol{z} = \boldsymbol{x}^{\mathrm{H}}\boldsymbol{x}/\sigma^2$。令 $\xi = \boldsymbol{s}^{\mathrm{H}}\boldsymbol{s}/N\sigma^2 = 1$。在$\mathcal{H}_0$ 和 $\mathcal{H}_1$条件下 $\boldsymbol{z}$ 呈何种分布?对于 $MN=10$,100,200,将阈值 η 绘制为 $P_{\mathrm{FA}} \in [10^{-9}, 10^{-1}]$的函数。将 P_{D} 绘制为 P_{FA} 的函数。

2.6 设立一个二元假设测试:

$$\begin{cases} f_X(x \mid \mathcal{H}_0) = \alpha \mathrm{e}^{-x/\alpha}, & x \geqslant 0 \\ f_X(x \mid \mathcal{H}_1) = \beta \mathrm{e}^{-x/\beta}, & x \geqslant 0 \end{cases}$$

其中,$\beta > \alpha$。对数似然比是多少?将其简化,并删除常数。求出以 P_{FA} 为自变量的 η 函数表达式,以及以 η 和比例常数 α 和 β 为自变量的函数的表达式。对于 $\alpha/\beta = 0.1, 0.5, 0.9$,将 P_{D} 绘制为 $P_{\mathrm{FA}} \in [10^{-6}, 10^{-1}]$的函数。

2.7 假设在方差 $\sigma_{\mathrm{n}}^2 = 4$ 条件下复高斯噪声中检测到常数 $m=2$。令样本数为 $N=10$,求检测器 SNR d^2。假设 $P_{\mathrm{FA}} = 0.01$,阈值 η 的值是多少?可达到的 P_{D} 是多少?

参考文献

[1] L. L. Scharf, *Statistical signal processing*. Reading, MA: Addison-Wesley, 1991.

[2] H. L. Van Trees, *Detection, Estimation, and Linear Modulation: Part I of Detection, Estimation, and Modulation Theory*. Hoboken, NJ: Wiley, 2001.

[3] S. M. Kay, *Fundamentals of Statistical Signal Processing, Volume 2: Detection Theory*. Upper Saddle River, NJ: Prentice Hall, 1998.

[4] M. A. Richards, *Fundamentals of Radar Signal Processing*. New York, NY: McGraw-Hill Education, 2014.

第3章

连续波信号检测

本章讨论具有有限带宽连续波信号的检测。随后的章节将重点讨论扩频信号检测以及具有未知载频(通过扫描或搜索正在使用的信道)的信号检测。

本章内容非常重视文献[1]中的统计信号处理理论,可以在文献[2]中找到类似的检测性能推导,文献[3]着重于雷达处理,文献[4]着重于通信信号的电子战检测。

本章从连续波信号检测的背景介绍开始,随后构建与第 2 章相似的数学问题,并给出解答。然后,本书将讨论关于连续波信号检测的一些实例。

3.1 背景

连续波信号的最简单形式是音信号,但是此类信号也可能包括调制信号,如频率调制(frequency modulation,FM),相位调制(phase modulation,PM)或幅度调制(amplitude modulation,AM)。本章对信号调制不做任何假设。然而,连续波信号的定义特征是时域无限长(与脉冲信号相反,它始终处于开启状态)和频域有限长(频率成分仅限于某个频带)。

假设要检测的信号参数(如中心频率(f_0),带宽(B_s)和调制类型)是未知的。但是,为了求解方便,本书假设正在监视某个频道,并且连续波信号(如果存在的话)在该频道中。第 5 章将详细讨论其他情况。

3.2 公式

假定信号 $s(t)$具有中心频率 f_0 和带宽 B_s,如图 3.1 所示。该频带内信号的确切功率谱密度(power spectral density,PSD)是未知的(假设形如三角形)。假定

噪声 $n(t)$ 为加性高斯白噪声(additive white Gaussian noise,AWGN)。[①] 噪声密度为 N_0(单位: W/Hz),如图 3.1 所示。注意,图 3.1 中的噪声幅度为 $N_0/2$。这是因为噪声能量在正负频域平均分配。

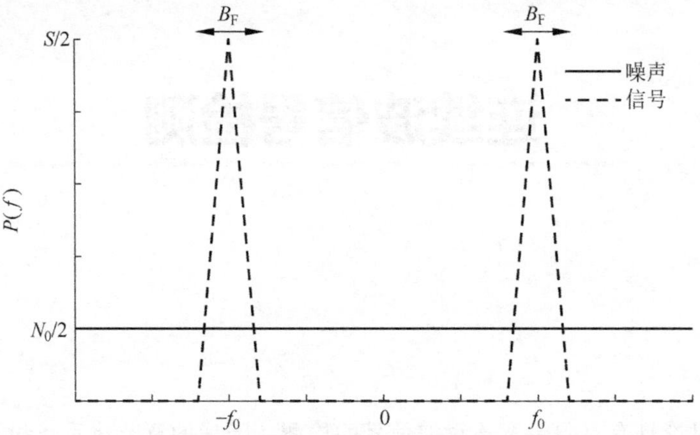

图 3.1 噪声和带限信号的功率谱密度

检测的第一步是使输入信号穿过带宽为 B_F 的带通滤波器,以抑制带外的任何无用信号,并减少进入检测器的总能量。带通滤波器的效果如图 3.2 所示。计算离开带通滤波器的总噪声功率

$$N = \frac{N_0}{2}\int_{-\infty}^{\infty} |H(f)|^2 \mathrm{d}f \tag{3.1}$$

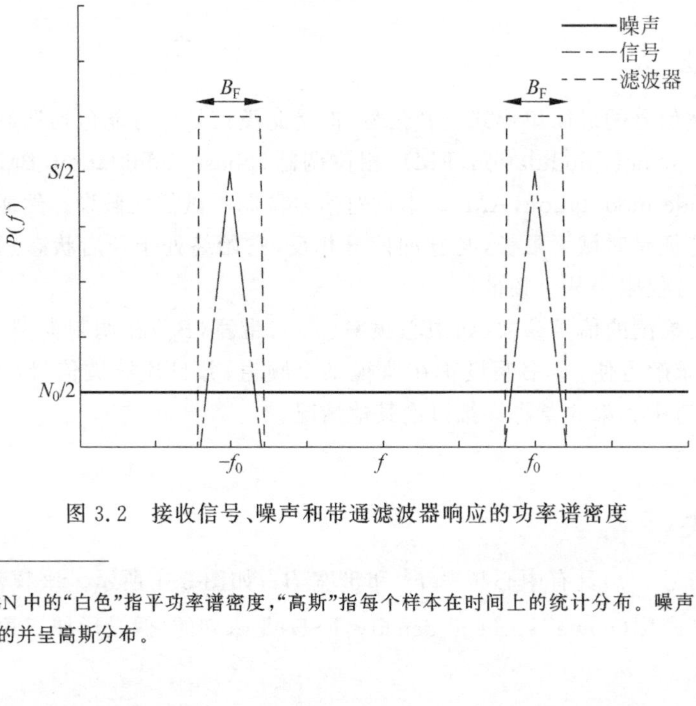

图 3.2 接收信号、噪声和带通滤波器响应的功率谱密度

① AWGN 中的"白色"指平功率谱密度,"高斯"指每个样本在时间上的统计分布。噪声的同相与正交分量都是独立的并呈高斯分布。

其中,$H(f)$为带通滤波器响应。如果我们假设理想的滤波器具有响应:

$$H(f)=\begin{cases}1, & |f-f_0|\leqslant \dfrac{B_\mathrm{F}}{2}\\ 1, & |f+f_0|\leqslant \dfrac{B_\mathrm{F}}{2}\\ 0, & \text{否则}\end{cases} \tag{3.2}$$

则可将噪声功率简化为噪声功率密度(I 和 Q)与通带带宽的乘积:

$$N=N_0B_\mathrm{F} \tag{3.3}$$

显然,滤波器的通带必须尽可能窄,以减少进入接收机的噪声量。然而,如果它小于信号带宽 B_s,则它也会减少进入滤波器的信号量。定义信号的功率谱密度 $P_\mathrm{s}(f)$;进入滤波器的信号功率为

$$S=\int_{-\infty}^{\infty}P_\mathrm{s}(f)\mathrm{d}f \tag{3.4}$$

通过滤波器后的信号功率为

$$\widetilde{S}=\int_{-\infty}^{\infty}P_\mathrm{s}(f)\,|H(f)|^2\mathrm{d}f \tag{3.5}$$

如果我们再次假设在式(3.2)中具有理想滤波器响应,并对信号的功率谱密度做类似假设:

$$P_\mathrm{s}(f)=\begin{cases}1, & |f-f_0|\leqslant B_\mathrm{s}\\ 1, & |f+f_0|\leqslant B_\mathrm{s}\\ 0, & \text{否则}\end{cases} \tag{3.6}$$

则可以用简化形式描述输出信号功率:

$$\widetilde{S}=S\min\left[1,\frac{B_\mathrm{F}}{B_\mathrm{s}}\right] \tag{3.7}$$

为了简单起见,我们假设 $B_\mathrm{F}>B_\mathrm{s}$,并且 $\widetilde{S}\approx S$。

为了定义检测问题,本书将信号转换为基带,并对输入信号的 I 和 Q 样本进行数字化处理,然后将 M 个复式样本发送至检测器。在$\mathcal{H}_1$条件下计算信号:

$$\boldsymbol{z}=\boldsymbol{s}+\boldsymbol{n} \tag{3.8}$$

噪声矢量为复高斯,其方差为 σ_n^2,参见方程(3.3):

$$\boldsymbol{n}\sim\mathcal{CN}(0,\sigma_\mathrm{n}^2\boldsymbol{I}_M) \tag{3.9}$$

其中,σ_n^2 为单个样本的方差(或幂);$\boldsymbol{I}_M$ 为 $M\times M$ 单位矩阵。假定采样率为 F_s(单位:Hz),根据进入接收机的功率计算噪声样本方差:

$$\sigma_\mathrm{n}^2=\frac{N}{F_\mathrm{s}} \tag{3.10}$$

对噪声采样的一个重要警告是,如果 F_s 大于奈奎斯特采样率,则噪声样本将不再是独立的(根据奈奎斯特采样定理)。可根据方程(3.11)确定信号(假定其结构未知)总能量:

$$E_s = ST = \frac{SM}{F_s} = \boldsymbol{s}^{\mathrm{H}}\boldsymbol{s} \tag{3.11}$$

其中，S 指从带通滤波器发出的信号功率(单位：W)；T 指观测间隔(单位：s)。产生的能量 E_s 以 J 为单位。本书给出了一个替代表达式，从中可以发现采样率与样本数量之间的关系(注意，根据 $M = \lfloor TF_s \rfloor$ 计算得出样本数 M)。最终，也可以表示为样本矢量 $\boldsymbol{s}$ 的幅度平方。

由此，二元假设可表示为如下形式：

$$\begin{aligned} \mathcal{H}_0: \boldsymbol{z} &= \boldsymbol{n} & &\sim \mathcal{CN}(0, \sigma_n^2 \boldsymbol{I}_M) \\ \mathcal{H}_1: \boldsymbol{z} &= \boldsymbol{s} + \boldsymbol{n} & &\sim \mathcal{CN}(\boldsymbol{s}, \sigma_n^2 \boldsymbol{I}_M) \end{aligned} \tag{3.12}$$

3.3 求解

如果信号 $\boldsymbol{s}$ 是已知的，则根据方程(3.12)得出的解会是对匹配滤波器的阈值检验结果，如方程(2.34)中所示。但是如果 $\boldsymbol{s}$ 是未知的，那么我们必须使用不依赖 $\boldsymbol{s}$ 的检验统计量。此时，能量检测器无需对 $\boldsymbol{s}$ 的结构做任何假设就可以达到最佳效果①：

$$T(\boldsymbol{z}) = \boldsymbol{z}^{\mathrm{H}}\boldsymbol{z} \tag{3.13}$$

如果本书假设噪声功率是已知的或估计结果是准确的，则很容易换算检验统计量：

$$T(\boldsymbol{z}) = \frac{2}{\sigma_n^2}\boldsymbol{z}^{\mathrm{H}}\boldsymbol{z} \tag{3.14}$$

零假设条件下的比例因子为 I/Q 噪声功率分量，其大小定义为高斯白噪声信号噪声功率的一半。该比例的作用是使充分统计量 $T(\boldsymbol{z})$ 服从具有 $2M$ 自由度的卡方分布(参见附录 A)，如方程(3.15)所示：

$$T_{\mathcal{H}_0}(\boldsymbol{z}) \sim \chi_{2M}^2 \tag{3.15}$$

可根据方程(3.16)确定自由度为 ν 的卡方随机变量的概率分布函数，其中 $\Gamma(\nu/2)$ 为伽马函数②：

$$f_{\chi^2}(x \mid \nu) = \frac{1}{2^{\nu/2}\Gamma(\nu/2)} x^{\nu/2-1} \mathrm{e}^{-x/2} \tag{3.16}$$

在$\mathcal{H}_1$条件下，$\boldsymbol{z}$ 的分量具有非零均值。其结果是，$T(\boldsymbol{z})$为一个非中心卡方随机变量，同样具有 $2M$ 的自由度，但现在具有非中心参数：

$$\lambda = \frac{E_s}{\sigma_n^2/2} = \frac{MS}{\sigma_n^2/2} = \frac{2MS}{N} \tag{3.17}$$

---

① 如果关于 $\boldsymbol{s}$ 的一切信息都是已知的(如调制方案或 $\boldsymbol{s}$ 必须驻留的子空间)，则将 $\boldsymbol{z}$ 投影到该子空间可以减少检测器中的噪声量。关于子空间能量检测器的推导，参见文献[1]。

② 伽马函数为 $\Gamma(z) = \int_0^\infty x^{z-1}\mathrm{e}^{-x}\mathrm{d}x$。对于正整数 n，可以使用解析表达式 $\Gamma(n) = (n-1)!$ 进行简化。

本书根据方程(3.18)计算该分布：

$$T_{\mathcal{H}_1}(z) \sim \chi^2_{2M}(\lambda) \tag{3.18}$$

可根据方程(3.19)计算非中心卡方随机变量(自由度 ν 和非中心参数 λ)的概率分布函数：

$$f_{\chi^2}(x \mid \nu,\lambda) = \sum_{i=0}^{\infty} \frac{\mathrm{e}^{-\lambda/2}(\lambda/2)^i}{i!} f_{\chi^2}(x;\nu+2i) \tag{3.19}$$

简单起见，本书根据方程(3.20)定义 SNR ξ：

$$\xi = \frac{S}{N} \tag{3.20}$$

因此可根据方程(3.21)重新计算分布：

$$T_{\mathcal{H}_1}(z) \sim \chi^2_{2M}(2M\xi) \tag{3.21}$$

3.3.1 阈值选择

如第 2 章所述，本书通过得出预设 P_{FA} 并求解方程来确定阈值：

$$P_{\mathrm{FA}} = P_{\mathcal{H}_0}\{T(z) \geqslant \eta\} \tag{3.22}$$

借助$\mathcal{H}_0$条件下 $T(z)$的概率分布函数，以积分形式表示 P_{FA}，并借助卡方随机变量 $F_{x^2}(x;\nu)$的累积分布函数进行简化：

$$P_{\mathrm{FA}} = \int_{\eta}^{\infty} f_{\chi^2}(u;2M)\mathrm{d}u \tag{3.23}$$

$$= 1 - \int_{-\infty}^{\eta} f_{\chi^2}(u;2M)\mathrm{d}u \tag{3.24}$$

$$= 1 - F_{\chi^2}(\eta;2M) \tag{3.25}$$

没有闭式解，但是许多编程语言都包含非中心卡方分布。若需针对给定阈值条件下，使用 MATLAB® 计算 P_{FA}，请使用 chi2cdf 函数[①]：

```
Pfa = 1-chi2cdf(eta,2 * M);
```

同理，若需通过预设 P_{FA} 计算阈值 η，则使用函数 chi2inv：

```
eta = chi2inv(1-Pfa,2 * M);
```

没有闭式解，但在图 3.3 中，使用上文所述的代码段，针对几个不同的 N 值，将 P_{FA} 绘制为 η 的函数。

3.3.2 检测算法

本节提到的检测器是针对 η 的充分统计量 $T(z)$的简单阈值检验。该检测器

① chi2cdf 和 chi2inv MATLAB® 函数是统计学习和机器学习工具箱的一部分。

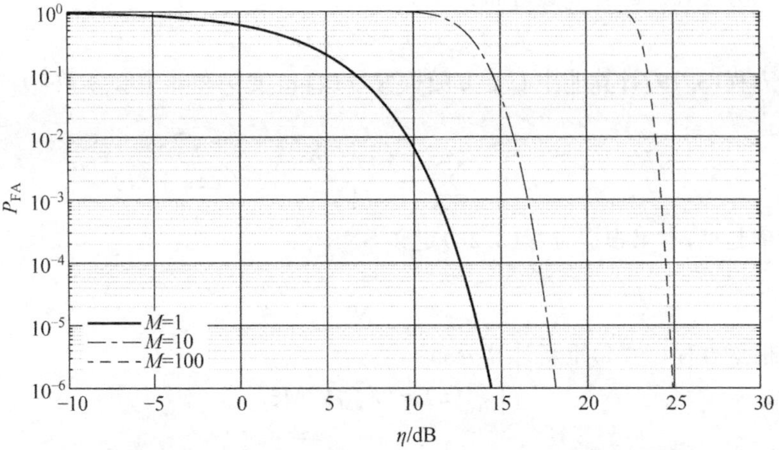

图 3.3 根据方程(3.25)计算方程(3.15)中连续波信号检测器出现虚警的概率

通常被称为平方律检测器，因为它使用输入向量 $\mathbf{z}$ 中每个样本幅度的平方值进行检测，而线性检测器使用每个样本的幅度。MATLAB® 代码中给出了该检测器的实施方法，其函数为 detector. squareLaw。

3.3.3 检测性能

同理，本书从计算出的阈值中，通过对阈值 η 求逆方程(3.21)中所示非中心卡方随机变量的累积分布来计算 P_D(给定 σ_s^2)：

$$P_D = 1 - F_{\chi^2}(\eta; 2M, 2M\xi) \tag{3.26}$$

方程(3.26)没有闭式解①，但可以使用 MATLAB® 函数 ncx2cdf② 进行计算：

```
Pd = 1 - ncx2cdf(eta,2 * M,2 * M * xi);
```

对于不同 M 值和预设的 P_{FA} 值，根据该方程计算的检测概率在图 3.4 中绘制为 ξ 的函数。以下是用于生成该图的 MATLAB® 代码。

```
% Initialize parameters
PFA = 1e-6;
M =[1 10 100];
xi_db = -10:.1:20;
xi_lin = 10.^(xi_db/10);
```

① 非中心卡方随机变量的累积分布可以用 Marcum-Q 函数来表示，该函数没有解析表达式[5]。

② ncx2cdf MATLAB® 函数包含在统计学习和机器学习工具箱中。

```
[MM,XI] = ndgrid(M,xi_lin);

% Compute threshold and Probability of Detection
eta = chi2inv(1-PFA,2 * MM);
PD = 1 - ncx2cdf(eta,2 * MM,2 * MM. * XI);
```

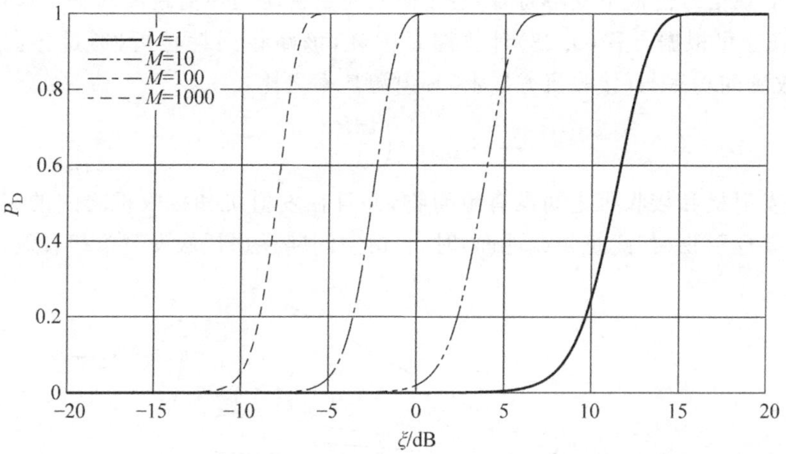

图 3.4 $P_{FA}=10^{-6}$(根据式(3.26)计算)时,式(3.15)中能量检测器的检测概率为随 SNR ξ 变化的函数

3.4 性能分析

既然本书已经定义了连续波信号的相应检测器,因此本节将讨论两个示例场景:(非常强大的)调频无线电传输检测和机载防撞雷达检测。

3.4.1 射频传播简述

在介绍一些示例场景之前,本书有必要简要介绍一些射频传播原理,这些概念在附录 B 中详细讨论。本节将概述三大原理:自由空间路径损耗、双射线路径损耗和大气吸收。以下是与发射和接收功率相关的单向链路方程①:

$$S=\frac{P_t G_t G_r}{L_{prop} L_{atm} L_t L_r} \tag{3.27}$$

其中,P_t 为发射功率;G_t 为发射天线增益;G_r 为接收天线增益;L_{prop} 为传播损耗(如自由空间或双径);L_{atm} 为大气损耗;L_t 包括待检测发射机中的所有系统损

① 在许多文献中,接收功率表示为 P_r;本书使用符号 S 来与本书前述章节中最佳检测器的表达式保持一致。

耗；L_r 包括检测器硬件的所有损耗以及处理损耗。3.4.1.1 节和 3.4.1.2 节介绍了 L_{prop} 公式，而 3.4.1.3 节讨论了 L_{atm}。请注意，这是一个简单的公式，可以用其他特定的系统损耗（如滤波器损耗和放大器损耗）进行补充，或可纳入更宽泛的 L_t 和 L_r 的损耗。

3.4.1.1 自由空间路径损耗

当射频信号传播不受阻碍时，沿波前的能量密度与传播距离的平方成反比，参见图 3.5。可根据方程(3.28)计算路径损耗，该路径损耗是指（通过各向同性天线）接收到的功率与（接收机方向上）辐射源功率之比：

$$L_{fspl}=\left(\frac{4\pi R}{\lambda}\right)^2 \tag{3.28}$$

当发射机和接收机之间没有障碍物，并且在发射机和接收机之间的视线附近没有主要反射物（如建筑物或地面）时，自由空间路径损耗假设简单却有效。

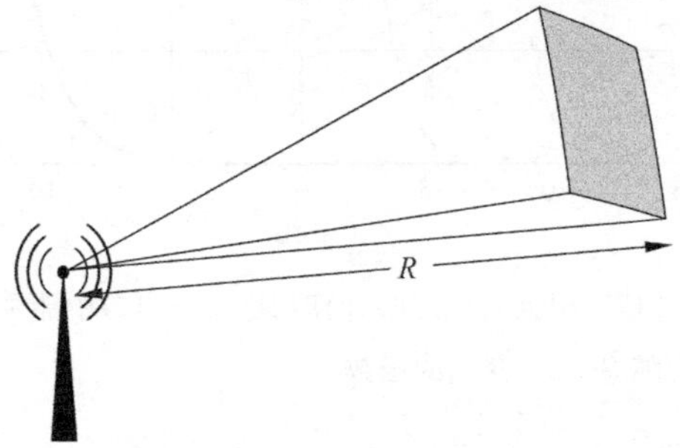

图 3.5　自由空间路径损耗图示
通过球体（半径等于传播距离）表面积来描述传播

3.4.1.2 双射线路径损耗

在存在主要反射物（如地球表面）的情况下，自由空间衰减模型不再适用，因为主要反射会及时与直接路径信号重叠，从而造成相消干扰。

有关该地面反弹路径的图示参见图 3.6。根据经验发现，接收信号的强度会随范围的四次幂变化，而与发射机和接收机高度的平方成反比。有趣的是，该路径损耗模型与波长无关。

$$L_{2\text{-ray}}=\frac{R^4}{h_t^2h_r^2} \tag{3.29}$$

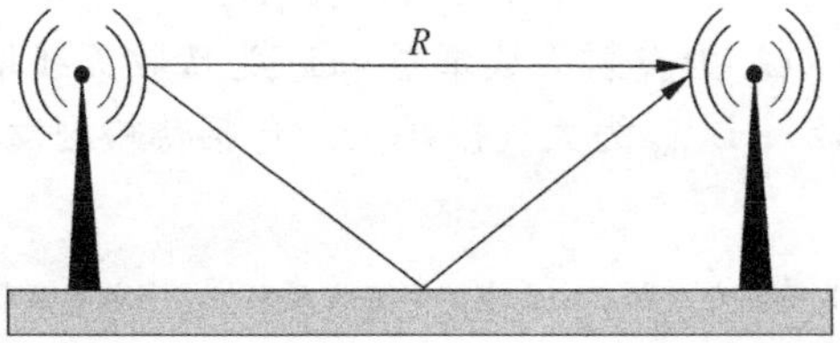

图 3.6　在双射线模型中，来自地球表面的反射是相消干扰的主要来源

其中，h_t 和 h_r 分别为发射机和接收机的离地高度。

对于任何地面链路都存在一个范围，超出该范围后，自由空间模型将不再适用，而应使用双射线模型。这被称为菲涅耳带，可根据方程(3.30)进行计算[6]：

$$\mathrm{FZ}=\frac{4\pi h_t h_r}{\lambda} \tag{3.30}$$

因此，本书提出一个简单的分段传播模型：

$$L_{\mathrm{prop}}=\begin{cases}\left(\dfrac{4\pi R}{\lambda}\right)^2, & R\leqslant\dfrac{4\pi h_t h_r}{\lambda}\\ \dfrac{R^4}{h_t^2 h_r^2}, & 否则\end{cases} \tag{3.31}$$

随附于本书的 MATLAB® 代码中给出了方程(3.31)的实施方法，并可以使用以下代码段进行调用①：

```
> prop.pathLoss(R, f0, ht, hr, includeAtmLoss);
```

了解更多详情可参见附录 B，包括适用于特定情况的更复杂传播模型。

3.4.1.3 大气吸收

除了信号能量在大气中传播时会衰减之外，还有一种信号能量的吸收效应是由大气中气体的电磁偶极子效应引起的。图 3.7 显示了在各种高度上每千米传播距离的特定衰减率，即 α 分贝的损耗。② 大气衰减的影响在很大程度上取决于温度、压力和蒸汽密度。产生以下损耗方程(单位：dB)：

$$L_{\mathrm{atm}}=\alpha\frac{R}{1\mathrm{e}3} \tag{3.32}$$

请注意，方程(3.32)以对数形式表示，而本节其他方程以线性形式表示。计算大气损耗时，请牢记此区别。若需了解更多详情，包括各种频率大气损耗数值表以及雨和云的吸收模型，参见附录 C。

当频率低于 1 GHz 时，大气气体的吸收通常会被忽略[7]。

3.4.2 调频广播塔检测

最容易检测到的连续波传输信号是电视和无线电广播信号，这些信号从塔顶高处以很大的功率发射并传输，以最大程度地减小地面对传播的影响。在美国，调频无线电频段由 100 个信道组成，每个信道的宽度为 200 kHz，频率为 88～108 MHz。

---

① 作为相控阵系统工具箱的一部分，MATLAB® 给出了许多通道模型，但这些模型专门用于对实际传输进行建模，并且未明确返回路径损耗的计算结果。

② 有关用于生成此图的大气假设详情，参见附录 C。

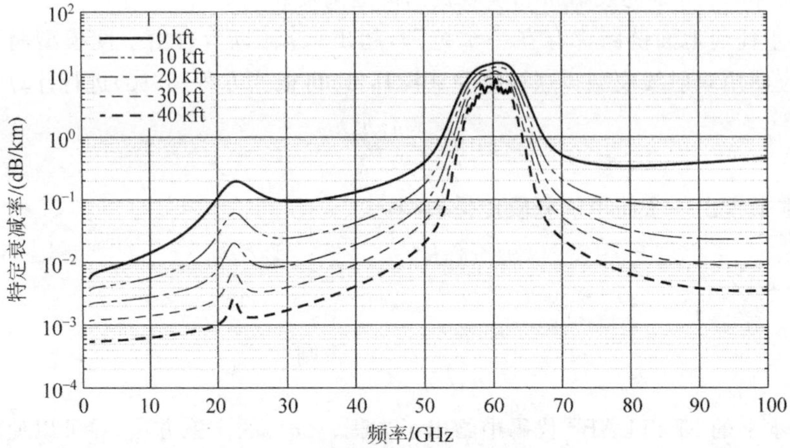

图 3.7　标准大气假设条件下不同高度处的大气衰减
包括干燥空气和水蒸气，但不包括雨或雾

第一步是计算接收功率强度，即范围的函数。由于调频传输的载频低于 1 GHz，因此可以忽略大气衰减。

这里先讨论传输源。工程师和分析人员经常选择用简化的有效辐射功率(effective radiated power，ERP)代替 P_tG_t/L_t。对于调频广播发射塔，标准有效辐射功率为 47 dBW(50 kW)，甚至更小。因此在给定范围内，接收功率为 47 dBW 减去接收机和路径的总损耗，如图 3.8 所示。

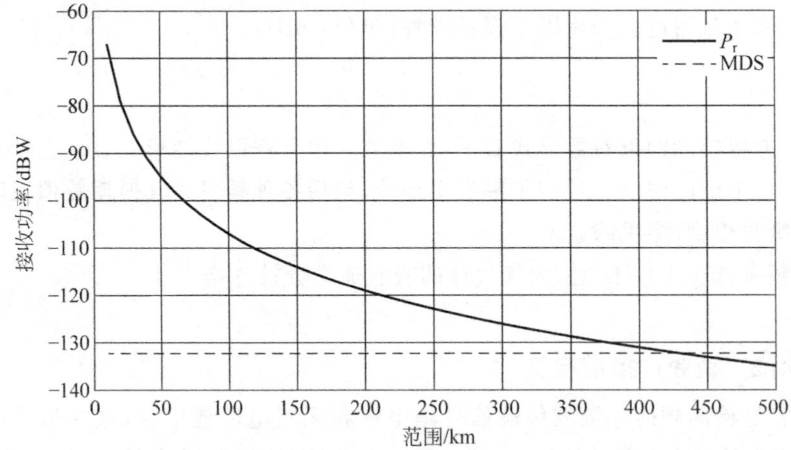

图 3.8　使用 3.4.2 节中的参数根据式(3.38)计算出的接收功率(实线)和最小可检测信号(虚线)

接下来，我们必须计算接收机中的噪声功率。假定一个匹配的接收机，该接收机具有与发射信道一致的 200 kHz 通带(接收到全部信号功率)。附录 D 中讨论了噪声计算，本书假设噪声系数(FN)为 5 dB。可根据方程(3.33)和方程(3.34)计算进入接收机的噪声功率密度：

$$N_0 = kT10^{F_n/10}\ \text{W/Hz} = 1.266 \times 10^{-20}\ \text{W/Hz} \tag{3.33}$$

$$N_0 = 10\lg(N_0)\ \text{dBW/Hz} = -198.97\ \text{dBW/Hz} \tag{3.34}$$

本书将该噪声功率密度乘以 200 kHz 通带带宽，以计算总噪声功率：

$$N = N_0 B_f = 2.53 \times 10^{-15}\ \text{W/Hz} \tag{3.35}$$

$$N = 10\lg(N_0 B_f) = -145.97\ \text{dBW} \tag{3.36}$$

现在，本书根据方程(3.37)计算接收机的信噪比：

$$\xi = \frac{S}{N} = \frac{P_t G_t G_r}{L_{prop} L_{atm} L_t L_r N} \tag{3.37}$$

示例 3.1　调频无线电台的最大检测范围

假设检测器和发送机如上所述，在 $M=10$ 个样本的情况下，检测器满足虚警率 $P_{FA}=10^{-6}$ 和检测率 $P_D=0.5$ 时的最大范围是多少？②

在理想情况下给定这些参数，我们可以使用闭式方程来计算所需的 SNR ξ。但是，对于求逆方程(3.26)和求解 ξ 没有闭式解。对于特定的检测和虚警概率以及样本数量，我们可以检查图 3.4 并确定 $\xi \approx 3.5$ dB 满足这些约束条件。为了找到确切的答案，本书测试了一组接近该结果的 SNR 值。

随附 MATLAB® 代码(函数为 detector. squareLawMaxRange)包含一个脚本，用于搜索真正的最小 SNR 以实现预期工作点。

该代码的运行结果为 3.65 dB。我们可以使用所需的信噪比以及方程(3.38)中的噪声级来计算最小可检测信号(单位：dBW)。

$$\text{MDS} = \xi_{min} + N - G_r + L_r = -142.32 \tag{3.38}$$

其中，G_r 为接收机增益，L_r 为系统损耗，为了简单起见，假设二者均为零。MDS 表示接收机可以检测到的最弱信号功率(接收天线为全向天线)，并且考虑任何天线增益或系统损耗。

此时可以参考图 3.8 确定 $\xi \geqslant 3.65$ dB 或 $P_r \geqslant -142.32$ dBW 所对应的距离。其结果是大约 430 km。若需确切的答案，我们可以采用迭代优化算法。随附 MATLAB® 代码(函数为 detector. squareLawMaxRange)包含了这种算法。

---

① k 为玻耳兹曼常数($1.38\times10^{-23}\ \text{m}^2\text{Hz}^2/(\text{kg}\cdot\text{K})$)，$T_0$ 为标准噪声温度(290 K)。有关详情，参见附录 D。

② 假设匹配检测器具有 200 kHz 的带宽，对于实值样本，必须以 400 kHz 的奈奎斯特速率(两倍带宽)对接收到的信号进行采样；对于复数值样本，必须以 200 kHz 的奈奎斯特速率进行采样。因此，$M=10$ 个样本表示积分时间为 $10/400\text{e}^3=25\ \mu\text{s}$。

$$\xi_0=\frac{P_tG_tG_r}{L_tL_rN} \tag{3.39}$$

includeAtmLoss 控制是否要考虑大气吸收(如果需要,使用随附的 atmStruct 定义)。程序运行结果为 429.88 km。①

该结果表明,长距离的调频无线电检测是可行的。但是鉴于地球曲率,信号很可能会被地形阻挡。使用海拔 2 m 的接收机检测在 100 m 海拔处发射的无线电,传输距离约为 40 km,此时影响信号检测的因素主要为被地形阻挡,而不是恶劣的噪声条件。有关无线电水平线的详细讨论,参见附录 B。

为了验证该计算,我们可以运行蒙特卡罗模拟。图 3.9 绘制了在 100～1000 km,步进为 50 km,每个条件进行 10^5 次试验的结果。MATLAB® 软件包中提供了用于该试验的代码,该代码利用了本章前面介绍的平方律检测器函数。随附 MATLAB® 代码的示例文件夹中包含用于运行该试验的 MATLAB® 代码。

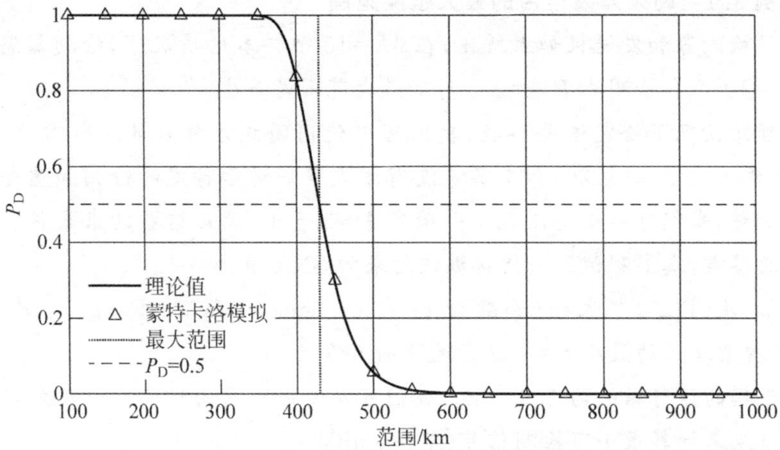

图 3.9　不同传输距离下调频信号检测的蒙特卡罗试验

每种发射距离进行 10^5 次试验

3.4.3　连续波雷达检测

接下来,让我们思考一下连续波雷达检测,参见文献[8]的 2.4 节。该雷达是美国宇航局艾姆斯和霍尼韦尔制造的防撞雷达;关键参数参见表 3.1。② 该雷达为二项编码雷达,将二进制信号编码调制到载波信号的相位上。

---

① 在附录 C 中讨论了大气术语。可以通过调用 prop. makeRefAtmosphere()来加载标准参考大气。

② 更多详情参见文献[8]的 2.4 节。

表 3.1 示例 3.2 的防撞雷达参数

类 型	参 数	值
防撞雷达发射机	P_t	35 mW
	G_t(mainlobe)	34 dBi
	G_t(sidelobe)	19 dBi
	B_s	31.3 MHz
	f_0	35 GHz
	L_t	0 dB
	h_t	500 m
防撞雷达接收机	G_r	10 dBi
	L_r	2 dB
	F_n	4 dB
	B_n	40 MHz
	h_r	500 m

示例 3.2 连续波雷达的最大检测范围

我们希望在直升机上检测到该雷达，将检测器安装在另一架直升机上。防撞雷达检测用作接近威胁平台的预警检测。本书假设两架直升机都处于 $h=500$ m 的高度。

接收机具有匹配的 40 MHz 带宽和 4 dB 的噪声系数，从而产生-124 dBW 的噪声强度。如果假设检测器设置与上一个示例相同，即($P_D=0.5, P_{FA}=10^{-6}, M=10$)，则信噪比要求不变(3.66 dB)，本书可以计算最小可检测信号。① 在这种情况下，本书假设接收增益为 10 dBi，代表存在一个具有一定方向性的接收机，接收机损耗为 2 dB。

$$\mathrm{MDS}=\xi_{\min}(\mathrm{dB})+N(\mathrm{dB})-G_r+L_r=-128.3\ \mathrm{dBW} \tag{3.40}$$

接下来，本书将计算接收机功率强度，并与主瓣($G_t=34$ dBi)和旁瓣($G_t=34-25=9$ dBi)场景的阈值进行比较。注意，一旦设定发射机和接收机的高度，自由空间路径损耗就不可忽略。以 0.11 dB/km 的速率出现 35 GHz 的大气损耗②。信号主瓣的最大检测距离为 13.9 km，而旁瓣为 923 m。将这些数字与雷达 900 m 工作范围进行比较[8]。EW 检测器可于雷达发现其所在平台之前，检测到雷达辐射源的主瓣(10.3 km 相比 900 m)，但是会在雷达有机会检测到电子战接收机平台之前不久发生雷达旁瓣脉冲检测。③

图 3.10 绘制了估计的主瓣和旁瓣检测范围的蒙特卡罗实验结果。实验证实，

① 注意，假设本书以奈奎斯特速率(信号带宽的两倍)对信号进行采样，则 10 个独立的检测样本表示 $10F_s=0.16\ \mu s$ 的积累时间。

② 菲涅耳区超过 366 000 km。

③ 该雷达发射机的视距为 160 km，因此在此示例中它不会影响检测范围。

在特定接收机设置条件下，可以在 13.9 km 范围内检测到来自雷达的主瓣信号。MATLAB®软件包的示例文件夹中包含用于运行该实验的代码。

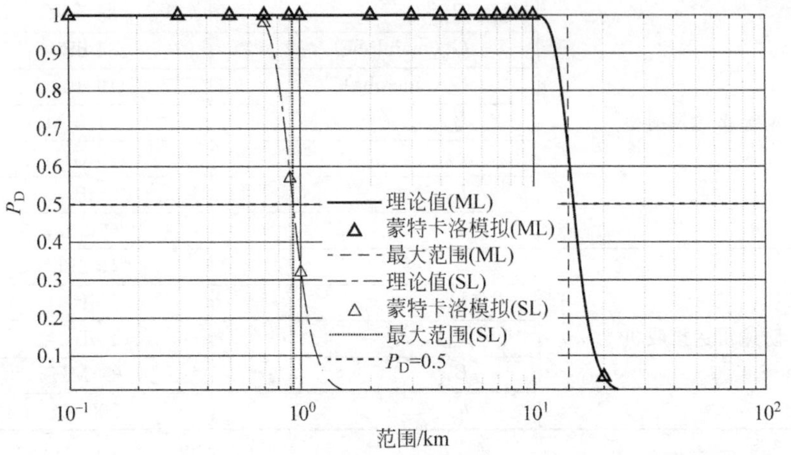

图 3.10　在不同距离范围内检测到示例 3.2 的检测概率蒙特卡罗试验结果

在每种投射距离进行 10^5 次试验

3.5　问题集

3.1　思考式(3.12)中的二元假设检验，以及式(3.14)中的能量检测器。如果设定 $P_{FA}=0.01$，那么阈值 η 应是多少？$P_{FA}=10^{-3}$ 呢？$P_{FA}=10^{-6}$ 呢？假设 $M=10$。

3.2　在问题 3.1 中，在每种预设 P_{FA} 级达到 $P_D=0.5$ 所需的 SNR ξ 是多少？

3.3　计算载频为 10 GHz 的信号在距离 100 km 处的自由空间传播损耗是多少？

3.4　假设发射机和接收机处于同一高度($h_r=h_t=h$)。最小高度 h 应为多少才能使 10 GHz 传输的菲涅耳区距离为 100 km？使用双射线模型的路径损耗是多少？

3.5　假设发射机和接收机所处高度为 $h\approx305$ km(10 000 ft)。参考图 3.7 确定在 $f=1$ GHz，10 GHz 和 30 GHz 时由于气体和水蒸气引起的大气损失。在 50 km 范围内，每个频率的总损耗是多少？

3.6　汽车雷达经常使用 74～76 GHz 频段。假设有效辐射功率为 20 dBW，载波频率为 75 GHz，且 $h_t=1$ m，那么在 1 km 范围内，$h_r=10$ m 时接收机的损耗是多少？接收机能够在何种范围内以最低－120 dBW 的可检测信号检测到雷达？

3.7　思考示例 3.2。如果累积时间设置为 $T=1$ ms，则样本数 M(假设奈奎斯特采样)是多少？产生的最大检测范围是多少(对于主瓣和旁瓣传输)？

参考文献

[1] L. L. Scharf, *Statistical signal processing*. Reading, MA: Addison-Wesley, 1991.

[2] H. L. Van Trees, *Detection, Estimation, and Linear Modulation: Part I of Detection, Estimation, and Modulation Theory*. Hoboken, NJ: Wiley, 2001.

[3] M. A. Richards, *Fundamentals of Radar Signal Processing*. New York, NY: McGraw-Hill Education, 2014.

[4] R. Poisel, *Modern Communications Jamming: Principles and Techniques, 2nd Edition*. Norwood, MA: Artech House, 2011.

[5] M. K. Simon, *Probability distributions involving Gaussian random variables: A handbook for engineers and scientists*. New York, NY: Springer Science & Business Media, 2007.

[6] D. Adamy, *EW 103: Tactical battlefield communications electronic warfare*. Norwood, MA: Artech House, 2008.

[7] ITU-R, "Rec: P.676-11, Attenuation by atmospheric gases in the frequency range 1–350 GHz," International Telecommunications Union, Tech. Rep., 2016.

[8] M. A. Richards, J. Scheer, W. A. Holm, and W. L. Melvin, *Principles of Modern Radar*. Edison, NJ: SciTech Publishing, 2010.

第4章

扩频信号检测

电磁频谱自从被用于通信或感知以来,同样也被用来通过敌方辐射源检测来检测敌方的存在。因此,这一类受保护的信号被广泛采用。这些信号具有不同的保护级别,大致可分为三类:低截获概率(low probability of defection,LPD),低拦截概率(low probability of interception,LPI)和低利用概率(low probability of exploitation,LPE)。根据定义,LPD 信号也是 LPI 和 LPE 信号。同理,LPI 信号也是 LPE 信号。

LPD 信号是指难以检测到的信号。获取 LPD 信号的最常见方法是在大带宽上传播信号能量,如直接序列展频技术(direct sequence spread spectrum,DSSS)通信信号。在大带宽上稀释能量,可以使接收机成功检测到信号的概率更小。

LPI 信号可防止敌方截获某段传输信号。敌方可能会检测到正在发生的信号传输,但无法截获完整信号。LPI 信号的主要优势是,由于敌方只能捕获少部分的信号,因此他们很难估计 LPI 信号参数。LPI 信号的一种常见实现方法是跳频,第 5 章将对此进行详细讨论。

最后一类受保护信号是 LPE 信号,即防止敌方对信号特征(如所传输的信息)进行利用。获取 LPE 信号的主要方法是借助加密。

本章将讨论扩频信号(DSSS 是其中的一种),以及一些非常适合此类难以被检测信号的专用检测器。

4.1 背景

DSSS 是指 EMS 中用于信号传输的部分要远多于所要求的部分。通过在大于其原始带宽 10～100 倍的带宽上传播传输信号,传输能量被显著稀释,通常会稀释到传输信号 PSD 低于背景噪声强度的程度,从而通过传统手段(能量探测器)的检测将更具挑战性。

跳频扩频(frequcency hopping spread spectrum,FHSS)是一种在更宽带宽上传播信号的技术,但是它依赖中心频率的快速变化,并且在任何给定瞬间都是窄带信号。这将在第 5 章中讨论。

DSSS 在军事和民用环境中得到越来越广泛的使用。DSSS 除具有军事优势外,还可以减少干扰,并让多个用户占据单个信道。

雷达信号通常表现出与 DSSS 通信信号相似的特性,最显著的特性是相移键控(phase shift keying,PSK),而噪声雷达波形则表现出与 DSSS 信号相同的扩频特性[1],因为它们占据了很大的瞬时带宽。对于雷达信号,大带宽通常是有利的(因为分辨率与带宽成反比),但是这可能会使跨多个分辨单元检测大目标的处理工作变得更加复杂[2]。

无论是哪种情况,数字扩频信号在结构上都定义为由一系列重复"码片"组成。这些码片的变化取决于所选的调制方案,如二相或多相 PSK 或正交波幅调制。每个码片的传输时间称为码片持续时间：T_{chip}。图 4.1 中显示了一个示例,描述了如何使用二进制相移键控(binary phase shift keying ,BPSK)调制方式传输 5 位序列(01101),通过将该信号与大约 4 倍频率的载波混频来产生频谱。① 图 4.1 中显示了载波频率偏移和频谱带宽。

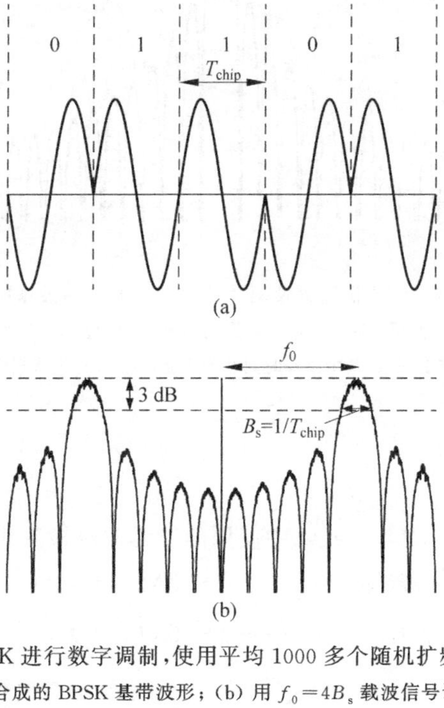

图 4.1　用 BPSK 进行数字调制,使用平均 1000 多个随机扩频码生成的频谱

(a) 5 位传播信号和合成的 BPSK 基带波形；(b) 用 $f_0=4B_s$ 载波信号调制后的合成功率谱

① 若要生成图 4.1,则需生成 100 个随机 16 位序列,并显示平均频谱。

信号带宽是码片速率的倒数(除非借助加窗功能使频谱形状平滑)：

$$B_s = \frac{1}{T_{\text{chip}}} \tag{4.1}$$

码片速率和带宽之间的关系如图 4.2 所示。

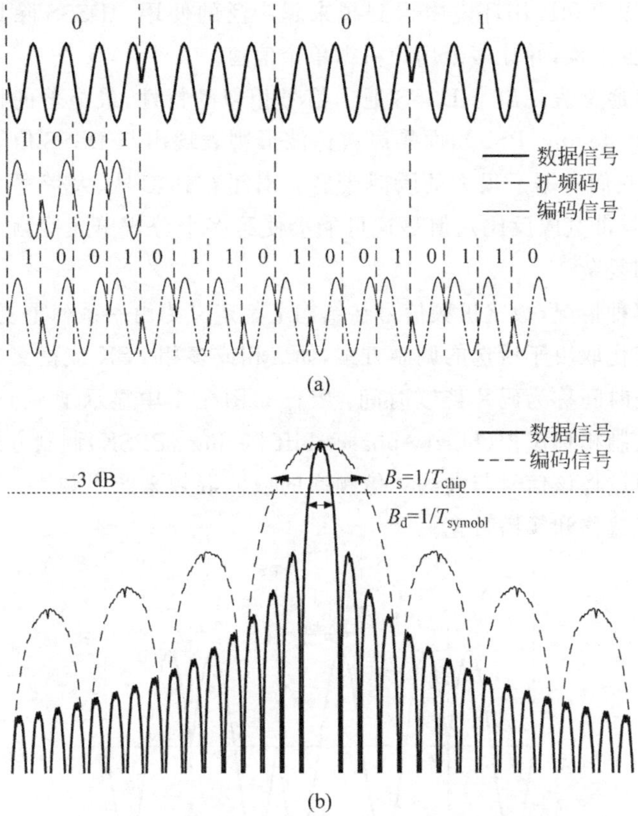

图 4.2　传播过程及码片速率与带宽之间关系图示

(a) 低数据速率信号(上排),扩频码(中排)和扩频编码信号(下排)；(b) 原始(低数据速率)信号和编码(高数据速率)信号的相对带宽图示,其中码片时间减为了原来的 1/4,带宽相应增加了 4 倍

4.2　公式

本章使用的二元假设与前几章中使用的二元假设检测相同,表示如下：

$$\begin{aligned} \mathcal{H}_0: \boldsymbol{z} &= \boldsymbol{n} & &\sim \mathcal{CN}(0, \sigma_n^2 \boldsymbol{I}_M) \\ \mathcal{H}_1: \boldsymbol{z} &= \boldsymbol{s} + \boldsymbol{n} & &\sim \mathcal{CN}(\boldsymbol{s}, \sigma_n^2 \boldsymbol{I}_M) \end{aligned} \tag{4.2}$$

4.2.1　DSSS 编码

DSSS 信号生成过程中,会将一串信息符号 d_i 乘以工作速率更高的重复码

$c(t)$。长重复码(代码序列比单个符号更长)与短重复码(代码序列至少每个符号重复一次)都可被协作接收机使用来扩频或调制,接着解扩或解调并恢复窄带宽传输。解调过程会使 SNR 增大,因为期望信号会响应解调滤波器,而噪声和干扰信号则不会。这称为 DSSS 处理增益,可根据方程(4.3)计算:

$$G_p = \frac{R_s}{R_d} \tag{4.3}$$

其中,R_s 为扩频序列的码片速率(单位: b/s),R_d 为基础传输的数据速率(单位: b/s)。同理,如果信号在扩频前后具有相同的调制,则增益可以等效地表示为带宽之比:

$$G_p = \frac{B_s}{B_d} \tag{4.4}$$

关于扩频前后的带宽图示,参见图 4.2。

实际使用中,短码更容易被敌方解码[3],尤其是在码持续时间 T_c 小于码片持续时间 T_{symobl}(意味着每个符号包含整个编码序列的副本)的情况下。因此,长代码更安全,但同时也增加了复杂度和延迟,因为接收机的同步需要将接收到的信号与已知代码相关联,以确定适当的延迟。

文献[3]和文献[4]中详细讨论了 DSSS 信号,以及检测、定位和干扰问题。涉及算法的详细讨论,包括多种干扰技术的相对性能,参见文献[5]。

4.2.2 扩频雷达信号

LPD 信号经常用于雷达,尽管在这种情况下通常也指 LPI 信号。LPI 雷达信号的最常见类别是 PSK 调制信号,其中,每 T_{chip} 秒调整一次基础载波信号的相位。

可根据方程(4.5)计算 PSK 雷达信号:

$$s(t) = A e^{j[2\pi f_c t + \phi(t)]} \tag{4.5}$$

对于某些时间序列的相位偏移 $\phi(t)$,相位码既可以设为二进制的(0 和 π),也可以设为多相。Barker 码和 Costas 码因为其旁瓣结构而成为广受欢迎的选择。① 由于某些约束条件或期望得到的结果,波形设计越来越多地用于选择最优码。参见 Blunt 和 Mokole 近来关于雷达波形分集的综述[6]。

雷达信号特性会随不同任务而变化,但大多数雷达信号设计为具有图钉型模糊度函数,即雷达在测距向和多普勒向上,主要目标响应附近的旁瓣较低。

4.3 解法

由于本书假定发射机非协作,因此检测器不知道码片速率或任何其他信号参

① 有关 PSK 雷达波形的详细讨论,包括性能和采用的通用代码,参见第 5 章的文献[1]。

数。本节讨论 3 种类型的检测器，即未知信号结构的检测器，具有扩频信号特性（称为循环平稳性）的检测器以及借助多个接收机检测相干信号的检测器。

4.3.1 能量检测器

第一个也是最直接的解法是求解二元假设测试，而不使用关于 $s(t)$ 结构的其他信息。此方案与第 3 章中介绍的能量检测器有相同的解法，即能量探测器：

$$T(\mathbf{z})=\frac{2}{\sigma_{\mathrm{n}}^{2}}\mathbf{z}^{\mathrm{H}}\mathbf{z} \tag{4.6}$$

P_{FA}，η 和 P_{D} 的方程式均不变。这种情况下，唯一的区别是信号为扩频信号，其功率谱密度和相应的检测性能降低。

图 4.3 显示了各种带宽的 SNR，假设参考信号在占据 $B=1$ MHz 频谱时达到 $\xi=0$ dB。带宽每增加 10 倍，噪声功率就会相应增加 10 倍，这会使 ξ 降低 10 dB。由于检测器无法知道用于生成该信号的扩频序列，因此它无法利用处理增益 G_{p} 来抑制额外噪声。

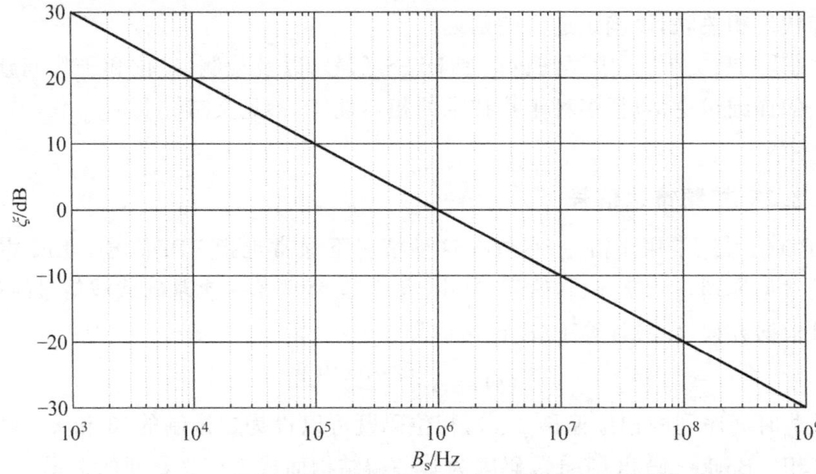

图 4.3 扩频带宽对概念接收信号（在 $B_{\mathrm{s}}=1$ MHz 条件下达到 $\xi=0$ dB）的影响
带宽每增加 10 倍，接收机噪声会导致 ξ 额外降低 10 dB

4.3.2 循环平稳检测器

平稳性体现了信号自相关随时间的变化情况，它可以反映信号的周期分量，如音调。循环平稳性是指信号自相关结果内部的相似现象，即信号自相关具有一定的周期性。简而言之，信号每隔 T_{chip} s 发射一个唯一码片的信号会随时间显示其自相关函数的周期特性。为了度量这种特性，本书首先定义循环自相关函数（cyclic autocorrelation function，CAF）：

$$R_\alpha(\tau)=\frac{1}{T_0}\int_{-T_0/2}^{T_0/2}R(t;t+\tau)\mathrm{e}^{\mathrm{j}2\pi\alpha t}\,\mathrm{d}t \tag{4.7}$$

其中,$R(t;t+\tau)$为信号(时间 t,延迟 τ)的自相关函数; α 为周期频率。CAF 的傅里叶变换称为频谱相关函数(spectrum correlation function,SCF):

$$S_\alpha(f)=\int_{-\infty}^{\infty}R_\alpha(\tau)\mathrm{e}^{\mathrm{j}2\pi f\tau}\,\mathrm{d}\tau \tag{4.8}$$

本节简单介绍了 3 种类型的循环平稳检测器,但不包括其应用详情。关于循环平稳性的更多讨论,包括分辨率边界以及根据实际信号估计 CAF 和 SCF 的方法,参阅文献[1]、文献[7]和文献[8]。关于使用 MATLAB® 函数估计 SCF 的方法,参阅文献[9]。

4.3.2.1　延迟相乘接收机

利用扩频信号周期性结构的一种方法是延迟相乘接收机(delay multiplication receiver,DMR)。选择延迟 α,将接收到的信号相应延迟,然后乘以无延迟的副本。如图 4.4 所示。如果在所选延迟相对应的循环特征中,信号载频附近存在单频偏量,则可以用窄带能量检测器检测这种偏离现象[8]。

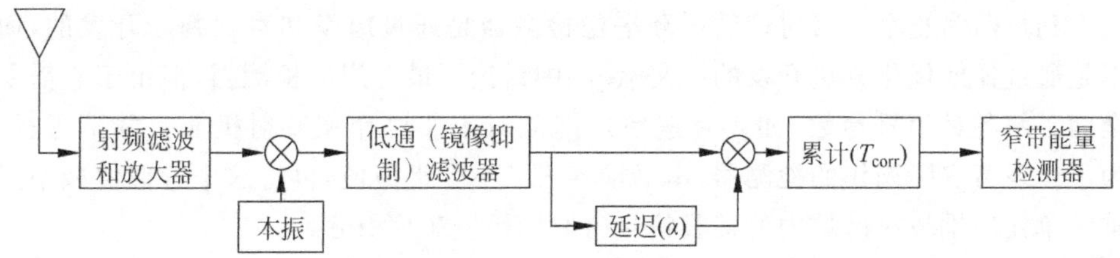

图 4.4　DMR 示意图

DMR 输出可根据方程(4.9)计算:

$$z=\int_0^T y(t)y(t-\alpha)\,\mathrm{d}t \tag{4.9}$$

然而,DMR 需要已知信号结构,如码片速率和所采用的调制方式,因为循环特征的位置会因不同调制方式而异。为了以非协作方式运行,DMR 必须扫过备用延迟。

此外,DMR 中的乘法将运算限制为正 SNR 格式。如果 SNR 小于 0 dB,则乘法将增加噪声功率,而不是增加信号功率。这是很棘手的,因为接收到的扩频信号通常具有较低的 SNR。

4.3.2.2　基于特征分解的接收机

文献[8]中讨论了一对 DSSS 接收机,它们依赖样本协方差矩阵的特征分解,该矩阵是从接收信号的无重叠段中生成的。这类接收机首先估计 DSSS 信号的几个参数,然后根据这些估计值实现码序列恢复。

样本协方差可根据方程(4.10)计算:

$$R=\frac{1}{K-1}\sum_{k=0}^{K-1}\boldsymbol{y}_k\boldsymbol{y}_k^{\mathrm{H}} \tag{4.10}$$

这些算法假设扩频码的周期已估计，并且数据段 $\boldsymbol{y}_k$ 与扩频码等长。

从本质上讲，样本协方差矩阵特征分解法依赖环境噪声为平稳噪声，此时样本协方差矩阵可粗略看作单位矩阵，这种矩阵的特征值大致相等。任何存在的循环平稳特征的信号都具有周期性，并且会位于一个或两个特征向量之内（前提是样本协方差矩阵的大小合适）。因此，特征值较大的特征向量的个数可以指示是否存在循环平稳信号，并且对应的特征向量可用来估计所应用的扩频码 $c(t)$。

特征分析和频谱范数最大化这两种特定技术的唯一区别在于，它们处理特征向量的方式有所不同。文献[8]中的模拟分析表明，这些方法可以检测到远低于噪声水平的 DSSS 信号。

这些技术的主要局限性在于，它们只能适用于短扩频码，对于这些短扩频码，扩频码对每个发送符号至少重复一次。在实践中，长扩频码更难以破解[3]。关于应用详情，有兴趣的读者可以参阅文献[8]的第 17 章。

4.3.2.3 基于 ML 的检测器

到目前为止本书所讨论的循环平稳检测器是通过启发和直觉判断开发的，而不是通过任何优化方法开发的。文献[7]中讨论了最理想的检测器，但由于它需要全面了解各种信号参数（如码片速率），因此对于非协作型发射机而言并不可行。为了实现可实际操作的检测器，本书推导出了一个近似值，再将这个近似值减小至被测单元周围较小区域内的接收信号（$\boldsymbol{y}$）估计的 SCF 积分：

$$T_\alpha(t,f)=\frac{1}{\Delta f}\int_{f-\Delta f/2}^{f+\Delta f/2}S_{\boldsymbol{y}}^{\alpha}(t,v)\,\mathrm{d}v \tag{4.11}$$

该检测器适用于单循环频率 α，频谱频率 f 和采样时间 t（被测单元）。为了检测非协作信号，必须在检测器评估时间 t，对每个可能的循环频率 α 和频谱频率 f 重复检验。

4.3.3 互相关检测器

4.3.2 节描述了一类复杂的接收机，其专门设计以利用目标信号的结构，从而试图改善基础能量检测器的性能。然而，这导致检测器通常最适合目标信号的特定子集（雷达信号或采用给定调制方式的 DSSS 传输），并且在做出检测决定之前需要估计信号参数。

利用这种结构的另一种方法是额外使用第二个接收机并采用互相关技术。通过研究已将互相关技术用于 LPI 雷达检测[10-12]，互相关技术通常被用作 TDOA 定位的一种时延估计方法[13-15]。假设接收机噪声不相关，则两个接收机之间的任何相关性都可以归因于入射到接收机上的信号。

该检测器的主要优点是它可以利用目标信号的处理增益，而无需估计诸如码片速率等参数。假设输入 SNR 如下：

$$\xi_i = \frac{S}{N} \tag{4.12}$$

其中，S 和 N 为两个入射信号的功率谱密度（在接收机带宽上平均分布），经过互相关处理后的输出 SNR 如下[10-11]：

$$\xi_o = \begin{cases} \dfrac{T_{\text{corr}} B_n \xi_i^2}{1 + 2\xi_i}, & T_{\text{corr}} \leqslant T_p \\ \dfrac{T_p B_n \xi_i^2}{\dfrac{T_{\text{corr}}}{T_p} + 2\xi_i}, & T_{\text{corr}} > T_p \end{cases} \tag{4.13}$$

其中，T_p 为脉冲持续时间；T_{corr} 为相关器的持续时间（信号相乘与结果求积分所用的时长）；B_s 为信号带宽，简单起见，本书假设它与接收机带宽（B_n）匹配。① 图 4.5 绘制了信号（$T_p = 1\ \mu s$ 脉冲宽度，带宽不断变化）的 SNR 增大情况。根据带宽和脉冲持续时间的乘积（称为时宽带宽积（time bandwidth product，TBWP））确定每个信号的脉冲压缩增益。第一个信号的 TBWP 为 1，因此对相关处理没有任何好处。最后一个信号的 TBWP 为 1000，对应于相干处理后 ξ 增加 30 dB 的情况；图 4.5 中的虚线表示可获得的理想处理增益。注意，在高 SNR 时，互相关器接近但不能完全达到这一理想的处理增益。在低 SNR 时，由于两个噪声信号相乘而产生的噪声功率增加会导致更明显的差距。但是，如果 TBWP 足够大，则处理增益可以克服此损耗。

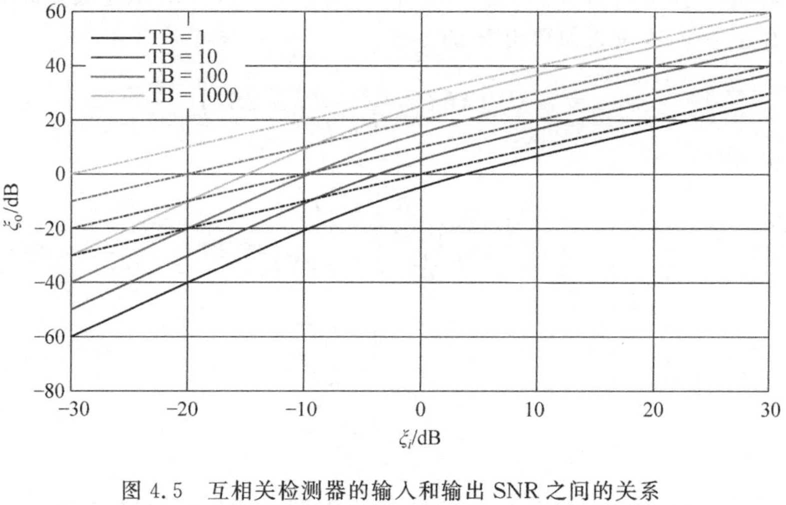

图 4.5　互相关检测器的输入和输出 SNR 之间的关系

实线表示互相关器的 SNR 输出；虚线表示理想的匹配滤波器

① 如果接收器噪声带宽 B_n 小于信号带宽 B_s，则应采用损耗项，以反映落在接收器噪声带宽之外部分的信号能量。

假设一对接收信号 $\boldsymbol{y}_1$ 和 $\boldsymbol{y}_2$，二元假设测试可根据方程(4.14)计算：

$$\begin{cases}\mathcal{H}_0: \boldsymbol{y}_1=\boldsymbol{n}_1;\ \boldsymbol{y}_2=\boldsymbol{n}_2\\ \mathcal{H}_1: \boldsymbol{y}_1=\boldsymbol{s}+\boldsymbol{n}_1;\ \boldsymbol{y}_2=\boldsymbol{A}\boldsymbol{s}+\boldsymbol{n}_2\end{cases} \tag{4.14}$$

其中，$\boldsymbol{A}$ 表示两个接收机之间的未知衰减和相移。可根据方程(4.15)确定互相关接收机：

$$R=\boldsymbol{y}_1^{\mathrm{H}}\boldsymbol{y}_2 \tag{4.15}$$

注意，互相关接收机仅检测互相关的零延迟项。如果两个接收机间距很近，则可以进行这种简化处理，这种情况通常适用于当互相关检测器进行信号检测时。用于时延估计的相关器则需要计算互相关的多个滞后项。由于 $\boldsymbol{y}_1$ 和 $\boldsymbol{y}_2$ 都是复高斯随机向量，并且它们的方差是相等的，因此可以在文献[16]中找到它们内积的分布，但该分布不是以封闭形式给出的，也不是标准分布。这不仅对性能预测来说是一大挑战，而且对设置适当的阈值以保证 P_{FA} 也是一大挑战。

取而代之的是，本书借助了一个近似值，该近似值会形成一种更方便且可分析的解法，同时要注意，这将导致性能下降和分析预测精度方面的损失。为了建立这种近似值，内积项将被展开并逐一考虑。共有 4 个项：信号互相关、噪声互相关以及信号与两个噪声矢量的交叉项：

$$R=\boldsymbol{A}\boldsymbol{s}^{\mathrm{H}}\boldsymbol{s}+\boldsymbol{s}^{\mathrm{H}}\boldsymbol{n}_2+\boldsymbol{A}\boldsymbol{n}_1^{\mathrm{H}}\boldsymbol{s}+\boldsymbol{n}_1^{\mathrm{H}}\boldsymbol{n}_2 \tag{4.16}$$

第一项是感兴趣的(确定的)信号，其余三项是噪声项。两个交叉项是具有零均值的复高斯随机变量，给定方差为 $\sigma_{\mathrm{sn}}=\sigma_{\mathrm{n}}^2 ST_{\mathrm{p}}$。最后一个噪声项更为复杂；它是一对零均值复高斯随机变量的内积。如果样本矢量具有足够的长度，则适合应用中心极限定理[17]并可通过计算期望(0)和方差($T_{\mathrm{p}}N^2/B_{\mathrm{n}}$)使其近似复高斯分布。汇总所有这些项，本书近似得出 R 的分布：

$$R\sim\mathcal{CN}\left(\boldsymbol{A}ST_{\mathrm{p}},\frac{T_{\mathrm{p}}N}{B_{\mathrm{n}}}(N+2S)\right) \tag{4.17}$$

从而得出 SNR：

$$\xi_{\mathrm{o}}=\frac{|\boldsymbol{A}|^2S^2T_{\mathrm{p}}^2}{\dfrac{T_{\mathrm{p}}N}{B_{\mathrm{n}}}(N+2S)} \tag{4.18}$$

$$=\frac{|\boldsymbol{A}|^2T_{\mathrm{p}}B_{\mathrm{n}}S^2}{N^2+2SN} \tag{4.19}$$

$$=\frac{|\boldsymbol{A}|^2T_{\mathrm{p}}B_{\mathrm{n}}\xi_i^2}{1+2\xi_i} \tag{4.20}$$

假设 $|\boldsymbol{A}|^2=1$，并且接收带宽 B_{n} 与信号带宽 B_{s} 匹配，则此结果与文献[11]的结果一致。

---

① 这是简化的推导，需注意的是，$\boldsymbol{s}$ 是确定的，并且 $\boldsymbol{s}^{\mathrm{H}}\boldsymbol{s}=ST_{\mathrm{p}}$，$\boldsymbol{n}_1\sim\mathcal{CN}(0,\sigma_{\mathrm{n}}^2)$，其中 $\sigma_{\mathrm{n}}^2=N/B_{\mathrm{n}}$。

$\mathcal{R}$的均值和方差都取决于接收信号强度 S。这意味着$\mathcal{R}$的均值和方差都将在原假设与备择假设之间变化，并且最理想的检测器是二次方的(参见文献[17]的4.4节)。对于扩频信号检测，信号强度(S)通常比噪声方差(N)弱得多。因此，方差近似恒定($\sigma_r^2 \approx T_p N^2/B_n$)，简单的阈值检测方法可适用。

为了建立测试统计量可以注意到，$\mathcal{R}$的期望取决于两个接收向量之间的未知相移。因此，我们必须找到不随 **A** 保持改变的测试统计量。本书通过将$\mathcal{R}$的平方数除以$\mathcal{H}_0$条件下的噪声来实现这一点。

$$z(\boldsymbol{y}_1,\boldsymbol{y}_2)=\frac{2}{\sigma_0^2}\mid \boldsymbol{y}_1^{\mathrm{H}}\boldsymbol{y}_2\mid^2 \tag{4.21}$$

其中

$$\sigma_0^2=\frac{N^2 T_{\text{corr}}}{B_{\text{n}}} \tag{4.22}$$

这符合具有两个自由度的卡方分布。在$\mathcal{H}_1$条件下，可根据方程(4.23)计算$\mathcal{R}$的方差：

$$\sigma_1^2=\sigma_0^2(1+2\xi_i) \tag{4.23}$$

可根据方程(4.24)和方程(4.25)计算虚警概率：

$$P_{\text{FA}}=1-F_{\chi^2}(\eta;2) \tag{4.24}$$

$$\eta=F_{\chi^2}^{-1}(1-P_{\text{FA}};2) \tag{4.25}$$

接下来，本书定义一个虚拟变量：

$$\hat{z}(\boldsymbol{y}_1,\boldsymbol{y}_2)=\frac{\sigma_0^2}{\sigma_1^2}z(\boldsymbol{y}_1,\boldsymbol{y}_2)=\frac{z(\boldsymbol{y}_1,\boldsymbol{y}_2)}{1+2\xi_i} \tag{4.26}$$

其在$\mathcal{H}_1$条件下的分布为非中心卡方随机变量(具有两个自由度和非中心性参数)：

$$\lambda=\xi_{\text{o}} \tag{4.27}$$

为了计算检测概率，本书为 $\hat{z}(\boldsymbol{y}_1,\boldsymbol{y}_2)$定义了一个等效间隔：

$$Pr\{z(\boldsymbol{y}_1,\boldsymbol{y}_2)\geqslant\eta\}=Pr\left\{\hat{z}(\boldsymbol{y}_1,\boldsymbol{y}_2)\geqslant\frac{\eta}{1+2\xi_i}\right\} \tag{4.28}$$

可从这里看出，计算检测概率的方程基于非中心卡方 CDF，但是其中存在阈值偏移：

$$P_{\text{D}}=1-F_{\chi^2}\left(\frac{\eta}{1+2\xi_i};2,\xi_{\text{o}}\right) \tag{4.29}$$

4.4　性能分析

为了验证能量检测器和互相关检测器的相对性能，我们考虑从飞机上检测以

① 最理想的检测器应使用似然比 $l(\boldsymbol{y}_1,\boldsymbol{y}_2)=f(\boldsymbol{y}_1,\boldsymbol{y}_2|\mathcal{K}_1)/f(\boldsymbol{y}_1,\boldsymbol{y}_2|\mathcal{K}_0)$，但该方程难以简化，因此上述线性阈值检验很适合用来对虚警和检测概率进行更直接的分析。

3G CDMA 波形建模的商用宽带手机信号，以及从桅杆上的地面接收机检测机载 LPI 型雷达脉冲。

首先，本书将方程(4.6)中给出的能量检测器与方程(4.21)中给出的互相关接收机进行检测性能比较。前述章节的分析预测结果与图 4.6 中的蒙特卡罗模拟结果进行了比较。[①] 根据各种输入 SNR 值(ξ_i)，针对 3 个候选信号运行曲线，时宽带宽积的范围为 10～30 dB。

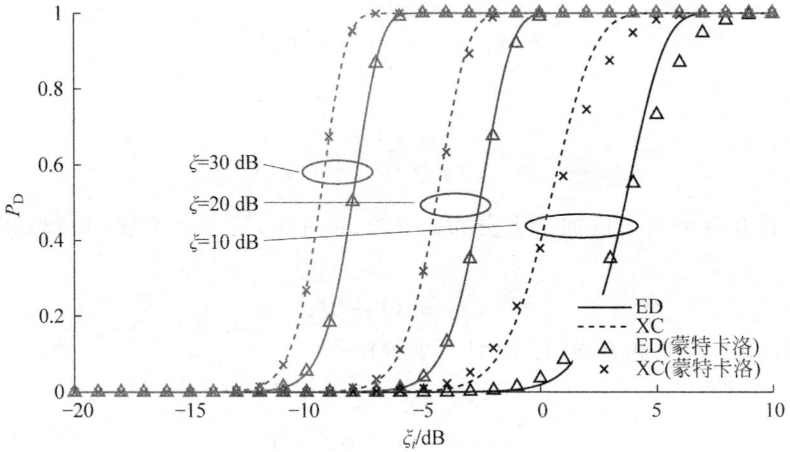

图 4.6　能量检测器(实线，三角形标记)和互相关检测器(虚线，×标记)针对各种时宽带宽积的性能比较

注意，能量检测器的性能和互相关检测器的性能是紧密相关的。这是因为这些计算假定噪声是完全已知的，在这种情况下，可以对能量检测器进行很好的校准以检测总能量中的任意增量，尤其是当 M 较大时。互相关检测器仍然得益于此：它将相关信号与不相关噪声进行比较，而能量检测器只有信号的单个噪声样本。

4.4.1　3G CDMA 手机信号的检测

对于手机用户以及 3G CDMA 手机网络基站的参数，参考表 4.1(a)中的参数。[③] 表 4.1(b)给出了安装在低空飞行飞机上的接收机的参数。

---

① 对 10 000 个随机信号和噪声矢量进行了蒙特卡罗实验，将其按比例缩小至适当的相对功率值，并在提供的 MATLAB® 软件包中运行检测器。可在“examples”文件夹中找到运行此检验的代码。

② 在考虑噪声功率的估计值时，方差项 σ_0 和 σ_1 应替换为其估计值。产生的测试统计量服从 t 分布，在某些情况下符合 F 分布[17]。

③ 关于详情，参见文献[18]和文献[19]。

表 4.1　示例 4.1 的参数

(a) 发射机

参　数	信 号 塔	手　机
P_t	20 W	200 mW
G_t	3 dBi①	0 dBi
f_0	850 MHz	1900 MHz
h	100 m	2 m
B_s	5 MHz	
T_p	20 ms	

(b) 接收机

参　数	接 收 机
G_r	0 dBi
L_r	3 dB
F_n	5 dB
B_n	50 MHz
h_r	1000 m
$T_d = T_{corr}$	100 μs

示例 4.1　3G CDMA 信号的最大检测范围

能量检测器和互相关检测器可以检测信号塔和手机端的最大距离是多少？为简单起见，假设它们是仅有的两个正在进行传输的用户。假设最大可接受的 P_{FA} 为 10^{-6}，并且预期 P_D 为 0.8。

本书首先分析检测器，对于能量检测器可以分别根据方程(3.25)和方程(3.26)计算 η 和 P_D。在随附的脚本集中，可以进行如下调用：

```
> xi_min_ed = detector.squareLawMinSNR(pfa, pd, M);
```

其中，M 为检测器中的样本数($T_{corr} \times B_n$)。这导致最小 SNR 为 −12.43 dB。

对于互相关检测器，我们可以根据式(4.20)中 SNR 增益方程确定经过互相关处理后，输入 SNR $\xi_i = -19.66$ dB 的输入 SNR 足以达到所需的 −12.43 dB，并提高了 7.2 dB。也可以使用以下脚本来计算：

```
> xi_xc = detector.xcorrMinSNR(PFA, PD, Tcorr, Tp, Bn, Bs);
```

接下来，本书根据方程(3.39)计算参考 SNR(ξ_0)，这将导致信号塔参考 SNR 为 125.98 dB 和用户参考 SNR 为 108.98 dB。然后，本书将损耗作为距离的函数进行计算，并在 SNR 满足检测阈值时求解，如图 4.7 所示。或者，我们可以使用提供的 MATLAB® 脚本通过代码直接对这个交集求解：

```
> R_ed = detector.squareLawMaxRange(pfa, pd, M, f0, ht, hr, xi0, b@x...
                              includeAtmLoss, atmStruct);
> R_xc = detector.xcorrMaxRange(pfa, pd, Tcorr, Tp, Bn, Bs, f0, ht, hr, xi0, ...
                              includeAtmLoss, atmStruct);
```

① 这表示名义手机信号塔的旁瓣(比峰值增益要低 −20 dB，天线中度定向，峰值增益为 17 dBi)。接收机一般与至少一个手机信号塔发射机处于同一波束中的可能性更大，因为通常提供 360°覆盖。

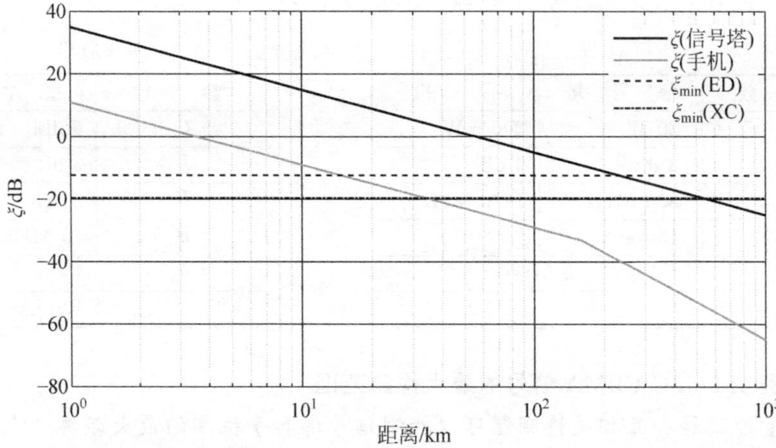

图 4.7 与能量检测器和互相关器所需的 SNR 相比，示例 4.1 中手机信号塔和手机用户的接收 SNR(ξ)为距离的函数

能量检测器可以检测距离达 233 km 的信号塔，但是手机用户的检测距离不能超过 14.8 km。互相关检测器可将这两个检测距离分别扩大至 537 km 和 34 km。

4.4.2 宽带雷达脉冲的检测

思考一下 LPI 雷达脉冲检测，LPI 雷达脉冲参数见表 4.2(a)。接收机参数见表 4.2(b)。

表 4.2 示例 4.2 的 LPI 雷达参数

(a) 发射机

参　数	值
P_t	500 W
G_t(主瓣)	30 dBi
G_t(近旁瓣)	10 dBi
G_t(远旁瓣)	0 dBi
f_0	16 GHz
L_t	3 dB
T_p	20 μs
B_s	200 MHz
h_t	20 000 ft (6096 m)

(b) LPI 雷达脉冲检测器

参　数	接　收　机
G_r	0 dBi
L_r	3 dB
F_n	4 dB
B_n	500 MHz
h_r	20 m
$T_d = T_{corr}$	100 μs

示例 4.2 LPI 雷达脉冲的最大检测距离

当雷达(a)指向检测器(G_t=30 dBi)，雷达(b)靠近检测器(G_t=10 dBi)，或雷

达(c)远离探测器($G_t=0$ dBi)时，所提供雷达及检测器上的能量检测器和互相关检测器的最大检测范围是多少？假设最大可接受$P_{FA}=10^{-6}$，并且预期$P_D=0.8$。我们对雷达脉冲采用与通信脉冲类似的检测方法。首先，计算能量检测器和互相关检测器的检测阈值。

```
> xi_min_ed = detector.squareLawMinSNR(PFA,PD,M);
> xi_xc = detector.xcorrMinSNR(PFA,PD,Tcorr,Tp,Bn,Bs);
```

能量检测器的结果为$\xi=-15.98$ dB，互相关检测器的结果为$\xi=-29.49$ dB，增益为13.5 dB。接下来如图4.8所示，本书针对主瓣检测、内旁瓣检测和远旁瓣检测计算接收SNR与距离的函数关系。

从图4.8中可以看出，能量探测器可以在1482 km(主瓣)，149 km(近旁瓣)和46.9 km(远旁瓣)的距离范围内观测雷达脉冲。互相关检测器可以将这些最大检测距离分别扩大至7025 km、702.5 km和222 km。

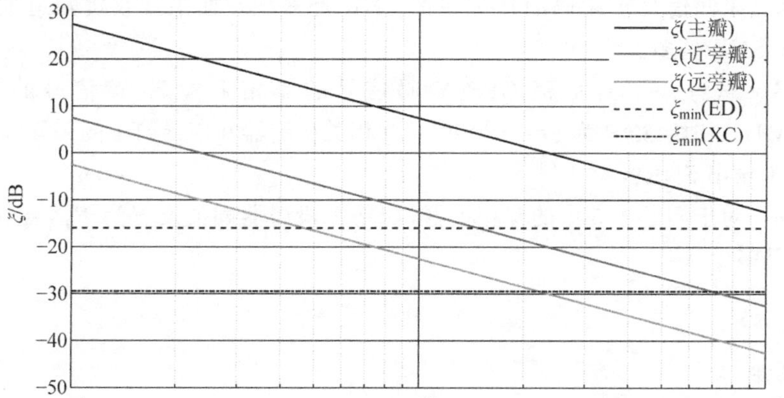

图4.8　示例4.2中雷达脉冲和检测器的接收SNR与距离的函数关系与能量检测器和互相关检测器的SNR阈值进行比较

4.5　局限性

扩频信号检测的主要局限是，只需将发射能量扩展至非常大的带宽上，发射机就可以使SNR降至极低水平。虽然具有足够长观察窗的能量检测器和互相关接收机可以恢复一定的扩频增益，其仍需要对很大的噪声带宽进行采样。虽然存在一些可以充分利用扩频信号结构的技术(循环平稳检测器)，但是此类技术的成功应用通常依赖对信号参数的了解或估计。

另一个局限(尤其是对于宽带信号而言)是互相关器必须考虑到大量可能存在的延迟,包括计算延迟。

4.6 问题集

4.1 Link-16(20 世纪 80 年代开发的军事数据链路)利用 DSSS 编码,码片速率为每 6.4 μs 脉冲中的 32 个码片。由此看来,Link-16 传输的瞬时带宽是多少?

4.2 每个 6.4 μs 的 Link-16 脉冲包含 5 个信息位,但是编码时使用 32 个码片。此时 DSSS 处理增益是多少?

4.3 粗捕获(C/A)为一种公开 GPS 波形。它以 1.023×10^6 码片/s 的速率传输。C/A 码的带宽是多少?基础数据消息的传输速率为 50 b/s,DSSS 处理增益是多少?

4.4 在地球表面,C/A 码传输的接收信号强度的中值为 −154 dBW(假设是全向接收天线)。如果接收机具有 4 MHz 的带宽,1 dB 的接收损耗和 2 dB 的噪声系数,那么未知信号扩频码的接收机的 SNR 是多少?如果接收机知道 DSSS 序列,那么 SNR 是多少?

4.5 思考一下对加密 GPS Y 码信号的非相干检测,该信号的带宽为 10.23 MHz,初始 SNR 为 $\xi=-20$ dB。互相关检测器在 $T_p=1$ s 的采样间隔内会达到多少输出 SNR?

4.6 对于问题 4.5 中的互相关器,如果将检测器阈值设置为 $P_{FA}=10^{-3}$,那么 P_D 是多少?

参考文献

[1] P. E. Pace, *Detecting and classifying low probability of intercept radar*. Norwood, MA: Artech House, 2009.

[2] M. Skolnik, *Radar Handbook, 3rd Edition*. New York, NY: McGraw-Hill Education, 2008.

[3] D. Adamy, *EW 103: Tactical battlefield communications electronic warfare*. Norwood, MA: Artech House, 2008.

[4] D. Adamy, *EW 104: EW Against a New Generation of Threats*. Norwood, MA: Artech House, 2015.

[5] R. Poisel, *Modern Communications Jamming: Principles and Techniques, 2nd Edition*. Norwood, MA: Artech House, 2011.

[6] S. D. Blunt and E. L. Mokole, "Overview of radar waveform diversity," *IEEE Aerospace and Electronic Systems Magazine*, vol. 31, no. 11, pp. 2–42, November 2016.

[7] A. M. Gillman, "Non Co-Operative Detection of LPI/LPD Signals Via Cyclic Spectral Analysis." Master's thesis, Air Force Institute of Technology, 1999.

[8] R. A. Poisel, *Electronic warfare receivers and receiving systems*. Norwood, MA: Artech House, 2015.

[9] E. L. d. Costa, "Detection and identification of cyclostationary signals." Master's thesis, Naval Postgraduate School, 1996.

[10] A. W. Houghton and C. D. Reeve, "Spread spectrum signal detection using a cross correlation receiver," in *1995 Sixth International Conference on Radio Receivers and Associated Systems*, Sep 1995, pp. 42–46.

[11] A. W. Houghton and C. D. Reeve, "Detection of spread-spectrum signals using the time-domain filtered cross spectral density," *IEE Proceedings - Radar, Sonar and Navigation*, vol. 142, no. 6, pp. 286–292, Dec 1995.

[12] R. Ardoino and A. Megna, "LPI radar detection: SNR performances for a dual channel cross-correlation based ESM receiver," in *2009 European Radar Conference (EuRAD)*, Sept 2009.

[13] I. Jameson, "Time delay estimation," Defence Science and Technology Organization, Electronic Warfare and Radar Division, Tech. Rep., 2006.

[14] W. R. Hahn, "Optimum passive signal processing for array delay vector estimation," Naval Ordnance Laboratory, Tech. Rep., 1972.

[15] W. Hahn and S. Tretter, "Optimum processing for delay-vector estimation in passive signal arrays," *IEEE Transactions on Information Theory*, vol. 19, no. 5, pp. 608–614, 1973.

[16] M. K. Simon, *Probability distributions involving Gaussian random variables: A handbook for engineers and scientists*. New York, NY: Springer Science & Business Media, 2007.

[17] L. L. Scharf, *Statistical signal processing*. Reading, MA: Addison-Wesley, 1991.

[18] D. N. Knisely, S. Kumar, S. Laha, and S. Nanda, "Evolution of wireless data services: Is-95 to cdma 2000," *IEEE Communications Magazine*, vol. 36, no. 10, pp. 140–149, 1998.

[19] V. K. Garg, *IS-95 CDMA and CDMA2000: Cellular/PCS systems implementation*. New York, NY: Pearson Education, 1999.

第5章

扫描接收机

第3章和第4章分别讨论了未知目标信号的检测方法,该目标信号既可以是连续且窄带信号,也可以是扩频信号。在每种情况下,都假设目标信号的载波频率位于接收机带宽的中央位置。

实际上,须监视的电磁频谱带宽很大。雷达信号的范围可以从几十兆赫兹(地平线雷达系统上的高频(high frequency,HF))到毫米波范围(30～300 GHz),在商业界,汽车雷达越来越多地使用毫米波。在此范围内,军事雷达实例几乎覆盖了所有频段。

同理,就通信而言,可以在 HF(3～30 MHz)、VHF(30～300 MHz)和 UHF(300 MHz 至 1 GHz)范围内找到长途语音链路,而数字通信(通过数据链路)散布在低千兆赫兹频带上; Link-16 占据 L 频段(1～2 GHz),许多无人机数据链路分布在 S 频段(2～4 GHz)和 C 频段(4～8 GHz)上。卫星的上下行链路频段更高,包括 Ku 频段(12～18 GHz)、Ka 频段(27～40 GHz)和 V 频段(40～75 GHz)。[①]

甚至相对专用的接收机(如专用于侦察 Link-16 传输的接收机)也必须覆盖相当宽的频率范围,因为 Link-16 可以在 51 个不同的 5 MHz 宽信道(900～1206 MHz)快速跳变,对于 306 MHz 的跳变带宽,则远大于任一时刻使用的 5 MHz 信道带宽。[②]在现代数字系统中,雷达(例如)可以在几千兆赫兹频段(如 8～12 GHz)工作,但在低分辨率检测模式下仅占据 1 MHz 的带宽,或者在高分辨率成像或分类模式下占据高达 1 GHz 的带宽。无论是哪种情况,在任何给定时间都只能使用一小部分观测到的频谱,但是接收机无法预知当前哪个频段正在被使用。

---

① 本书采用 IEEE 频段命名方式,1～110 GHz 的每个频率都带有一个字母。ITU 和 NATO 的频段命名方式彼此都有冲突。

② 51 个信道中的多个信道可能会同时被使用,但是任意一台给定的发射机一个时刻只能占据一个信道。

从历史上看，电子战系统采用了各种各样的专用接收机。然而，商业技术的发展使数字系统具备的精确度和带宽日益增加。为简单起见，本书将重点介绍数字接收机。关于最重要模拟接收机的相关知识，包括它们的相对优势和劣势，感兴趣的读者可以参阅文献[1]的第 4 章(尤其是表 4.1)；关于两种最出色电子战接收机架构(超外差式接收机和压缩接收机)的技术推导，可以参阅文献[2]的第 8 章和第 9 章。另外，海军作战中心(Naval Warfare Center)的 *EW Handbook*[3] 中也讨论了一些特定的接收机架构(以及预期标称性能)。Poisel 详细介绍了通信信号的搜索、检测和干扰[4]。对于雷达，通常采用不同的波形。这些内容将在文献[5]中详细讨论。

5.1 数字接收机

由于诸多原因，数字接收机要优于模拟接收机，包括更低的成本和不断提升的性能(由于商业电子和无线电信领域的技术进步)，以及能够以多种算法或信道处理数据的能力(而无需分离功率)，从而保持稳定的 SNR。图 5.1 给出了简化框图。数字接收机的核心是模拟—数字转换器(analog digital converter，ADC)，它将入射信号电压转换为数字化形式。

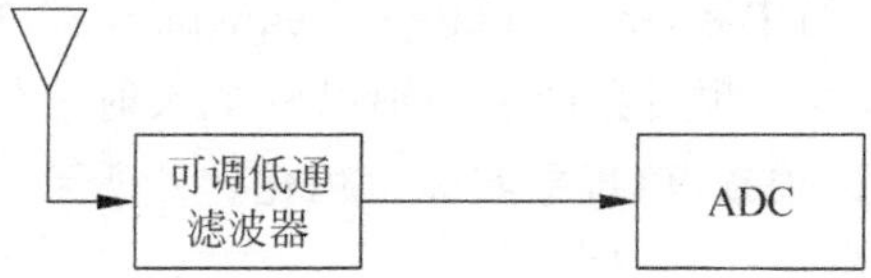

图 5.1 理论上的射频数字接收机

如果 ADC 采样率超过了奈奎斯特频率以获得最高目标频率，则可以直接进行数字采样，如图 5.1 所示，这是一种简单的数字接收机设计。低通滤波器用于防止较高频率的信号进入接收机，在接收机中，高频信号会被混入感兴趣的频带。① 无需本振(local oscillator，LO)就可以将预选滤波器替换为低通滤波器，以防止数字化过程中出现混叠。这样可降低接收机的成本和复杂性，但是在较高频率下其应用会受到限制。

可以通过以下两种形式之一进行信号数字化：单独使用实际样本或通过复采样获取 I/Q 样本。进行数字采样时，奈奎斯特准则会放宽，因为当以接收信号的最高频率而不是以最高频率的两倍(标准奈奎斯特采样准则)采样时，复式采样会提供必要信息以消除信号歧义。②

① 关于数字采样的背景说明，包括奈奎斯特采样准则和混叠，参见文献[6]。

② 尽管奈奎斯特准则有所放宽，但许多电子战系统(尤其是 DRFM 干扰发射机)选择以两倍以上的奈奎斯特速率运行。这样做在很大程度上是为了补偿数字量化对信号重建的影响[1]。

图 5.2 显示了复数 ADC 的架构。入射信号在待采样带宽的中心频率处与本振的正弦和余弦分量混频,然后分别通过两个分路再传递至 ADC,并收集输出值作为复值样本的实部(I)和虚部(Q)。为简单起见,本章使用复采样。

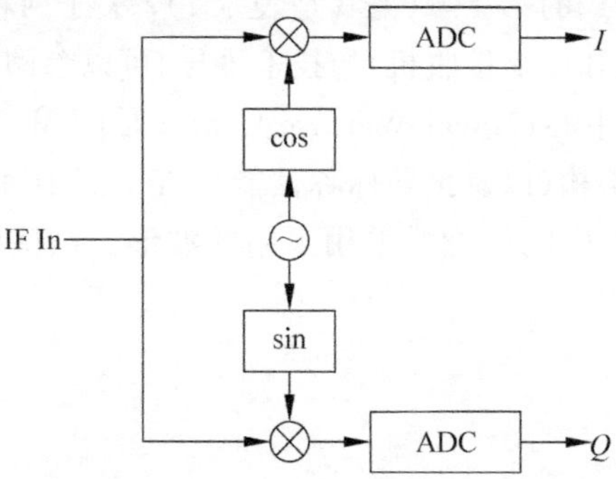

图 5.2 同相和正交数字化

5.2 中频接收机

如果信号最高响应频率超过了 ADC 的采样率,则无法对其进行采样,一种替代方法如图 5.3 中所示的中频(intermediate frequency,IF)接收机。① 中频接收机依据以下原理:两个信号混频后会产生分别以两个入射信号频率和与频率差为载频的组合信号,有时也称拍频,该现象实际由积化和差所致。

$$\cos a\cos b=\frac{1}{2}[\cos(a-b)+\cos(a+b)] \tag{5.1}$$

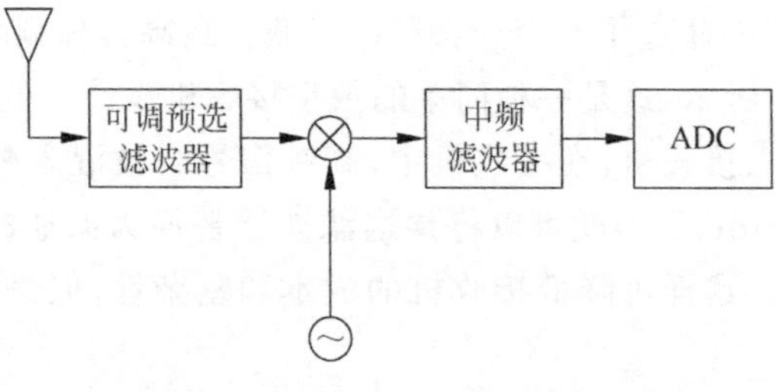

图 5.3 中频数字接收机理论框图

因此可以将非常高频率的入射信号与本振混频,从而产生中心频率很低的信号。这一基本原理使在任何载波频率上传输信号都可实现有效采样,为此本书将构建天线和滤波器,并将高频信号下混频至低频率,以便进行细粒度的信道选择和检测。该技术于 1901 年首次获得专利,之后一直被广泛使用[2]。也可将其作为超

---

① 该图非常简单,实际系统通常包括辅助组件,如放大器和衰减器,并且可能包括多级滤波和下变频。关于接收机组件和架构的详细讨论,感兴趣的读者可以参考文献[2]。

外差式接收机的心脏，超外差式接收机是应用广泛的模拟接收机架构之一。

预选滤波器设计用于抑制混频阶段之前的模糊信号称为图像，而中频滤波器可防止 ADC 中出现混叠。如果对信号进行了合适的滤波，就可以使用 ADC 对该信号进行采样，该 ADC 的运行速率要比中频滤波器的带宽（而不是入射信号的最大频率）低得多。这是中频接收机的最重要优势之一。中频滤波器电子器件和检测器无需一定在射频段（可能是数十甚至数百千兆赫兹的频率）使用，也可以用于接收直流到中频滤波器瞬时带宽之间的信号。

示例 5.1　跳频信号检测

假设跳频通信信号的跳频速率为 $f_{hop}=100$ hops/s（$T_{hop}=10$ ms），瞬时带宽为 $B_t=5$ MHz，且跳频带宽为 $B_{hop}=200$ MHz。

如果本书假设接收机的带宽等于信号带宽（$B_r=5$ MHz），并且希望每跳至少扫描整个信道一次以检测信号，则可以在每个信道上停留多长时间？可达到的检测概率是多少（假设最大可接受 $P_{FA}=10^{-6}$）？

我们首先计算接收机必须采样多少个频点才能扫描整个跳频带宽：

$$N_{chan}=\frac{B_{hop}}{B_r}=40 \tag{5.2}$$

并计算扫描过程中每个频点采样或每次停留的可用时间（单位：μs）：

$$T_{dwell}=\frac{T_{hop}}{N_{chan}}=250 \tag{5.3}$$

以 5 MHz 的采样率，每个频点采样将包含 $M=1250$ 个采样点。该检测曲线如图 5.4（实线）所示。为了达到 90%（假设）的检测概率，要求 SNR 为 $\xi\geqslant-7.4$ dB。相反，如果像某些现代军事数据链路那样，信号以 $T_{hop}=100$ hops/s（断续线）或 1000 hops/s（点线）的速率跳变，则达到类似的检测性能会要求 SNR 水平分别为 $\xi\geqslant-1.8$ dB 或 4.7 dB。

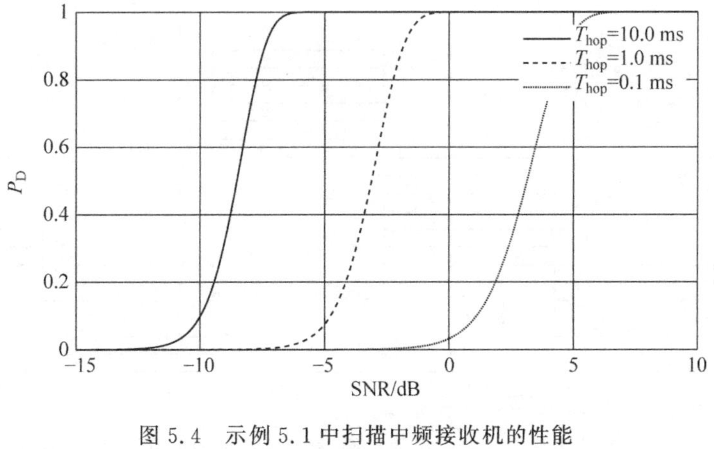

图 5.4　示例 5.1 中扫描中频接收机的性能

所有这些曲线均假设检测器的唯一工作是找到跳变信号，而不进行任何分析。如果需要进行干扰对抗，如干扰跳频信号，则扫描周期必须是跳跃周期的一小部分，而不是整个长度。

5.3 频率分辨率

对扫描接收机的第二个约束是预期频率分辨率，表示为δ_f。信号经数字化后，可通过离散傅里叶变换对其进行处理，而单位频带宽度为$\delta_\omega=1/M$。将其映射到实际频率单位，我们可以得出方程(5.4)[6]：

$$\delta_f=\frac{1}{T_{dwell}} \tag{5.4}$$

频率分辨率与瞬时带宽同为扫描接收机的基础指标。对于给定的信道宽度，如Link-16传输的5 MHz信道宽度，扫描接收机将强制执行最短驻留时间（对于Link-16传输，为200 ns）。如果接收机被限制为$B_r=60$ MHz，则需要进行6次扫描才能覆盖整个Link-16频段($B_{hop}=306$ MHz)。在每次驻留时间为200 ns时，将需要1.2 μs的时间来覆盖完整的Link-16频带。这足以检测到每个跳频，因为Link-16的跳频速率为$T_{hop}=76.9$ μs。上述设定没有考虑信号能量，也没有考虑单个驻留时间内接收机是否足以在给定频道上实际检测到信号，仅假定了可以扫描所有频道以确定跳频点所对应的频道。

图5.5中给出了一个示例，该示例中的扫描驻留时间太长，导致接收机无法足够快地扫描跳频带宽以检测每个脉冲。在该示例中，需要进行3次独立的扫描才能覆盖所有感兴趣频段。这意味着扫描周期为$T_{scan}=3T_{dwell}$，这比跳变周期T_{hop}大得多。因此接收机不能保证会检测到每个跳频。另外，当跳频与扫描策略间不是完全重叠对应时，许多脉冲只能被部分拦截，这必然会导致检测概率降低。

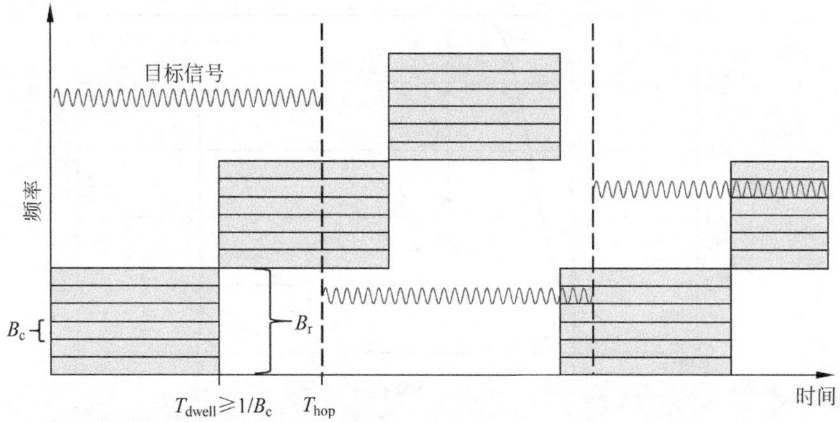

图5.5 数字信道化扫描接收机的示例，显示了驻留时间和跳频周期的关系

示例 5.2 FMCW 雷达

假设一个调频连续波(frequency modulated continuous wave,FMCW)雷达,该雷达在任意给定频率上驻留 $T_{hop}=1$ ms,占据 $B_s=10$ MHz 带宽,并且可能会在 8～12 GHz 频率上跳变($B_{hop}=4$ GHz)。

如果希望频率分辨率等于发射带宽($\delta_f=B_s$),则在每个跳频上充分找到该信号需要多大的接收机带宽?如果希望频率分辨率为 $\delta_f=100$ kHz,又需要多大的接收机带宽?

首先计算必须在每个频率上驻留多长时间才能获得至少与雷达信道宽度 $B_s=10$ MHz 一样小的接收机频率分辨率。这将导致 $T_{dwell}\geqslant 100$ ns。由此看来,需要的扫描次数为

$$N_{dwell}=\frac{T_{hop}}{T_{dwell}}=10\,000 \tag{5.5}$$

我们可以将接收机的带宽计算为感兴趣频段(如目标信号的跳频带宽)除以跳频周期内对应扫描的次数之比。接收机带宽应至少不小于预期频率分辨率:

$$B_r=\max\left(\delta_f,\frac{B_{scan}}{N_{dwell}}\right) \tag{5.6}$$

这种情况下,得出的结果为 $B_r=\delta_f=10$ MHz。图 5.6 绘制了不同跳频速率下所需接收机带宽与预期信道宽度间的函数关系。请注意,随着预期频率分辨率增大,所需接收机带宽会降低到特定值。这是因为频率分辨率越大则驻留时间越短,并且接收机可以在所需跳频周期内进行更多次扫描。当 $\delta_f=B_{scan}/N_{dwell}$ 时会出现这种变化;一旦 $\delta_f>B_{scan}/N_{dwell}$,则 $B_r=\delta_r$,此时 B_r 与跳频周期无关。

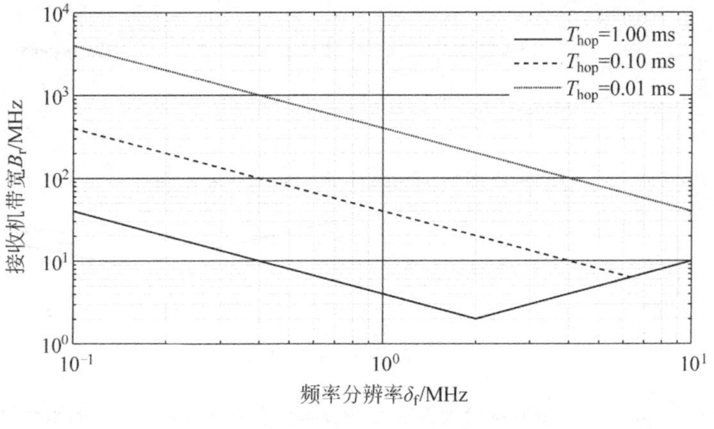

图 5.6 示例 5.2 中所需接收机带宽(B_r)与预期频率分辨率(δ_f)的函数关系

在给定跳频速率下,当 $T_{hop}=1$ ms 时,我们可以确认已讨论过的计算,即 $B_r\geqslant 10$ MHz。为了达到 $\delta_f=100$ kHz 的频率分辨率,接收机带宽现在必须为 $B_r\geqslant 40$ MHz。请注意,跳变周期 T_{hop} 减小时必须增加带宽。这是因为小跳频周

期下，接收机的采集机更少(N_{dwell})，因此每次驻留都必须采集较大的频带，才能在相同时间内尽可能观测到完整的目标频带。

然而，这些计算忽略了对驻留时间(对于给定 P_{FA} 达到预期 P_D 所需的最小驻留时间)的可检测性约束。

示例 5.3　脉冲频率捷变雷达

假设一个脉冲雷达的 PRF 为 2 kHz(PRI=500 μs)，占空比为 20%(t_p=125 μs)，具有与示例 5.2 相同的频谱特性(发射带宽和跳频带宽)，并且脉间跳频规则无特殊限制。

需要多大的接收机带宽才能以 δ_f=10 MHz 的预期频率分辨率检测每个脉冲？如果预期频率分辨率为 δ_f=100 kHz，又需要多大的接收机带宽？

解决这个问题的方法与以前一样，只是必须在脉冲持续时间内扫描整个感兴趣频带。由于脉间跳频跳变，而接收机必须能够在 t_p 秒内扫描完整个感兴趣频段，因此 t_p=125 μs。如之前的示例一样，驻留周期为 T_{dwell}=100 ns，允许的总停留次数为 N_{dwell}=1250。

从这里开始，所需接收机带宽的计算方法与之前的示例相同，图 5.7 中绘制了 3 个不同脉冲持续时间和多个预期频率分辨率的计算结果。从图 5.7 可以看出，当 δ_f=10 MHz(且 t_p=125 μs)时，所需带宽为 $B_r \geqslant$10 MHz，而当 δ_f=100 kHz 时，则所需带宽会增至 $B_r \geqslant$200 MHz。如果进一步缩短脉冲持续时间，则驻留持续时间会相应延长，所需接收机带宽也会相应增大。

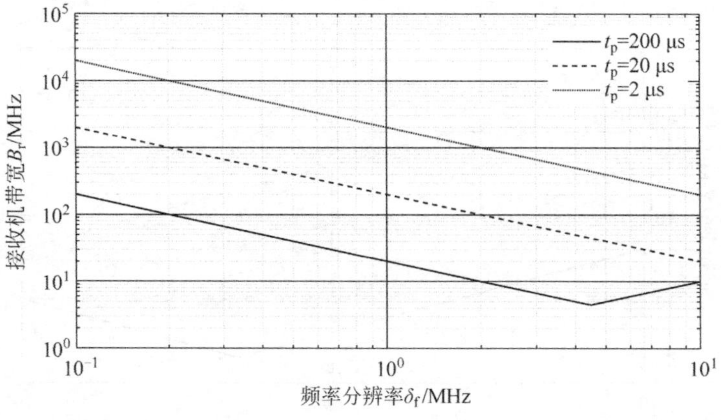

图 5.7　示例 5.3 中所需接收机带宽(B_r)与预期频率分辨率(δ_f)的函数关系

5.4　问题集

5.1　假设跳频通信信号的跳频速率为 f_{hop}=1000 hops/s，瞬时带宽为 B_t=

10 MHz，跳频带宽为 $B_{hop}=500$ MHz。假设接收机带宽是瞬时带宽 $B_r=100$ MHz 的 10 倍，并且每跳至少扫描整个信道一次才能检测到信号，则接收机在每个信道上最多可驻留多长时间，以及接收机可以达到的检测概率是多少(假设最大可接受 P_{FA} 为 10^{-6}，并且每个样本输入 SNR 为 $\xi=-15$ dB)。

5.2 假设一键通无线电在 150～160 MHz 频带中占据 10 kHz 信道。如果每次传输预期持续 $T=5$ s，那么对于 $B_r=100$ kHz 的扫描接收机，最大可接受的驻留时间是多少?

5.3 对于问题 5.2 中的一键通无线电，接收机在每个频道上可以采集多少个样本(假设为奈奎斯特采样率)? 如果 P_{FA} 设置为 10^{-3} 并且每个样本 SNR 为 $\xi=-13$ dB，可达到的 P_D 是多少?

5.4 假设跳频雷达的脉冲持续时间为 $\tau_p=50\ \mu s$，带宽为 $B_t=10$ MHz，跳频带宽为 $B_{hop}=2$ GHz。最短驻留时间是多少才能确保正确频率为 $\delta_f \leqslant 10$ MHz? 对于该驻留时间，最小接收机带宽 B_r 是多少才能确保可以检测到每个脉冲?

5.5 以 $\delta_f \leqslant 100$ kHz 的预期频率分辨率，重新解答上述问题。

5.6 假设一个 FMCW 雷达在给定的频率上驻留 $T_{hop}=10$ ms，占据 $B_s=250$ MHz 带宽，并且可能会在 16～22 GHz 的频率上跳变。如果希望频率分辨率等于发射带宽($\delta_f=B_s$)，那么需要接收机带宽是多少才能在每个跳变上充分找到该信号? 如果希望频率分辨率为 $\delta_f=100$ kHz，又需要接收机带宽是多少?

5.7 假设一个脉冲雷达的 PRF 为 10 kHz，占空比为 15%。信号带宽为 $B_s=250$ MHz，跳频带宽为 6 GHz，脉冲频率脉间跳变，那么需要接收机带宽是多少才能以 $\delta_f=10$ MHz 的预期频率分辨率检测每个脉冲? 如果预期频率分辨率为 $\delta_f=100$ kHz，又需要接收机带宽是多少?

参考文献

[1] D. Adamy, *EW 103: Tactical battlefield communications electronic warfare*. Norwood, MA: Artech House, 2008.

[2] R. A. Poisel, *Electronic warfare receivers and receiving systems*. Norwood, MA: Artech House, 2015.

[3] Avionics Department, *Electronic Warfare and Radar Systems: Engineering Handbook*, 4th ed. China Lake, CA: Naval Air Warfare Center Weapons Division, 2013.

[4] R. Poisel, *Modern Communications Jamming: Principles and Techniques, 2nd Edition*. Norwood, MA: Artech House, 2011.

[5] P. E. Pace, *Detecting and classifying low probability of intercept radar*. Norwood, MA: Artech House, 2009.

[6] A. V. Oppenheim, A. S. Willsky, and S. H. Nawab, *Signals and Systems*, 2nd ed. New Jersey: Prentice Hall, 1997.

第二部分

到达角估计

第6章

估计理论

辐射源检测不仅是总体态势感知的要求，同时也是采取任何响应措施的第一步。需要掌握的第二条信息通常是敌方的入侵方向。为此，我们必须对检测信号的某些参数进行估计，通常既可以是到达方向，也可以是到达角(angle of arrival, AOA)，或者是信号发出的实际位置。本章讨论估计理论的一般基础。后续在第7章和第8章讨论AOA技术以及在第10～13章讨论精确定位技术时，本书将使用估计理论的原理。

6.1 背景

估计理论是处理测量结果以获得某些未知参数估计值的数学基础。估计理论基于与检测理论(在第2章中讨论)相同的统计基础而构建，并采用多种估计方法，且每种方法是不同特定意义下的最优。

本书首先考虑测量向量 $\boldsymbol{x}$，它由概率分布函数 $f(\boldsymbol{x}|\vartheta)$ 表示，其中 ϑ 是一组可修改分布的未知参数。估计量是一个函数，该函数可以根据观测数据 $\boldsymbol{x}$ 以及关于分布 $f(\boldsymbol{x}|\vartheta)$ 的隐性知识来计算估计值 $\hat{\vartheta}$。

本章首先介绍最大似然率(maximum likelihood, ML)估计的概念，该估计是为了计算最有可能产生观测值 $\boldsymbol{x}$ 的参数 $\boldsymbol{\vartheta}$。然后，本章简要回顾了其他一些重要的估计策略，并讨论了用于评价估计性能的指标，尤其是关于信号AOA估计的性能指标。

6.2 最大似然比估计

最大似然比估计基于简单的概念，即确定使观测数据 $\boldsymbol{x}$ 的似然比最大化的参数估计值 $\hat{\vartheta}$。从数学上讲，可根据方程(6.1)进行计算：

$$\hat{\vartheta}=\arg\left[\max_{\vartheta} f(\boldsymbol{x} \mid \boldsymbol{\vartheta})\right] \tag{6.1}$$

文献[1]的第 6 章详细讨论了这个话题。感兴趣的读者可参考相应章节获取更为详尽的内容。本节旨在做个简要回顾。如果似然函数是连续的,则可以通过将导数(相对于参数向量的每个元素)设置为 0 来求解最大化过程。此梯度称为评分函数 $s(\boldsymbol{\vartheta},\boldsymbol{x})$:

$$s(\boldsymbol{\vartheta},\boldsymbol{x})=\frac{\partial}{\partial \boldsymbol{\vartheta}}\ln[f(\boldsymbol{x} \mid \boldsymbol{\vartheta})] \tag{6.2}$$

示例 6.1 样本均值和样本方差

假设一个具有 M 个元素的样本向量 $\boldsymbol{x}$,其中每个元素都是独立的并作为高斯随机变量(均值为 μ,方差为 σ^2)均匀分布。均值和方差都是未知的,因此可根据方程(6.3)计算参数向量:

$$\boldsymbol{\vartheta}=\begin{bmatrix}\mu \\ \sigma^2\end{bmatrix} \tag{6.3}$$

确定评分函数 $s(\boldsymbol{\vartheta},\boldsymbol{x})$ 并求解以获得 $\boldsymbol{\vartheta}$ 的 ML 估计。

本示例先讨论复高斯随机向量的概率分布函数,该向量具有独立且分布均匀的元素,均值为 μ,方差为 σ^2:

$$f(\boldsymbol{x} \mid \mu,\sigma^2)=(\pi\sigma^2)^{-M}\mathrm{e}^{-\frac{1}{\sigma^2}\sum_{i=1}^{M}|x_i-\mu|^2} \tag{6.4}$$

相应的对数似然函数为

$$\ell(\boldsymbol{x} \mid \mu,\sigma^2)=-M\ln(\pi\sigma^2)-\frac{1}{\sigma^2}\sum_{i=1}^{M}|x_i-\mu|^2 \tag{6.5}$$

评分函数是相对于两个参数 μ 和 σ^2 的式(6.5)的导数:

$$s(\boldsymbol{x},\boldsymbol{\vartheta})=\begin{bmatrix}\dfrac{\partial\ell(\boldsymbol{x} \mid \mu,\sigma^2)}{\partial\mu} \\ \dfrac{\partial\ell(\boldsymbol{x} \mid \mu,\sigma^2)}{\partial\sigma^2}\end{bmatrix} \tag{6.6}$$

借助代数运算,我们可以求解上述两个偏导数①:

$$s(\boldsymbol{x},\boldsymbol{\vartheta})=\begin{bmatrix}\dfrac{1}{\sigma^2}\sum_{i=1}^{M}(x_i-\mu)^* \\ \dfrac{-M}{(\sigma^2)^2}\left[\sigma^2-\dfrac{1}{M}\sum_{i=1}^{M}|x_i-\mu|^2\right]\end{bmatrix} \tag{6.7}$$

为了求解 $\hat{\mu}$ 和 $\hat{\sigma}^2$,本示例将式(6.7)中的 μ 和 σ^2 替换为其估计值,然后将向量

---

① 对于复变量 z,导数 $\frac{\partial}{\partial z}|z|^2=z^*$。这称为维尔丁格(Wirtinger)导数。关于复变微积分学的更多信息,参见文献[2]和文献[3]。文献[3]的附录 2 中给出了一个常用导数表。

设置为 0 并求解。

$$\begin{bmatrix} \frac{1}{\sigma^2}\sum_{i=1}^{M}(x_i-\hat{\mu})^* \\ \frac{-M}{(\hat{\sigma}^2)^2}\left[\hat{\sigma}^2-\frac{1}{M}\sum_{i=1}^{M}|x_i-\hat{\mu}|^2\right] \end{bmatrix}=\begin{bmatrix}0\\0\end{bmatrix} \tag{6.8}$$

依次求解每个方程可得出最大似然比估计值：

$$\hat{\mu}=\frac{1}{M}\sum_{i=1}^{M}x_i \tag{6.9}$$

$$\hat{\sigma}^2=\frac{1}{M}\sum_{i=1}^{M}|x_i-\hat{\mu}|^2 \tag{6.10}$$

6.3 其他估计器

6.3.1 最小方差无偏估计量

最小方差无偏估计量(minimum variance unbiased estimator,MVUE)与最大似然估计量相似,但需指出的是,其通过有意设计使估计值中没有偏差。这对于性能指标非常有用,因为许多统计性能界限(如 6.4.2 节中讨论的 CRLB)不适用于有偏估计量。

例如,将最大似然估计量的期望作为高斯随机变量(6.2 节中导出)的方差。

$$E[\hat{\sigma}^2]=E\left[\frac{1}{M}\sum_{i=1}^{M}|x_i-\hat{\mu}|^2\right] \tag{6.11}$$

$$=\frac{1}{M}\sum_{i=1}^{M}E\left[|x_i|^2-2\Re\{x_i\hat{\mu}^*\}+|\hat{\mu}|^2\right] \tag{6.12}$$

$$=\frac{1}{M}\sum_{i=1}^{M}|\mu|^2+\sigma^2-2\left(|\mu|^2+\frac{\sigma^2}{M}\right)+\left(|\mu|^2+\frac{\sigma^2}{M}\right) \tag{6.13}$$

$$=\frac{M-1}{M}\sigma^2 \tag{6.14}$$

由此可见,虽然式(6.10)是 σ^2 的最大似然比估计值,但它并不是无偏的。在这种情况下,由于估计值 $\hat{\sigma}$ 是真实估计值的缩小版,容易构造无偏估计量:

$$\hat{\sigma}_{\mathrm{UB}}^2=\frac{1}{M-1}\sum_{i=1}^{M}|x_i-\hat{\mu}|^2 \tag{6.15}$$

证明无偏估计量是最小方差无偏估计量并不是一个简单的过程。第一步是确定一个无偏估计量并将其方差与 CRLB(将在 6.4.2 节论述)进行比较。如果无偏估计量的方差达到此界限,则可以说它是有效的并且可以保证是 MVUB(尽管不一定是唯一的 MVUB)。如果无偏估计量是无效的,则该问题会变得更具挑战。如果无法测试所有已知的无偏差估计量，则没有什么好办法可以证明无偏差估计量是最小方差。

6.3.2 贝叶斯估计量

尽管最大似然比估计量的工作原理是确定最有可能产生观测数据的估计值，但是贝叶斯估计量是通过将错误答案的风险降至最低实现的。这基于两个新函数，即损失函数 $L(\hat{\vartheta},\vartheta)$ 和先验函数（可能参数 $\boldsymbol{\vartheta}$ 的先验分布）$f(\boldsymbol{\vartheta})$。本节简要介绍贝叶斯估计理论。感兴趣的读者可以参阅文献[1]的第 7 章。①

尽管可以采用任何形式的损失函数，但是一个常见（且有用）的损失函数是欧几里得距离：

$$L(\boldsymbol{\vartheta},\hat{\boldsymbol{\vartheta}})=(\boldsymbol{\vartheta}-\hat{\boldsymbol{\vartheta}})^{\mathrm{H}}(\boldsymbol{\vartheta}-\hat{\boldsymbol{\vartheta}}) \tag{6.16}$$

其中，$(\cdot)^{\mathrm{H}}$ 为厄米特（或共轭转置）。

尽管可以采用任何形式的先验分布 $f(\boldsymbol{\vartheta})$，但是最有效的先验分布为连续形式。先验均匀分布表示几乎没有掌握任何先验信息的情况。

根据先验函数和损失函数，可根据方程(6.17)计算贝叶斯风险：

$$R(\hat{\boldsymbol{\vartheta}})=\iint L(\boldsymbol{\vartheta},\hat{\boldsymbol{\vartheta}})f(\boldsymbol{x},\boldsymbol{\vartheta})\mathrm{d}\boldsymbol{x}\mathrm{d}\boldsymbol{\vartheta} \tag{6.17}$$

其中，$f(\boldsymbol{x},\boldsymbol{\vartheta})$ 为 $\boldsymbol{x}$ 和 $\boldsymbol{\vartheta}$ 上的联合分布，定义为似然函数 $f(\boldsymbol{x}|\boldsymbol{\vartheta})$ 与先验分布 $f(\boldsymbol{\vartheta})$ 的乘积：

$$f(\boldsymbol{x},\boldsymbol{\vartheta})=f(\boldsymbol{x}\mid\boldsymbol{\vartheta})f(\boldsymbol{\vartheta}) \tag{6.18}$$

利用贝叶斯风险表达式，我们现在可以正式定义贝叶斯估计量：

$$\hat{\boldsymbol{\vartheta}}_{\mathrm{B}}=\arg\left[\min_{\hat{\boldsymbol{\vartheta}}}R(\hat{\boldsymbol{\vartheta}})\right] \tag{6.19}$$

当存在先验信息时，如根据其他来源对 $\boldsymbol{\vartheta}$ 的初始估计，贝叶斯估计是最有用的。

示例 6.2 贝叶斯估计示例

假设将相控阵用于到达方向估计，具体细节将在第 8 章中详细讨论，该阵列方向图法向指向 $\psi=\pi/2$，并且其单个元素具有 $\cos(\psi)^{1.2}$ 响应，信号的到达方向为 ψ_0：

$$f(x\mid\psi)=|\cos(\psi-\pi/2)|^{1.2}\left|\frac{\sin\left\{\pi N\dfrac{d}{\lambda}[\cos(\psi)-\cos(\psi_0)]\right\}}{\sin\left\{\pi\dfrac{d}{\lambda}[\cos(\psi)-\cos(\psi_0)]\right\}}\right| \tag{6.20}$$

① 回想一下，估计量 $\hat{\vartheta}(\boldsymbol{x})$ 是数据向量 $\boldsymbol{x}$ 的函数。为简单起见，我们经常忽略 $\boldsymbol{x}$，仅使用 $\hat{\vartheta}$。

对于窄波束(临界值)情况，$d/\lambda=4$，$N=10$，方向图出现了峰值和栅瓣，如图6.1所示。如果假设没有任何先验信息，则贝叶斯估计值是多少？或者，假设先验分布如下：

$$f(\psi)=\begin{cases}1/\pi, & 0\leqslant\psi\leqslant\pi\\ 0, & \text{否则}\end{cases}\tag{6.21}$$

从对图6.1的分析可以清楚地看出，该峰值出现在 $\psi=\pi/2$ 附近，并且(根据定义)就是最大似然比估计值 $\hat{\theta}$。由于贝叶斯先验值 $f(\psi)$ 没有提供任何信息，因此联合分布 $f(\boldsymbol{x},\theta)$ 等于临界值 $f(\boldsymbol{x}|\theta)$。我们必定会得出结论，最大似然比估计值也是贝叶斯估计值，即 $\hat{\psi}=\pi/2$。

示例 6.3　具有先验信息的贝叶斯估计

接下来假设该相控阵是由更小的阵列提示信息，这个更小的阵列也具有 $N=10$ 个元素，但元素间距更窄，即 $d/\lambda=0.5$。如图6.1所示，该方向图为宽波束(先验值)。如果将此信息视为先验信息，则到达角的贝叶斯估计值是多少？

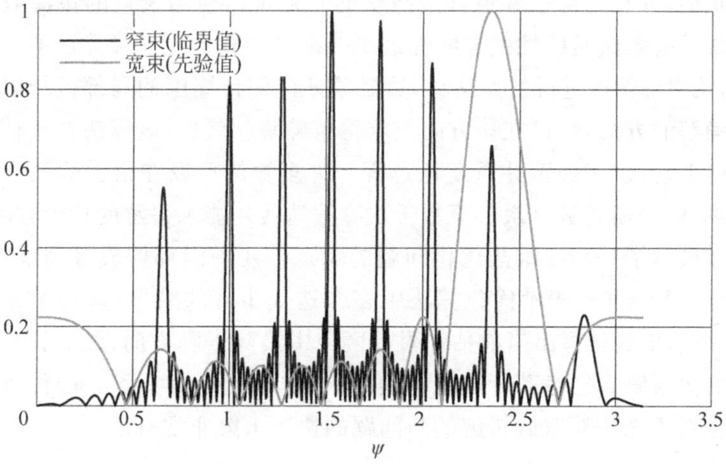

图6.1　条件分布和先验分布与示例6.2和示例6.3中 ψ 的函数关系

这种情况下，贝叶斯先验值是以 $\psi\approx2.35$ 为中心的宽峰值。联合分布是图6.1中两条曲线的乘积。不用进行数学计算，很明显联合分布的峰值将落在 $\hat{\psi}\approx2.35$ 附近。因此，贝叶斯估计量使我们可以考虑任何可用的先验信息。它不必来自书中所述的提示传感器，且可以来自常识(例如，在给定航向上有山口，因此任何地面单位都可能通过那里)，也可以来自机外情报，如空中ISR提示(表明敌方位于当前位置的东北方向)。如果能够以先验分布形式表示该信息，则可以将其纳入贝叶斯估计。

6.3.3　最小二乘估计量

在最小二乘估计中，目标是将平方误差项之和最小化。令 $g(\vartheta)$ 为描述 ϑ 和 $\boldsymbol{x}$

之间关系的模型，且满足

$$\boldsymbol{x} \approx g(\boldsymbol{\vartheta}) \tag{6.22}$$

如果我们将估计值代入函数，则测量误差为

$$\epsilon(\hat{\boldsymbol{\vartheta}}) = [\boldsymbol{x} - \boldsymbol{g}(\hat{\boldsymbol{\vartheta}})]^{\mathrm{H}}[\boldsymbol{x} - \boldsymbol{g}(\hat{\boldsymbol{\vartheta}})] \tag{6.23}$$

最小二乘估计量从优化函数中获取值：

$$\hat{\boldsymbol{\vartheta}}_{\mathrm{LS}} = \arg[\min_{\hat{\boldsymbol{\vartheta}}} \epsilon(\hat{\boldsymbol{\vartheta}})] \tag{6.24}$$

如果函数 $\boldsymbol{g}(\boldsymbol{\vartheta})$ 是线性的，则我们可以将其编写为 $\boldsymbol{G\vartheta}$，可根据方程(6.25)求得优化问题的解：

$$\hat{\boldsymbol{\vartheta}}_{\mathrm{LS}} = (\boldsymbol{G}^{\mathrm{H}}\boldsymbol{G})^{-1}\boldsymbol{G}^{\mathrm{H}}\boldsymbol{x} \tag{6.25}$$

6.3.4 凸估计量

如果优化问题(如式(6.24))可以证明是凸状的(也就是说，如果要优化的代价函数是凸状的，并且约束条件也都是凸状的)，则可以使用大量的快速数值解法来求解。最常见的解法是线性或非线性最小二乘解法和梯度下降算法的变体。在每种方法中，均对参数$\boldsymbol{\vartheta}$ 进行初始估计，然后验证该估计周围的局部区域以生成一个可获得精确解的方向，可以在该方向上求得精确解。然后，该算法在被认为朝着精确解的方向上迭代“步骤”，并重复该过程。许多算法可以在很少的几个步骤内进行快速收敛，但是需要数百次甚至数千次算法迭代才能求得解的情形并不罕见。

图 6.2 展示了一个二维凸优化问题的示意。几个圆环构成等高线图，△是真实的最优点；虚线和＋表示优化算法中多个迭代步骤的结果(从初始或种子估计值开始)；每个步骤计算出当前估计附近区域中最陡下降方向，然后计算沿该方向某个距离的更新解。经过若干次迭代，估计值非常接近真实解。这种解法以及一些细微变化对于无法获取解析解的凸问题的快速求解非常有用。

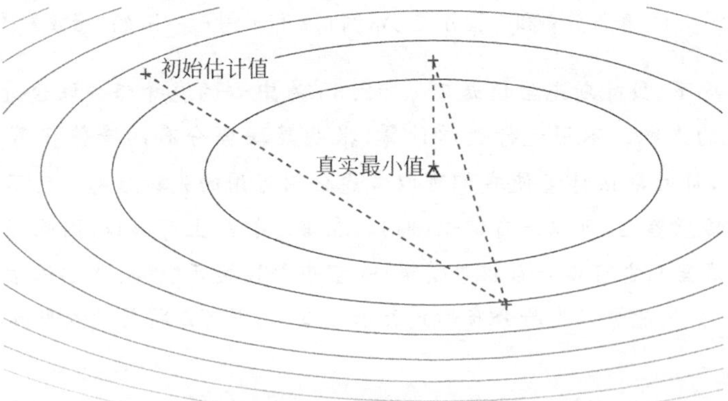

图 6.2 凸优化问题示意

同心圆环构成等高线图，而虚线标记则从初始估计值(x)延伸至每个每次连续迭代(＋)，指向真正最优解(△)

感兴趣的读者可以参考文献[4],其中详细讨论了凸问题和有效求解凸问题的数值方法。本书将在第 11 章简单介绍这些方法。

6.3.5 跟踪估计

跟踪估计器(如卡尔曼滤波器)使用重复观测来跟踪随时间变化的参数。在每个时间点,跟踪器不仅会构造当前值的估计值,而且还会预测该参数不久之后将会出现的变化,然后在进行下一次观测时更新预测,并生成另一个预测。这些滤波器通常需要使用系统模型(如用于跟踪目标位置的运动学模型)和测量模型(将参数的真值转换为噪声测量值和估计值)。本书没有持续跟踪目标的估计位置,但这是一个重要的问题,在实施电子战定位系统时不能被忽视,因为战场上的目标很少是静止不动的。

图 6.3 给出了跟踪问题的几个时间步长示意。在每个时间步,阴影区域显示了预测的 1σ 不确定区间(基于所有先验数据)。在该时刻采集的测量值显示为×,而平滑的位置估计值(考虑了测量值和先验分布)则用○标记。一段时间之后,随着测量值出现在预测区间内,预测区间会变小,从而增加位置估计值的置信度。然而,当出现异常时,这会表现为后续步骤不确定性的增加。

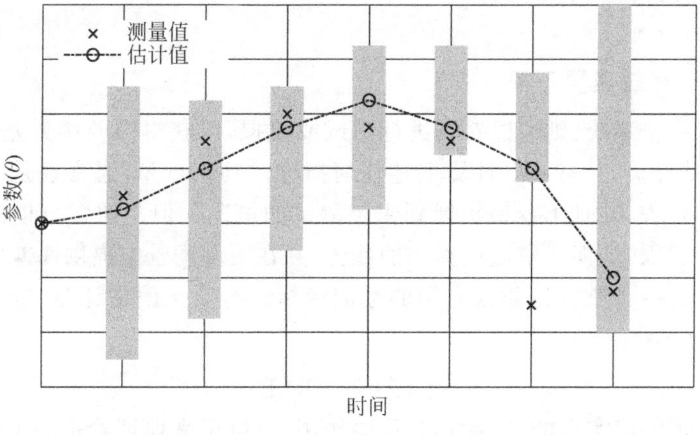

图 6.3 跟踪问题示例(包含先验不确定性区间、测量值和更新的跟踪器估计值)

关于卡尔曼滤波器的简单推导,参阅文献[1]的 7.8 节。对于非线性系统,文献[5]和文献[6]充分研究了诸如扩展卡尔曼滤波器、无迹卡尔曼滤波器和粒子滤波器等变种[5-6]。

6.4 性能指标

对于目前所述的任何估计器,估计值$\hat{\boldsymbol{\vartheta}}$ 都可以视为随机向量,因为它是确定性函数(估计量)应用于随机向量(观测值 $\boldsymbol{x}$)的结果。可以通过分析误差项的分布来描述性能：

$$\epsilon = \hat{\boldsymbol{\vartheta}} - \boldsymbol{\vartheta} \tag{6.26}$$

最常见的方法是分析ϵ分布的一阶距和二阶矩(分别称为偏差和误差协方差)：

$$\boldsymbol{b} = E\{\epsilon\} = E\{\hat{\boldsymbol{\vartheta}} - \boldsymbol{\vartheta}\} \tag{6.27}$$

$$\boldsymbol{C} = E\{(\epsilon - \boldsymbol{b})(\epsilon - \boldsymbol{b})^{\mathrm{H}}\} \tag{6.28}$$

对于无偏估计器，$\boldsymbol{b}=\boldsymbol{0}$，误差协方差可以表示为

$$\boldsymbol{C} = E\{(\hat{\boldsymbol{\vartheta}} - \boldsymbol{\vartheta})(\hat{\boldsymbol{\vartheta}} - \boldsymbol{\vartheta})^{\mathrm{H}}\} \tag{6.29}$$

大多数性能指标既取决于偏差，也取决于误差协方差。

6.4.1 均方根误差

均方根误差(root-mean-square error，RMSE)是评估估计器误差中一种常见的计算法，通常是针对一组样本误差定义的，如在蒙特卡罗试验或实验测试结果中，有

$$\mathrm{RMSE} = \sqrt{\frac{1}{N}\sum_{i=1}^{N} \| \hat{\boldsymbol{\vartheta}}_i - \boldsymbol{\vartheta} \|^2} \tag{6.30}$$

其中，$\hat{\boldsymbol{\vartheta}}_i$ 为$\boldsymbol{\vartheta}$ 的第 i 个估计值。误差项 $\| \hat{\boldsymbol{\vartheta}}_i - \boldsymbol{\vartheta} \|^2$ 为估计值与真实值之间 ℓ_2 范数(或欧几里得距离)的平方。①

6.4.2 克拉美罗下限

如果有一个系统，则可以对其进行测试或模拟，以获得误差协方差矩阵($\boldsymbol{C}$)和偏差($\boldsymbol{b}$)的估计值，并且可以计算上述任何指标。其缺点是，通常这是一个缓慢且代价高昂的过程，并且不容易扩展到未经测试的情况。但是通常可以通过解析法来求解统计界限，从而了解底层算法的性能，并在更多场景中提供性能保证。

CRLB 是一个流行且非常有用的性能指标。对于无偏估计器，这是误差协方差矩阵 $\boldsymbol{C}$ 的下界：

$$\boldsymbol{C}(\hat{\boldsymbol{\vartheta}}) \geqslant \mathrm{CRLB} \tag{6.31}$$

CRLB 通常是可以实现的，因此具有重要作用，可以用来保证给定的无偏估计器是有效的(意味着对于给定的输入 SNR，没有具有更小误差协方差的其他估计器)。由于无偏估计器不会违反(见式(6.31))，因此从这层意义上来看，任何可到达 CRLB 的无偏估计器都是最优的。

为了计算 CRLB，我们先了解一下评分函数，在前文中，该函数定义为对数似然函数相对于未知参数向量$\boldsymbol{\vartheta}$ 的梯度：

$$s(\boldsymbol{\vartheta}, \boldsymbol{x}) = \frac{\partial}{\partial \boldsymbol{\vartheta}} \ell(\boldsymbol{x} \mid \boldsymbol{\vartheta}) \tag{6.32}$$

---

① ℓ_2 范数定义为 $\| \boldsymbol{a} \| = \sqrt{\boldsymbol{a}^{\mathrm{H}} \boldsymbol{a}}$。

由得分矩阵的期望乘以其自身的复共轭可以得出费歇耳信息矩阵(Fisher information matrix,FIM):

$$\boldsymbol{F}_{\boldsymbol{\vartheta}}(\boldsymbol{x})=E\left[\boldsymbol{s}(\boldsymbol{x},\boldsymbol{\vartheta})\boldsymbol{s}^{\mathrm{H}}(\boldsymbol{x},\boldsymbol{\vartheta})\right] \tag{6.33}$$

然后,利用 FIM 的逆可以得出 CRLB:

$$\boldsymbol{C}(\hat{\boldsymbol{\vartheta}})\geqslant \boldsymbol{F}_{\boldsymbol{\vartheta}}^{-1}(\boldsymbol{x}) \tag{6.34}$$

关于更完整的定义(包括多冗参数的处理以及 FIM 的替代公式),感兴趣的读者可以参阅文献[1]的 6.4 节和 6.5 节或文献[3]的 6.3 节。

示例 6.4 均值未知的高斯 CRLB

假设样本向量 $\boldsymbol{x}$ 的元素分布为 $\boldsymbol{x}_i \sim \mathcal{CN}(\mu,\sigma_{\mathrm{n}}^2)$,其中 μ 是未知的,且 σ_{n}^2 是已知的噪声方差。计算 μ 的 CRLB,并将其与式(6.9)中的 $\hat{\mu}$ 误差进行比较。

由于 μ 是未知的,但是 σ_{n}^2 是已知的,因此我们可以从式(6.7)的第一行构成 $s(\boldsymbol{x},\mu)$:

$$s(\boldsymbol{x},\mu)=\frac{1}{\sigma^2}\sum_{i=1}^{M}(x_i-\mu)^* \tag{6.35}$$

相应的 FIM 为

$$\boldsymbol{F}_{\mu}(\boldsymbol{x})=E\left[\left(\frac{1}{\sigma_{\mathrm{n}}^2}\sum_{i=1}^{M}(x_i-\mu)^*\right)\left(\frac{1}{\sigma_{\mathrm{n}}^2}\sum_{k=1}^{M}(x_k-\mu)^*\right)^*\right] \tag{6.36}$$

$$=\frac{1}{(\sigma_{\mathrm{n}}^2)^2}\sum_{i=1}^{M}\sum_{k=1}^{M}E\left[x_i^* x_k - x_i^*\mu - x_k\mu^* + |\mu|^2\right] \tag{6.37}$$

$$=\frac{1}{(\sigma_{\mathrm{n}}^2)^2}\sigma_{\mathrm{n}}^2=\frac{M}{\sigma_{\mathrm{n}}^2} \tag{6.38}$$

因此,对于任何估计量 $\hat{\mu}$:

$$\boldsymbol{C}(\mu)=E\left[|\hat{\mu}-\mu|^2\right]\geqslant\frac{\sigma^2}{M} \tag{6.39}$$

我们将其与式(6.9)中的样本均值 $\hat{\mu}$ 的误差协方差进行比较:

$$E\left[|\hat{\mu}-\mu|^2\right]=E\left[\left|\frac{1}{M}\sum_{i=1}^{M}x_i-\mu\right|^2\right] \tag{6.40}$$

$$=\frac{1}{M^2}\sum_{i=1}^{M}\sum_{j=1}^{M}E\left[(x_i-\mu)(x_j-\mu)^*\right]=\frac{\sigma_{\mathrm{n}}^2}{M} \tag{6.41}$$

由于式(6.9)中样本均值的误差协方差等于 CRLB(并且估计量是无偏的),因此我们可以说式(6.9)的样本均值估计是有效的。

6.4.2.1 多余参数

假设向量 $\boldsymbol{\vartheta}$ 中的多个参数是未知的,但是我们仅需要估计其中某些参数。例如,在入射信号的幅度和相位未知的情况下,只有相位才是有意义的(许多定位技术就是这种情况)。即使不需要某些未知参数,同样会增加所估计参数的不确定性。为了包含这种增加的不确定性，我们使用完整的参数向量构造 FIM 并求逆，然后检查与感兴趣的参数相关的 CRLB 分量。

例如，本节将参数向量$\boldsymbol{\vartheta}$视为两个不同的参数集，即冗余的参数($\boldsymbol{\vartheta}_{\mathrm{n}}$)和感兴趣的参数($\boldsymbol{\vartheta}_{\mathrm{i}}$)：

$$\boldsymbol{\vartheta}=[\boldsymbol{\vartheta}_{\mathrm{n}}^{\mathrm{T}}\boldsymbol{\vartheta}_{\mathrm{i}}^{\mathrm{T}}]^{\mathrm{T}} \tag{6.42}$$

然后，以分块矩阵的形式表示费歇耳信息矩阵：

$$\boldsymbol{F}_{\boldsymbol{\vartheta}}(\boldsymbol{x})=\left[\begin{array}{c|c}\boldsymbol{A} & \boldsymbol{B}\\ \hline \boldsymbol{C} & \boldsymbol{D}\end{array}\right] \tag{6.43}$$

其中，$\boldsymbol{A}$ 和 $\boldsymbol{D}$ 分别是$\boldsymbol{\vartheta}_{\mathrm{n}}$和$\boldsymbol{\vartheta}_{\mathrm{i}}$的费歇耳信息矩阵，而 $\boldsymbol{B}$ 和 $\boldsymbol{C}$ 是交叉项。则我们可以以分块的形式应用矩阵求逆引理[1]计算 $\boldsymbol{F}_{\boldsymbol{\vartheta}}(\boldsymbol{x})^{-1}$。

$$\boldsymbol{F}_{\boldsymbol{\vartheta}}^{-1}(\boldsymbol{x})=\left[\begin{array}{c|c}\boldsymbol{F}_{\boldsymbol{\vartheta}_{\mathrm{n}}}^{-1}(\boldsymbol{x}) & \boldsymbol{F}_{\boldsymbol{\vartheta}_{\mathrm{n}},\boldsymbol{\vartheta}_{\mathrm{i}}}^{-1}(\boldsymbol{x})\\ \hline \boldsymbol{F}_{\boldsymbol{\vartheta}_{\mathrm{i}},\boldsymbol{\vartheta}_{\mathrm{n}}}^{-1}(\boldsymbol{x}) & \boldsymbol{F}_{\boldsymbol{\vartheta}_{\mathrm{i}}}^{-1}(\boldsymbol{x})\end{array}\right] \tag{6.44}$$

$$\boldsymbol{F}_{\boldsymbol{\vartheta}_{\mathrm{n}}}^{-1}(\boldsymbol{x})=(\boldsymbol{A}-\boldsymbol{B}\boldsymbol{D}^{-1}\boldsymbol{C})^{-1} \tag{6.45}$$

$$\boldsymbol{F}_{\boldsymbol{\vartheta}_{\mathrm{n}},\boldsymbol{\vartheta}_{\mathrm{i}}}^{-1}(\boldsymbol{x})=-\boldsymbol{A}^{-1}\boldsymbol{B}(\boldsymbol{D}-\boldsymbol{C}\boldsymbol{A}^{-1}\boldsymbol{B})^{-1} \tag{6.46}$$

$$\boldsymbol{F}_{\boldsymbol{\vartheta}_{\mathrm{i}},\boldsymbol{\vartheta}_{\mathrm{n}}}^{-1}(\boldsymbol{x})=-(\boldsymbol{D}-\boldsymbol{C}\boldsymbol{A}^{-1}\boldsymbol{B})^{-1}\boldsymbol{C}\boldsymbol{A}^{-1} \tag{6.47}$$

$$\boldsymbol{F}_{\boldsymbol{\vartheta}_{\mathrm{i}}}^{-1}(\boldsymbol{x})=(\boldsymbol{D}-\boldsymbol{C}\boldsymbol{A}^{-1}\boldsymbol{B})^{-1} \tag{6.48}$$

由于只关注$\boldsymbol{\vartheta}_{\mathrm{i}}$，因此我们仅需计算 $\boldsymbol{F}_{\boldsymbol{\vartheta}_{\mathrm{i}}}^{-1}(\boldsymbol{x})$。故可根据方程(6.49)计算 CRLB：

$$\boldsymbol{C}_{\boldsymbol{\vartheta}_{\mathrm{i}}}\geqslant(\boldsymbol{D}-\boldsymbol{C}\boldsymbol{A}^{-1}\boldsymbol{B})^{-1} \tag{6.49}$$

由式(6.49)看出，预期参数$\boldsymbol{\vartheta}_{\mathrm{i}}$的 CRLB(包括多余参数)取决于$\boldsymbol{\vartheta}$(包括冗余参数)的完整费歇耳信息矩阵。

6.4.2.2 函数的 CRLB

假设一个估计参数向量的函数 $\boldsymbol{y}=f(\boldsymbol{\vartheta})$。尽管可以直接计算 $\boldsymbol{y}$ 的 CRLB，但本书提供了一种简化方法，参见文献[1]中的方程(6.102)～方程(6.105)，本书将进行简要说明。本书将向量 $\boldsymbol{G}$ 和 $\boldsymbol{H}$(梯度为 $\boldsymbol{y}$)分别定义为$\boldsymbol{\vartheta}$相对于 $\boldsymbol{y}$ 的梯度和 $\boldsymbol{y}$ 相对于$\boldsymbol{\vartheta}$的梯度：

$$[\boldsymbol{G}]_{i,j}=\frac{\partial\boldsymbol{\vartheta}_j}{\partial\boldsymbol{y}_i} \tag{6.50}$$

$$[\boldsymbol{H}]_{i,j}=\frac{\partial\boldsymbol{y}_j}{\partial\boldsymbol{\vartheta}_i} \tag{6.51}$$

对于这些向量，可以根据$\boldsymbol{\vartheta}$的 CRLB 直接计算出 $\boldsymbol{y}$ 的 CRLB。既可以使用 $\boldsymbol{G}$ 向量，也可以使用 $\boldsymbol{H}$ 向量，以最简单的方式为准：

$$\boldsymbol{F}_{\boldsymbol{y}}^{-1}(\boldsymbol{x})=\boldsymbol{G}^{-\mathrm{H}}\boldsymbol{F}_{\boldsymbol{\vartheta}}^{-1}(\boldsymbol{x})\boldsymbol{G}^{-1}=\boldsymbol{H}^{\mathrm{H}}\boldsymbol{F}_{\boldsymbol{\vartheta}}^{-1}(\boldsymbol{x})\boldsymbol{H} \tag{6.52}$$

6.4.2.3 特例：实际高斯分布

许多常见估计问题的 CRLB 解法比比皆是，但是一个特别重要的结果是数据集中某些参数的向量$\boldsymbol{\vartheta}$的估计，该数据集是具有实际均值$\boldsymbol{\mu}$和协方差矩阵$\boldsymbol{C}$的高斯分布。根据文献[1]，可根据方程(6.53)确定费歇尔信息矩阵：

$$[\boldsymbol{F}_{\boldsymbol{\vartheta}}(\boldsymbol{x})]_{ij}=\frac{1}{2}tr\left[\boldsymbol{C}^{-1}\frac{\partial \boldsymbol{C}}{\partial \theta_i}\boldsymbol{C}^{-1}\frac{\partial \boldsymbol{C}}{\partial_j}\right]+\left(\frac{\partial \boldsymbol{\mu}}{\partial \theta_i}\right)^{\mathrm{T}}\boldsymbol{C}^{-1}\left(\frac{\partial \boldsymbol{\mu}}{\partial \theta_j}\right) \tag{6.53}$$

其中，$[\boldsymbol{A}]_{ij}$表示矩阵$\boldsymbol{A}$在第i行第j列中的元素。如果对输入数据向量$\boldsymbol{x}$进行了M次不同的采样①，则应将费歇尔信息矩阵乘以标量M。

6.4.2.4 特例：复高斯分布的实际参数

另一个重要的特殊情况是根据数据向量对实值参数进行估计，该数据向量是具有均值向量$\boldsymbol{\mu}$和协方差矩阵$\boldsymbol{C}$的复高斯随机变量分布。根据文献[7]，可根据方程(6.54)确定费歇尔信息矩阵：

$$[\boldsymbol{F}_{\boldsymbol{\vartheta}}(\boldsymbol{x})]_{ij}=tr\left[\boldsymbol{C}^{-1}\frac{\partial \boldsymbol{C}}{\partial \theta_i}\boldsymbol{C}^{-1}\frac{\partial \boldsymbol{C}}{\partial_j}\right]+2\Re\left\{\left(\frac{\partial \boldsymbol{\mu}}{\partial \theta_i}\right)^{\mathrm{H}}\boldsymbol{C}^{-1}\left(\frac{\partial \boldsymbol{\mu}}{\partial \theta_j}\right)\right\} \tag{6.54}$$

6.4.2.5 寻求有效的估计器

为简单起见，假设存在一种导出有效估计器(如果有的话)的方法可以证明，当且仅当方程(6.55)成立时，$\hat{\theta}$才是有效的[8]：

$$\boldsymbol{F}_{\boldsymbol{\vartheta}}(\boldsymbol{x})(\hat{\boldsymbol{\vartheta}}-\boldsymbol{\vartheta})=\frac{\partial}{\partial \boldsymbol{\vartheta}^*}\ell(\boldsymbol{x}\mid\boldsymbol{\vartheta}) \tag{6.55}$$

式(6.55)提供了一种求有效估计器的直接方法。对于某个估计器$\hat{\boldsymbol{\vartheta}}$，如果可以将$\boldsymbol{s}(\boldsymbol{x},\boldsymbol{\vartheta})$转换为$\boldsymbol{F}_{\boldsymbol{\vartheta}}(\boldsymbol{x})(\hat{\boldsymbol{\vartheta}}-\boldsymbol{\vartheta})$的形式，则该估计器是有效的。

示例 6.5 推导有效估计器

对于复高斯随机向量$\boldsymbol{x}$，其元素分布为$\boldsymbol{x}_i\sim\mathcal{N}(\mu,\sigma^2)$，且已知噪声方差为$\sigma^2$。推导$\boldsymbol{\mu}$的有效估计量。

类似评分函数的推导，本示例计算对数似然函数相对$\boldsymbol{\mu}^*$的导数：

$$\frac{\partial}{\partial \boldsymbol{\mu}^*}\ell(\boldsymbol{x}\mid\boldsymbol{\mu})=\frac{1}{\sigma^2}\sum_{i=1}^{M}(\boldsymbol{x}_i-\boldsymbol{\mu}) \tag{6.56}$$

回顾一下方程(6.38)：$\boldsymbol{F}_{\boldsymbol{\mu}}(\boldsymbol{x})=M/\sigma^2$。接下来根据方程(6.56)，尝试分离出等于$\boldsymbol{F}_{\boldsymbol{\mu}}(\boldsymbol{x})$的项。对于某个估计量$\hat{\boldsymbol{\mu}}$，如果余数采用$(\hat{\boldsymbol{\mu}}-\boldsymbol{\mu})$的形式，则该估计量是有效的。

$$\frac{\partial}{\partial \boldsymbol{\mu}^*}\ell(\boldsymbol{x}\mid\boldsymbol{\mu})=\frac{M}{\sigma^2}\left(\frac{1}{M}\sum_{i=1}^{M}(\boldsymbol{x}_i-\boldsymbol{\mu})\right) \tag{6.57}$$

$$=\boldsymbol{F}_{\boldsymbol{\mu}}(\boldsymbol{x})\left(\frac{1}{M}\sum_{i=1}^{M}\boldsymbol{x}_i-\frac{1}{M}\sum_{M}^{k=1}\boldsymbol{\mu}\right) \tag{6.58}$$

$$=\boldsymbol{F}_{\boldsymbol{\mu}}(\boldsymbol{x})(\hat{\boldsymbol{\mu}}-\boldsymbol{\mu}) \tag{6.59}$$

---

① 也就是说，如果数据矩阵$\boldsymbol{X}$是一组重复测量：$\boldsymbol{X}=[x_1,x_2,\cdots,x_M]$且$\boldsymbol{x}_i\sim\mathcal{N}(\boldsymbol{m},\boldsymbol{C})$。

因此，$\hat{\mu}$ 是有效的。当然，6.4.2 节中已经证明了这一点，但这提供了一种从评分函数和费歇尔信息矩阵中导出有效估计器的方法。

6.4.2.6 其他统计界限

CRLB 不是唯一与定位性能相关的统计界限，但它被引用最多。这在很大程度上要归因于其易于推导和计算的性质，以及可实现性。

与定位精度相关的另一个界限是 ZZB[9-15]。ZZB 将估计问题构建为真实参数值和轻微扰动的参数值之间的二元假设检验，然后计算检验可成功区分的最小扰动。ZZB 的优点是，处于中低 SNR 水平中时它比 CRLB 更加保守。(当 SNR 低时，CRLB 过于乐观。)

与定位精度相关的第三个界限是 Bhattacharyya 界限[12,16-17]，它更复杂，但可提供有偏估计量估计性能的下界，而 CRLB 和 ZZB 都仅适用于无偏估计量。

6.4.3 角误差方差和置信区间

第 7 章和第 8 章将讨论入射信号的 AOA 估计。该问题直接采用 RMSE 和 CRLB 原理。本节简要讨论将 RMSE 和 CRLB 原理应用于角估计的方法，并介绍置信区间的概念。

如果假设到达角 $\hat{\phi}$ 的估计误差服从高斯分布，且 $\hat{\phi}$ 是无偏的，则式(6.30)中定义的 RMSE 等同于 $\hat{\phi}$ 的标准偏差(σ)，且 $\hat{\phi}\pm\sigma$ 定义的区域有 68.26%的可能性包含实际估计值 σ。图 6.4 给出了一个示例。

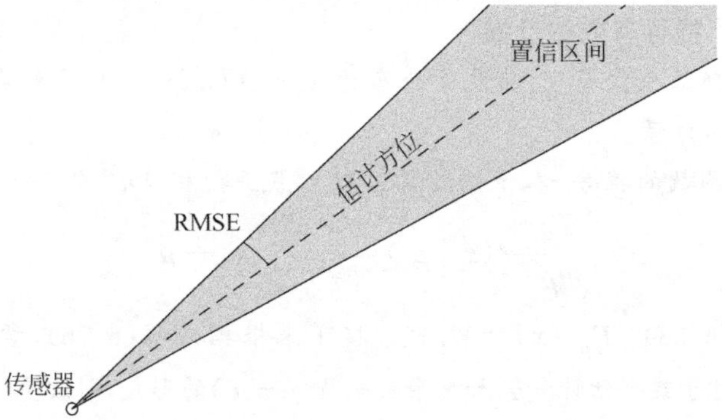

图 6.4　AOA 传感器估计方位和 RMSE 图示

如果是无偏估计，则阴影区域有 68.26%的机会包含检测到的信号源

借助高斯分布可以构建任意置信区间，甚至使用从 $-\gamma$ 到 γ 的标准正态分布积分来确定估计值在给定界限内的置信度：

$$\mathrm{CI}=\frac{1}{\sqrt{2\pi}}\int_{-\gamma}^{\gamma}\mathrm{e}^{-\frac{1}{2}z^{2}}\,\mathrm{d}z \tag{6.60}$$

其中，γ 指设定置信区间时适用于 RMSE 的乘数；CI 指该区间包含实际估计值

(0～1)的概率。在 MATLAB® 中表示为

```
> confInterval = normcdf(gamma) - normcdf(-gamma);
```

对逆问题求解如下：

```
> gamma = norminv(.5 + confInterval/2);
```

表 6.1 中列举了几个有用的值。对于较大的 RMSE 估计量，该比例因子不起作用，因为误差界限为±180°(而实际高斯随机变量是无界限的)。[①]

表 6.1 RMSE 比例因子和置信区间

置信区间/%	比例因子 γ	置信区间/%	比例因子 γ
50.00	0.6745	90	1.6449
68.26	1.0000	95	1.9600
75.00	1.1503		

如果某个特定估计量不存在或不确定是否最优，则 CRLB 会非常有用。由于 CRLB 是误差协方差的下界，因此其平方根是标准偏差(或 RMSE)的下界：

$$\text{RMSE} \geqslant \sqrt{\text{CRLB}} \tag{6.61}$$

如式(6.60)和表 6.1 所示，就像可以针对各种置信区间对 RMSE 进行缩放一样，也可以对 CRLB 进行缩放以展示各种置信区间的界限。

示例 6.6 AOA 精度

假设一个传感器具有很好的方向性，并可根据方程(6.62)确定 AOA 估计的 CRLB：

$$\text{CRLB} = 57.3\frac{\lambda}{D}\cos\phi \tag{6.62}$$

假设 $\hat{\phi}$ 是有效的且 $D/\lambda = 10$，则当到达角测量值为 $\hat{\phi} = 30°$ 时，50%置信区间是多少？如果误差协方差是 CRLB 的两倍，则 50%置信区间又是多少？

首先，我们在 $\hat{\phi} = 30°$ 条件下计算 CRLB(单位：(°))：

$$\text{CRLB} = 57.3\frac{\cos 30°}{10} = 6.62 \tag{6.63}$$

从表 6.1 中可以看出，对于 50%置信区间，乘数 $\gamma = 0.6745$。因此，可根据实际估计值 $\hat{\phi} \pm 4.46°$ 确定 50%置信区间；换句话说，有 50%的可能性满足：

$$\varphi \in [25.54°, 34.46°] \tag{6.64}$$

---

① 如果 $\sigma > 45°$，则近似值将很快不起作用。但是，对于低于 $\sigma = 45°$ 的标准偏差，高斯近似值已足够准确。

如果误差协方差 $\hat{\phi}$ 是 CRLB 的两倍，则可以简单地将置信区间加倍。在这种情况下，有 50% 的可能性满足①

$$\phi \in [21.1°, 38.9°] \tag{6.65}$$

6.5 问题集

6.1 对于服从指数分布特征的样本向量 $\boldsymbol{x}$，计算其评分函数 $s(\boldsymbol{x},\lambda)$，求出方差 $\vartheta=\lambda^2$ 的最大似然估计值。

$$f(\boldsymbol{x} \mid \lambda)=\lambda^{-N} \mathrm{e}^{-\lambda \sum_{N-1}^{n=0} x_n}$$

6.2 在问题 6.1 中，估计值 ϑ 的 CRLB 是多少？

6.3 证明问题 6.1 中的 ML 估计值不是有效的。

6.4 式(6.15)中的样本方差是有效估计量吗？请注意：

$$z=\sum_{n=0}^{N-1} \frac{|x_n-\hat{\mu}|^2}{\sigma_n^2/2} \tag{6.66}$$

对于复高斯分布的样本均值 $\hat{\mu}$ 和 x_n（均值为 μ 和方差为 σ^2），该变量为卡方随机变量分布，自由度为 $2(N-1)$。

6.5 考虑样本向量 $\boldsymbol{x}$ 具有 N 个 IID 样本 $x_i \sim \mathcal{CN}(a/b,1)$。假设 $|b|^2$ 是已知的，估计误差 $|a|^2$ 的 CRLB 是多少。

6.6 求出问题 6.5 中 a 的有效估计器。

6.7 假设样本向量 $\bar{\boldsymbol{x}}$ 具有 N 个 IID 元素 $x_i \sim \mathcal{CN}(\mu,\sigma^2)$。$\mu$ 和 σ^2 都是未知的。求出 σ^2 的 CRLB；这种情况下，μ 是一个冗余参数。如果 σ^2 是已知的，将其与 CRLB 进行比较。

6.8 求出测向估计值 32°的 90% 置信区间，该估计值服从高斯随机变量分布，标准偏差为 2°。

参考文献

[1] L. L. Scharf, *Statistical signal processing*. Reading, MA: Addison-Wesley, 1991.

[2] R. Hunger, "An introduction to complex differentials and complex differentiability," Munich University of Technology, Inst. for Circuit Theory and Signal Processing, Tech. Rep. TUM-LNS-TR-07-06, 2007.

[3] P. J. Schreier and L. L. Scharf, *Statistical signal processing of complex-valued data: the theory of improper and noncircular signals*. Cambridge, UK: Cambridge University Press, 2010.

[4] S. Boyd and L. Vandenberghe, *Convex optimization*. Cambridge, UK: Cambridge University Press, 2004.

---

① ∈运算符表示"包含在区间中"。

[5] S. J. Julier and J. K. Uhlmann, "Unscented filtering and nonlinear estimation," *Proceedings of the IEEE*, vol. 92, no. 3, pp. 401–422, March 2004.

[6] B. Ristic, S. Arulampalam, and N. Gordon, *Beyond the Kalman filter: Particle filters for tracking applications*. Norwood, MA: Artech House, 2003.

[7] S. M. Kay, *Fundamentals of Statistical Signal Processing, Volume 2: Detection Theory*. Upper Saddle River, NJ: Prentice Hall, 1998.

[8] S. Trampitsch, "Complex-valued data estimation," Master's thesis, Alpen-Adria University of Klagenfurt, 2013.

[9] J. Ziv and M. Zakai, "Some lower bounds on signal parameter estimation," *IEEE Transactions on Information Theory*, vol. 15, no. 3, pp. 386–391, May 1969.

[10] K. L. Bell, Y. Steinberg, Y. Ephraim, and H. L. Van Trees, "Extended ziv-zakai lower bound for vector parameter estimation," *IEEE Transactions on Information Theory*, vol. 43, no. 2, pp. 624–637, Mar 1997.

[11] N. Decarli and D. Dardari, "Ziv-zakai bound for time delay estimation of unknown deterministic signals," in *2014 IEEE International Conference on Acoustics, Speech and Signal Processing (ICASSP)*, May 2014, pp. 4673–4677.

[12] Y. Wang and K. Ho, "TDOA positioning irrespective of source range," *IEEE Transactions on Signal Processing*, vol. 65, no. 6, pp. 1447–1460, 2017.

[13] Y. Wang and K. C. Ho, "Unified near-field and far-field localization for AOA and hybrid AOA-TDOA positionings," *IEEE Transactions on Wireless Communications*, vol. 17, no. 2, pp. 1242–1254, Feb 2018.

[14] D. Khan and K. L. Bell, "Explicit ziv-zakai bound for analysis of doa estimation performance of sparse linear arrays," *Signal Processing*, vol. 93, no. 12, pp. 3449 – 3458, 2013, special Issue on Advances in Sensor Array Processing in Memory of Alex B. Gershman.

[15] D. Dardari, A. Conti, U. Ferner, A. Giorgetti, and M. Z. Win, "Ranging with ultrawide bandwidth signals in multipath environments," *Proceedings of the IEEE*, vol. 97, no. 2, pp. 404–426, Feb 2009.

[16] A. Fend, "On the attainment of cramer-rao and bhattacharyya bounds for the variance of an estimate," *The Annals of Mathematical Statistics*, pp. 381–388, 1959.

[17] J. S. Abel, "A bound on mean-square-estimate error," *IEEE Transactions on Information Theory*, vol. 39, no. 5, pp. 1675–1680, Sep 1993.

第7章

测向系统

AOA 信息可以让指挥官指挥其他监视资源或准备防御，从而挫败侧翼攻击。也可以用于引导具有搜索和获取目标功能的机载导弹拦截器。不过，AOA 信息的最大用处是指挥电子攻击。

自雷达和无线通信问世以来，测向系统就已经用于确定敌方的位置。① 随着数字接收机的使用越来越广泛(参见第 5 章)，信号质量和性能得以提升，但并没有显著改变专用测向系统的架构或应用方法。

本章将讨论几种专门构建的测向系统，包括基于定向天线或多个天线的幅度响应，移动天线多普勒响应的变化及两根天线的相位比较系统。这些系统都是针对测向而专门设计的。第 8 章将介绍以通用天线阵列进行测向的方法。

本章仅简单介绍许多测向系统，并尽量使用一致的公式以便于进行比较。有关操作方面的简要回顾，请参阅 Dave Adamy 的 *EW 101* 系列，尤其是 *EW 103*[1] 的第 7 章和 *EW 104*[2] 的 6.6 节。每个章节中都做了详细介绍，包括实施详情和性能折中。同时也可以参考文献[3](3.3 节中讨论了一些接收机)及文献[4]的第 20 章。

为避免混淆，本章先简要回顾一下使用的符号。本书将使用变量$\boldsymbol{\vartheta}$来指代未知参数向量，而θ是指入射信号的 AOA(单位：(°))。$\psi=\theta\pi/180$ 表示以弧度为单位的 AOA(单位：rad)。每当使用三角函数时，参数的单位应为 rad(而不是(°))以避免混淆。在 MATLAB 中，可以使用 sin*d*、cos*d* 和 tan*d* 等支持以度为单位输入的函数，但是本书坚持使用弧度形式，以使误差计算更加一致、直观。因此对于复杂

① 测向、到达角、到达方向、方位线和位置坐标基本上都是同义术语。本节使用测向(direction finding，DF)来指代系统、架构和过程，而 AOA 则用来指代实际估计值。

信号，尤其是当相位未知时，本书将使用 ϕ 表示相位，$[\boldsymbol{x}]_i$ 表示向量 $\boldsymbol{x}$ 的第 i 个元素，$[\boldsymbol{X}]_{i,j}$ 是矩阵 $\boldsymbol{X}$ 第 i 行第 j 列中的元素。

7.1　基于波束方向图的测向

测向的最简单形式是搜索最大化接收信号功率的方位。这种方法依赖天线，该天线对不同到达方向上的信号有不均匀的响应。

令 P 表示入射到天线的信号功率。可根据方程(7.1)确定天线的接收信号功率 R：

$$R = |G(\psi)|^2 P \tag{7.1}$$

其中，$G(\psi)$是指复电压增益图方向图，是方位角 ψ 的函数(单位：rad)。

为了获得估计值，在不同的转向角 ψ_i 上进行了几次测量，并对结果进行处理以确定一个估计值。假设一个在转向角 ψ_i 进行 M 次采样的向量：

$$\boldsymbol{x}_i = G(\psi_i - \psi)\boldsymbol{s} + \boldsymbol{n}_i \sim \mathcal{CN}(G(\psi_i - \psi)\boldsymbol{s}, \sigma_{\mathrm{n}}^2 \boldsymbol{I}_M) \tag{7.2}$$

这种情况下，除波束图之外，所有增益和损耗都包括在 $\boldsymbol{s}$ 中。完整的数据矩阵 $\boldsymbol{X}$ 是一组转向角上的样本集合：

$$\boldsymbol{X} = [\boldsymbol{x}_1, \boldsymbol{x}_2, \cdots, \boldsymbol{x}_N] \tag{7.3}$$

如果我们将数据矩阵 $\boldsymbol{X}$ 堆叠到向量 $\boldsymbol{x}$ 中，则可以通过分布来描述：

$$\boldsymbol{x} \sim \mathcal{CN}(\boldsymbol{s} \otimes \boldsymbol{g}, \sigma_{\mathrm{n}}^2 \boldsymbol{I}_{MN}) \tag{7.4}$$

其中，$\otimes$为 Kronecker 乘积①；$\boldsymbol{g}$ 表示每个转向角处的振幅响应向量：

$$\boldsymbol{g}(\psi) = [G(\psi_1 - \psi), G(\psi_2 - \psi), \cdots, G(\psi_M - \psi)]^{\mathrm{T}} \tag{7.5}$$

需注意的是，当 $\psi_i = \psi$ 时，$G(\psi_i - \psi)$具有最大值。为了获得估计值，最简单的方法是选择具有最大平均功率的转向角：

$$\hat{\psi} = \underset{i}{\operatorname{argmax}} \| \boldsymbol{x}_i \| \tag{7.6}$$

一种更复杂的方法是，求出最接近观察到的增益图的 AOA，如图 7.1 所示。让我们定义每个转向角 θ_i 处的估计增益图：

$$\hat{G}_i = \Re\left\{\frac{\boldsymbol{x}_i^{\mathrm{H}} \boldsymbol{s}}{\boldsymbol{s}^{\mathrm{H}} \boldsymbol{s}}\right\} \tag{7.7}$$

如果 $\boldsymbol{s}$ 是已知的，则将其代入估计增益向量$\hat{\boldsymbol{g}}$。然后，可根据方程(7.8)进行优化：

$$\hat{\psi} = \underset{\psi}{\operatorname{argmin}} \| \hat{\boldsymbol{g}} - \boldsymbol{g}(\psi) \|^2 \tag{7.8}$$

如果 $\boldsymbol{s}$ 是未知的，则通过 $\boldsymbol{x}_i^{\mathrm{H}} \boldsymbol{x}_i$ 获取估计值，并借助回波峰值将该估计值归一化。然后，对两个变量 ψ 和未知比例因子 A 进行优化。

---

① 两个向量的 Kronecker 乘积是两个输入中每个元素的成对乘积。它等同于外积，然后将所得矩阵堆叠到单个列或行中。

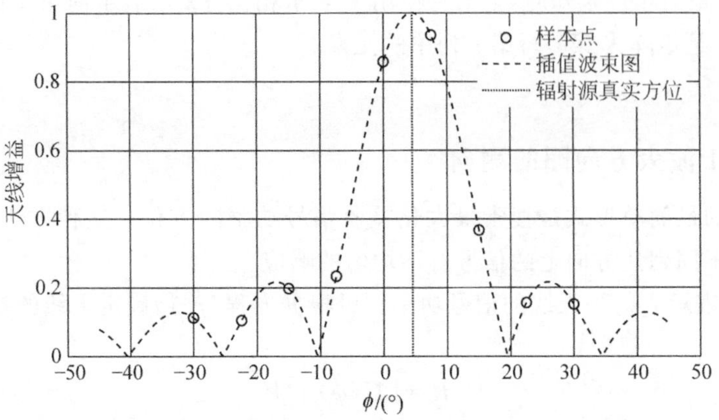

图 7.1　曲线拟合观测到的增益方向图用于获得 AOA 的估计值

7.1.1　实现

随附的 MATLAB®代码中有一个可用于测试的函数，也可以用作如何根据多个瞄准角处的增益响应来构建数字测向仪的示例。可在函数 aoa. directional_df 中找到该示例。对于 Adcock 和矩形阵列，都可以通过 aoa. make_gain_functions 模块生成增益函数(及其导数，这对性能分析非常有用)，然后生成测试信号。对于到达方向为 $\theta=5°$ 且给定载波频率为 f 的信号，以下代码在每个频点处生成具有 N 个等间隔采样角(角度均等)和 M 个时域采样点的无噪声测试信号。

```
s = exp(1i * 2 * pi * f * (0:M-1) * t_samp);
[g,g_dot] = aoa.make_gain_functions('adcock',d_lam,psi_0);
psi_true = 5 * pi/180;
psi_scan = linspace(-pi,pi-2 * pi/N,N);
x = g(psi_scan(:)-psi_true) * s;
```

实施的测向算法是一种多分辨率搜索，该搜索首先以 1°的步长(在 psi_min 至 psi_max 区间内)对式(7.8)进行暴力求解，然后缩短区间，并将步长减少一个数量级，直到步长小于 psi_res 的一半。所提供的算法仅在 AOA ψ 上搜索，假设比例因子 A 是已知的，并且已从接收信号中删除，因此只有 $\boldsymbol{s}$ 输入。如果将该算法扩展到具体情况，则需要对可能的比例因子 A 进行二次优化，或者生成一个与比例无关的测试统计量。

7.1.2　性能

为了评估性能，我们在存在噪声的情况下确定接收信号的统计表示。令 $\boldsymbol{x}_i$ 为

当阵列指向第 i 个转向位置(ψ_i)时的接收信号：

$$\boldsymbol{x}_i = G(\psi_i - \psi)\boldsymbol{s} + \boldsymbol{n} \tag{7.9}$$

从式(7.3)得出

$$\boldsymbol{x}_i \sim \mathcal{CN}(G(\psi_i - \psi)\boldsymbol{s}, \sigma_{\mathrm{n}}^2 \boldsymbol{I}_M) \tag{7.10}$$

$$\boldsymbol{X} = [\boldsymbol{x}_0, \boldsymbol{x}_1, \cdots, \boldsymbol{x}_{N-1}] \tag{7.11}$$

$$\boldsymbol{x} \sim \mathcal{CN}(\boldsymbol{s} \otimes \boldsymbol{g}, \sigma_{\mathrm{n}}^2 \boldsymbol{I}_{MN}) \tag{7.12}$$

其中，$\boldsymbol{x}$ 是 $\boldsymbol{X}$ 的向量化形式(重新排列为单列向量)。我们根据方程(6.54)计算费歇尔信息矩阵：

$$[\boldsymbol{F}_{\boldsymbol{\vartheta}}(\boldsymbol{x})]_{ij} = \mathrm{Tr}\left[\boldsymbol{C}^{-1} \frac{\partial \boldsymbol{C}}{\partial \boldsymbol{\vartheta}_i} \boldsymbol{C}^{-1} \frac{\partial \boldsymbol{C}}{\partial \boldsymbol{\vartheta}_j}\right] + 2\Re\left\{\left(\frac{\partial \boldsymbol{\mu}}{\partial \boldsymbol{\vartheta}_i}\right)^{\mathrm{H}} \boldsymbol{C}^{-1} \left(\frac{\partial \boldsymbol{\mu}}{\partial \boldsymbol{\vartheta}_j}\right)\right\} \tag{7.13}$$

可根据方程(7.14)确定参数向量[①]

$$\boldsymbol{\vartheta} = [\boldsymbol{s}_{\mathrm{R}}^{\mathrm{T}} \quad \boldsymbol{s}_{\mathrm{I}}^{\mathrm{T}} \quad \psi]^{\mathrm{T}} \tag{7.14}$$

假设协方差矩阵为 $\sigma_{\mathrm{n}}^2 \boldsymbol{I}_{MN}$，则其与 θ 无关，因此不包含方程(6.54)第一项。令 $\boldsymbol{\mu}_i = G(\psi_i - \psi)\boldsymbol{s}$。剩下的就是求 $\boldsymbol{\mu}$ 对 $\boldsymbol{\vartheta}$ 的各个分量的偏导数：[②]

$$\nabla_{\boldsymbol{s}_{\mathrm{R}}} \boldsymbol{\mu}_i = G(\psi_i - \psi)\boldsymbol{I} \tag{7.15}$$

$$\nabla_{\boldsymbol{s}_{\mathrm{I}}} \boldsymbol{\mu}_i = G(\psi_i - \psi)\boldsymbol{I} \tag{7.16}$$

$$\nabla_{\theta} \boldsymbol{\mu}_i = -\boldsymbol{s}\dot{G}(\psi_i - \psi) \tag{7.17}$$

其中，在 $\psi_i - \psi$ 条件下计算 $\dot{G}(\psi) = \partial G(\psi)/\partial \psi$。扩展到不同的转向角时，全向量 $\boldsymbol{\mu}$ 的导数为

$$\nabla_{\boldsymbol{\vartheta}} \boldsymbol{\mu} = [\boldsymbol{g} \otimes \boldsymbol{I}_M \quad \mathcal{J}\boldsymbol{g} \otimes \boldsymbol{I}_M \quad -\dot{\boldsymbol{g}} \otimes \boldsymbol{s}] \tag{7.18}$$

其中，定义了向量 $\boldsymbol{g}$ 和 $\dot{\boldsymbol{g}}$：

$$[\boldsymbol{g}]_i = G(\psi_i - \psi) \tag{7.19}$$

$$[\dot{\boldsymbol{g}}]_i = \dot{G}(\psi_i - \psi) \tag{7.20}$$

将其代入费歇尔信息矩阵(忽略没有实部的项)，我们会得到以下矩阵：

$$\boldsymbol{F}_{\boldsymbol{\vartheta}}(\boldsymbol{X}) = \frac{2}{\sigma_{\mathrm{n}}^2} \left[\begin{array}{cc:c} \boldsymbol{g}^{\mathrm{T}}\boldsymbol{g}\boldsymbol{I}_M & \boldsymbol{0}_{M,M} & -\boldsymbol{g}^{\mathrm{T}}\dot{\boldsymbol{g}}\boldsymbol{s}_{\mathrm{R}} \\ \boldsymbol{0}_{M,M} & \boldsymbol{g}^{\mathrm{T}}\boldsymbol{g}\boldsymbol{I}_M & -\boldsymbol{g}^{\mathrm{T}}\dot{\boldsymbol{g}}\boldsymbol{s}_{\mathrm{I}} \\ \hdashline -\boldsymbol{g}^{\mathrm{T}}\dot{\boldsymbol{g}}\boldsymbol{s}_{\mathrm{R}}^{\mathrm{T}} & -\boldsymbol{g}^{\mathrm{T}}\dot{\boldsymbol{g}}\boldsymbol{s}_I^{\mathrm{T}} & \dot{\boldsymbol{g}}^{\mathrm{T}}\dot{\boldsymbol{g}}\boldsymbol{s}^{\mathrm{H}}\boldsymbol{s} \end{array}\right] \tag{7.21}$$

为了对该矩阵求逆，我们利用方程(6.49)中的矩阵求逆引理，其中矩阵 $\boldsymbol{A}$、$\boldsymbol{B}$、$\boldsymbol{C}$ 和 $\boldsymbol{D}$ 用方程(7.21)中的虚线划分：

---

① 其中，s_{R} 和 s_{I} 分别是 s 的实部和虚部。

② 梯度 $\nabla_{\vartheta} f(\vartheta)$ 是偏导数对 ϑ 各个元素的集合，即 $\nabla_{\vartheta} f(\vartheta) = [\partial f(\vartheta)/\partial \vartheta_0, \partial f(\vartheta)/\partial \vartheta_1, \cdots, \partial f(\vartheta)/\partial \vartheta_{N-1}]$。

$$\boldsymbol{C}_{\psi} \geqslant (\boldsymbol{D} - \boldsymbol{C}\boldsymbol{A}^{-1}\boldsymbol{B})^{-1} \tag{7.22}$$

$$\geqslant \frac{\sigma_{\mathrm{n}}^{2}}{2}\left(\dot{\boldsymbol{g}}^{\mathrm{T}}\dot{\boldsymbol{g}}\boldsymbol{E}_{\mathrm{s}} - \frac{(\boldsymbol{g}^{\mathrm{T}}\dot{\boldsymbol{g}})^{2}}{\boldsymbol{g}^{\mathrm{T}}g}(\boldsymbol{s}_{\mathrm{R}}^{\mathrm{T}}\boldsymbol{s}_{\mathrm{R}} + \boldsymbol{s}_{\mathrm{I}}^{\mathrm{T}}\boldsymbol{s}_{\mathrm{I}})\right)^{-1} \tag{7.23}$$

$$\geqslant \frac{1}{2M\xi\left(\dot{\boldsymbol{g}}^{\mathrm{T}}\dot{\boldsymbol{g}} - \frac{(\dot{\boldsymbol{g}}^{\mathrm{T}}\boldsymbol{g})^{2}}{\boldsymbol{g}^{\mathrm{T}}\boldsymbol{g}}\right)} \tag{7.24}$$

注意，$\boldsymbol{s}^{\mathrm{H}}\boldsymbol{s} = \boldsymbol{s}_{\mathrm{R}}^{\mathrm{T}}\boldsymbol{s}_{\mathrm{R}} + \boldsymbol{s}_{\mathrm{I}}^{\mathrm{T}}\boldsymbol{s}_{\mathrm{I}} = \boldsymbol{E}_{\mathrm{S}}$ 且 $\xi = \boldsymbol{E}_{\mathrm{S}}/M\sigma_{\mathrm{n}}^{2}$。由于 $\theta = 180\psi/\pi$，我们可以根据方程(6.52)计算 θ 的 CRLB：

$$C_{\theta} \geqslant \frac{180^{2}}{2\pi^{2}M\xi\left(\dot{\boldsymbol{g}}^{\mathrm{T}}\dot{\boldsymbol{g}} - \frac{(\dot{\boldsymbol{g}}^{\mathrm{T}}\boldsymbol{g})^{2}}{\boldsymbol{g}^{\mathrm{T}}\boldsymbol{g}}\right)} \tag{7.25}$$

7.1.2.1 爱德考克天线性能

爱德考克(Adcock)天线是实现余弦方向图近似的一种简便方法，由两个通过减法组合而成的全向天线组成，原理如图 7.2 所示。假设峰值增益为 $G_{\max}$，增益方向图为[5]

$$G(\psi) = 2G_{\max}\sin\left(\pi\frac{d}{\lambda}\cos(\psi)\right) \tag{7.26}$$

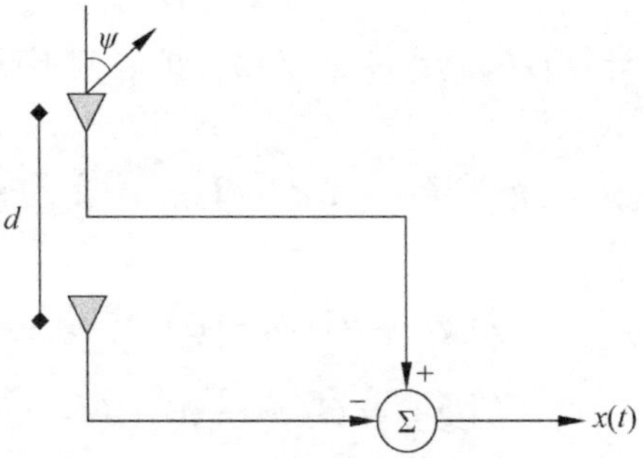

图 7.2 Adcock 天线示意图

如果 $d/\lambda \leqslant 0.25$，则可根据方程(7.27)求出 $G(\psi)$ 的近似值：

$$G(\psi) \approx 2G_{\max}\pi\frac{d}{\lambda}\cos(\psi) \tag{7.27}$$

Adcock 天线的主要测向优势是测向时可提供相当大的视野，但代价是分辨率低，尤其是当信号从接近法向入射时(因为到达两个天线的信号非常类似，导致 SNR 大大降低)。正如在本章后面将要论述的那样，它们最常用作更复杂测向系统的一部分。

对于全向单元为($G_{\max}=1$)的 Adcock 天线：

$$G(\psi) = 2\pi\frac{d}{\lambda}\cos(\psi) \tag{7.28}$$

增益函数的导数为

$$\dot{G}(\psi)=-2\pi\frac{d}{\lambda}\sin(\psi) \tag{7.29}$$

根据以上方程，可将内积编写为

$$\boldsymbol{g}^{\mathrm{T}}\boldsymbol{g}=\left(2\pi\frac{d}{\lambda}\right)^2\sum_{M-1}^{i=0}\cos^2(\psi_i-\psi) \tag{7.30}$$

$$\dot{\boldsymbol{g}}^{\mathrm{T}}\boldsymbol{g}=-\left(2\pi\frac{d}{\lambda}\right)^2\sum_{M-1}^{i=0}\sin(\psi_i-\psi)\cos(\psi_i-\psi) \tag{7.31}$$

$$\dot{\boldsymbol{g}}^{\mathrm{T}}\dot{\boldsymbol{g}}=\left(2\pi\frac{d}{\lambda}\right)^2\sum_{M-1}^{i=0}\sin^2(\psi_i-\psi) \tag{7.32}$$

然后可以将这些求和直接代入方程(7.24)。为简单起见，本书省略了相关练习。

在图7.3中，本书针对基线为 $d=\lambda/4$ 的二元Adcock天线绘制了方程(7.24)，它是SNR ξ 和每个天线位置处时域采样点数 M 的函数变化关系。① 在每种情况下，对 $N=10$ 个不同瞄准角(在一个圆上等距分布)进行了采样。我们可以看到，对于较高SNR，蒙特卡罗仿真结果与CRLB吻合紧密。对于较低SNR，我们发现CRLB与模拟结果之间存在差异，这是由估计误差并非真实高斯分布引起的，因为上限为180°。

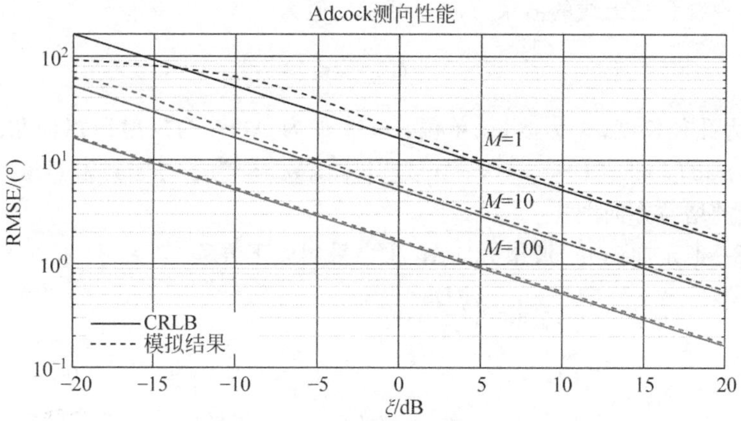

图7.3 基于幅度的Adcock天线，DOA的CRLB性能说明，与蒙特卡罗试验结果的对比

7.1.2.2 反射天线性能

第二类天线由具有聚焦波束方向图的天线组成。实现该目标的具体方法会因不同设计而有很大差异，但是两个主要类别是反射器(使反射波束沿相同方向传播)和阵列(可以通过辐射来自多个单元的信号而形成平面波前)。关于这些概念的图示，参见图7.4。

① 在该测试中，当试验次数超过1000时，蒙特卡罗模拟结果实施稳定。

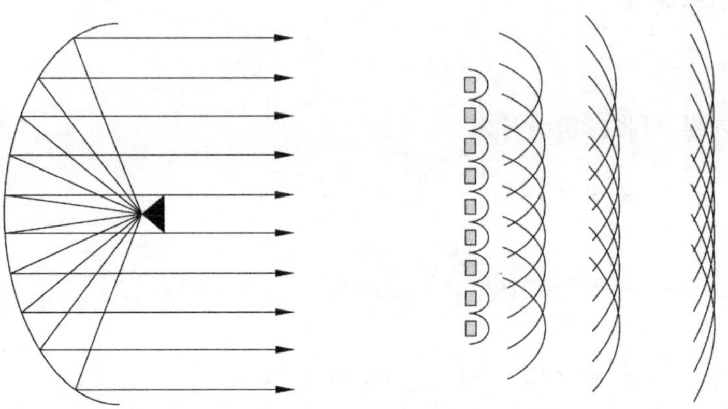

(a)　　　　(b)

图 7.4　聚焦波束图的图示

(a) 形状适当的反射器；(b) 发射机阵列

尤其是阵列，具有用于测向的详细数学技术，本书将在第 8 章中进行讨论。本节中唯一重要的是生成定向波束并在整个视野范围扫描。与宽视野天线相比，高度定向天线的更小波束宽度和更高峰值增益可以显著提高 AOA 估计精度，但是其瞬时视野相对较窄，以致搜索天线侧面或背面的辐射源搜索变得复杂。

均匀一维孔径天线的波束方向图可以近似为

$$G(\psi)=G_{\max}\operatorname{sinc}\left(\frac{\psi D}{2\lambda}\right) \tag{7.33}$$

其中，D 为孔径长度；λ 为波长（单位：m）；ψ 为 AOA 与反射器指向角之间的夹角（单位：rad）；$\operatorname{sinc}(x)=\sin(x)/x$ 为 sinc 函数。① 为了考虑到俯仰角的影响，需要更复杂的增益方向图。②

对于一般定向（sinc）波束方向图，本书采用以下方程③：

$$G(\psi)=G_{\max}\operatorname{sinc}\left(\frac{\psi D}{2\lambda}\right) \tag{7.34}$$

$$\dot{G}(\psi)=\begin{cases}0, & \psi=0\\ \dfrac{G_{\max}D}{2\lambda}\dfrac{\left[\dfrac{\psi D}{2\lambda}\cos\left(\dfrac{\psi D}{2\lambda}\right)-\sin\left(\dfrac{\psi D}{2\lambda}\right)\right]}{\left(\dfrac{\psi D}{2\lambda}\right)^2}, & \psi\neq 0\end{cases} \tag{7.35}$$

由此可见，内积可以编写为

---

① 请注意，MATLAB 的 sinc 运算符的定义略有不同，因为 $\operatorname{sinc}(x)=\sin(\pi x)/(\pi x)$。

② 感兴趣的读者可以参阅文献[6]，其中详细讨论了特定孔径和通用孔径以及阵列类型的阵列波束图。

③ 为了求解导数，我们注意到 $\partial\operatorname{sinc}(x)/\partial x=[x\cos(x)-\sin(x)]/x^2$。同样，$x\to 0$ 限界为 0。

$$\mathbf{g}^{\mathrm{T}}\mathbf{g}=G_{\max}^{2}\sum_{M-1}^{i=0}\operatorname{sinc}^{2}\left(\frac{D(\psi_i-\psi)}{2\lambda}\right) \tag{7.36}$$

$$\dot{\mathbf{g}}^{\mathrm{T}}\mathbf{g}=\frac{G_{\max}^{2}D}{2\lambda}\sum_{M-1}^{i=0}\begin{cases}0, & \psi_i=\psi\\ \operatorname{sinc}(\tilde{\psi}_i)\dfrac{[\tilde{\psi}_i\cos(\tilde{\psi}_i)-\sin(\tilde{\psi}_i)]}{(\tilde{\psi}_i)^2}, & \psi_i\neq\psi\end{cases} \tag{7.37}$$

为简单起见，其中 $\tilde{\psi}_i=(\psi_i-\psi)D/2\lambda$。

图 7.5 中显示了误差估计预测以及蒙特卡罗仿真的结果，其中 $N=10$ 个角度样本取自真实 AOA($\theta_i\in[-45°,45°]$，$\theta=5°$)附近的小提示区域。① 孔径的长度为 $D=5\lambda$，对应约为 11.5°的主瓣波束宽度。与 Adcock 天线一样，仿真结果与 CRLB 之间的一致性很好，但是当 SNR 较低时，随着误差开始超过 10°，一致性很差。

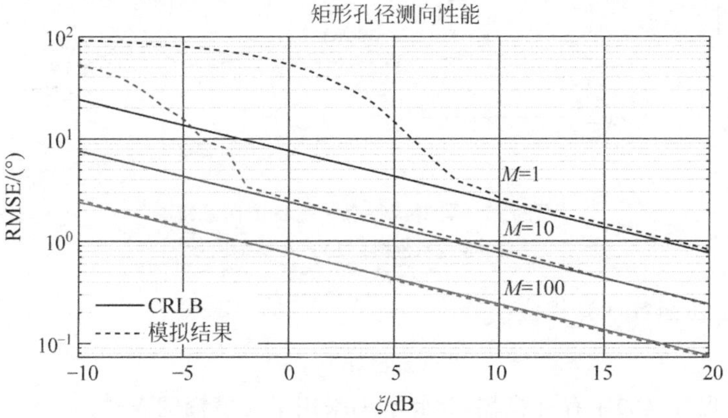

图 7.5 当距离真实目标位置以不同偏移角度采集 $N=11$ 个样本时，到达方向性能与 ξ 的函数关系

7.2 沃特森·瓦特测向

沃特森·瓦特(Watson-Watt)是一种波幅比较技术，理想情况下是将两个正交余弦方向图(见图 7.6)以及 3 个信道的波束图进行比较。最简单方法是，构建两个互为 90°的二元 Adcock 天线。这样就得到了两个输出信号[5]：

$$x(t)=V_x\cos(\psi)\cos(\omega t+\pi/2) \tag{7.38}$$

$$y(t)=V_y\sin(\psi)\cos(\omega t+\pi/2) \tag{7.39}$$

其中，载波信号上的相移 $\pi/2$ 是 Adcock 天线中差分运算的结果。两个信号通常都

① 重要的是，要确保至少一个样本与 θ 的偏移量小于天线的波束宽度，以便至少收集波束图主瓣的一个样本。这种情况下，$\theta_{3\,\mathrm{dB}}\approx 11.5°$，因此 $\theta_i-\theta_{i-1}=10°$的样本区间就足够了。

与参考信号混频：

$$r(t)=V_r\cos(\omega t) \tag{7.40}$$

考虑到相移，需对参考信号进行类似相移，然后用参考信号的相位共轭对测试信号进行滤波（或者除以参考信号）：

$$x=\frac{1}{T}\int_0^T x(t)r^*(t)e^{-j\pi/2}dt=V^2\cos(\psi) \tag{7.41}$$

$$y=\frac{1}{T}\int_0^T y(t)r^*(t)e^{-j\pi/2}dt=V^2\sin(\psi) \tag{7.42}$$

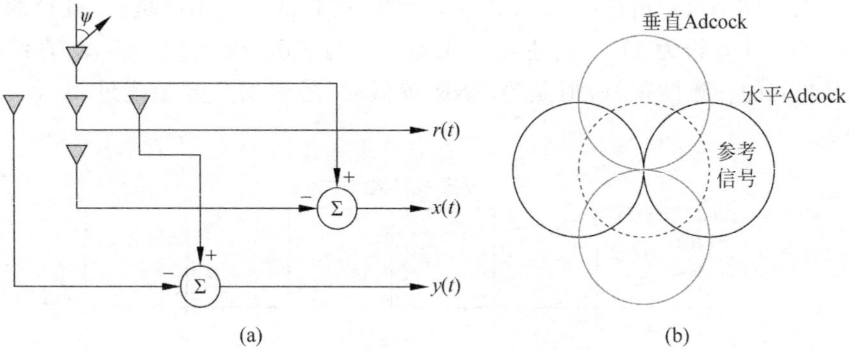

图 7.6　典型沃特森·瓦特测向系统

(a) 系统示意图；(b) 天线方向图

可通过反正切函数计算相位：

$$\hat{\theta}=\arctan(y/x) \tag{7.43}$$

请注意，方程(7.43)中存在模糊，为此本书采用了无模糊的表达：

```
th_hat = atan2(y,x);
```

7.2.1　实现

在随附的 MATLAB® 代码中，aoa.watson_watt_df 函数包含数字沃特森·瓦特接收机的实施。可通过提供参考信号和两个测试（**x** 和 **y**）信号（长度均为 M 的向量）来调用该代码。该代码是方程(7.41)～方程(7.43)的直接运用。

```
r = cos(2 * pi * f0 * (0:M-1) * t_samp);
x = sin(psi_true) * r;
y = cos(psi_true) * r;
th_est = aoa.watson_watt_df(r,x,y);
```

7.2.2 性能

对于沃特森·瓦特接收机，通常引用的经验法则是，在足够的 SNR 条件下，角度误差不超过 2.5°rms[2]。性能限制取决于构建沃特森·瓦特测向系统所需的所有射频部件的可实现公差和灵敏度，并且取决于数字实现的变化。然而，下面的分析忽略了所有实现细节，并提出了源于统计信号处理的理论界限。

假设沃特森·瓦特接收机的数字表示如下：

$$\boldsymbol{x}=\cos(\psi)\boldsymbol{s}+\boldsymbol{n}_x \tag{7.44}$$

$$\boldsymbol{y}=\sin(\psi)\boldsymbol{s}+\boldsymbol{n}_y \tag{7.45}$$

$$\boldsymbol{r}=\boldsymbol{s}+\boldsymbol{n}_{\mathrm{r}} \tag{7.46}$$

其中，$\boldsymbol{s}$ 是(实值)接收信号；$\boldsymbol{n}_x$、$\boldsymbol{n}_y$ 和 $\boldsymbol{n}_{\mathrm{r}}$ 都是具有方差 σ_{n}^2 的独立高斯随机变量。如果我们如下定义一个组合数据向量 $\boldsymbol{z}$：

$$\boldsymbol{z}=[\boldsymbol{x}^{\mathrm{T}}\quad \boldsymbol{y}^{\mathrm{T}}\quad \boldsymbol{r}^{\mathrm{T}}]^{\mathrm{T}} \tag{7.47}$$

请注意，由于沃特森·瓦特系统被定义为幅值比较方法，因此我们将数据向量限制为实值(而不是复值)。这样可根据方程(6.53)确定费歇尔信息矩阵：

$$[\boldsymbol{F}_{\boldsymbol{\vartheta}}(\boldsymbol{x})]_{ij}=\frac{1}{2}\mathrm{tr}\left[\boldsymbol{C}^{-1}\frac{\partial \boldsymbol{C}}{\partial \boldsymbol{\vartheta}_i}\boldsymbol{C}^{-1}\frac{\partial \boldsymbol{C}}{\partial \boldsymbol{\vartheta}_j}\right]+\left(\frac{\partial \boldsymbol{\mu}}{\partial \boldsymbol{\vartheta}_i}\right)^{\mathrm{T}}\boldsymbol{C}^{-1}\left(\frac{\partial \boldsymbol{\mu}}{\partial \boldsymbol{\vartheta}_j}\right) \tag{7.48}$$

如下定义参数向量：

$$\boldsymbol{\vartheta}=[\boldsymbol{s}^{\mathrm{T}}\quad \boldsymbol{\psi}]^{\mathrm{T}} \tag{7.49}$$

请注意，$\boldsymbol{C}$ 与参数向量$\boldsymbol{\vartheta}$ 无关，因此 FIM 的第一项为 0。均值向量对参数向量表中每个条目的偏导数：

$$\nabla_{\boldsymbol{\vartheta}}\boldsymbol{\mu}=\begin{bmatrix}\cos(\psi)\boldsymbol{I}_M & -\sin(\psi)\boldsymbol{s}\\ \sin(\psi)\boldsymbol{I}_M & \boldsymbol{s}\\ \boldsymbol{I}_M & 0_{M,1}\end{bmatrix} \tag{7.50}$$

将偏导数代入方程(7.48)生成费歇尔信息矩阵：

$$\boldsymbol{F}_{\boldsymbol{\vartheta}}(\boldsymbol{x})=\frac{1}{\sigma_{\mathrm{n}}^2}\begin{bmatrix}2\boldsymbol{I}_M & 0_{M,1}\\ 0_{1,M} & \boldsymbol{s}^{\mathrm{T}}\boldsymbol{s}\end{bmatrix} \tag{7.51}$$

由于 $\boldsymbol{F}_{\boldsymbol{\vartheta}}(\boldsymbol{x})$是对角线，因此通过对角线元素求逆就可以计算出倒数。因此，右下角元素(对应 ψ 的 CRLB)为

$$\boldsymbol{C}_{\boldsymbol{\psi}}\geqslant[\boldsymbol{J}_{\boldsymbol{\vartheta}}(\boldsymbol{x})^{-1}]_{2,2}=\frac{\sigma_{\mathrm{n}}^2}{\boldsymbol{s}^{\mathrm{T}}\boldsymbol{s}} \tag{7.52}$$

在此定义 SNR $\xi=\boldsymbol{s}^{\mathrm{T}}\boldsymbol{s}/M\sigma_{\mathrm{n}}^2$，并将 CRLB 改写为

$$\begin{cases}\boldsymbol{C}_{\psi}\geqslant\dfrac{1}{M\xi}\\ \boldsymbol{C}_{\theta}\geqslant\left(\dfrac{180}{\pi}\right)^2\dfrac{1}{M\xi}\end{cases} \tag{7.53}$$

第一个关键发现是性能现在与 θ 无关。使用单个 Adcock 天线时，方向图上会出现零点，从而导致测向系统的性能变差。通过组合两个正交排列的 Adcock 天线，无论到达角如何，都可以获得一致的角度精度。

针对几种不同长度 M 的样本向量，图 7.7 绘制了方程(7.53)与接收 SNR(ξ)的函数关系图。请注意，方程(7.53)是均方误差的界限，而文献[1]中的 2.5°理想性能极限是均方根误差的界限。为了正确地比较它们，图 7.7 展示了方程(7.53)的平方根。

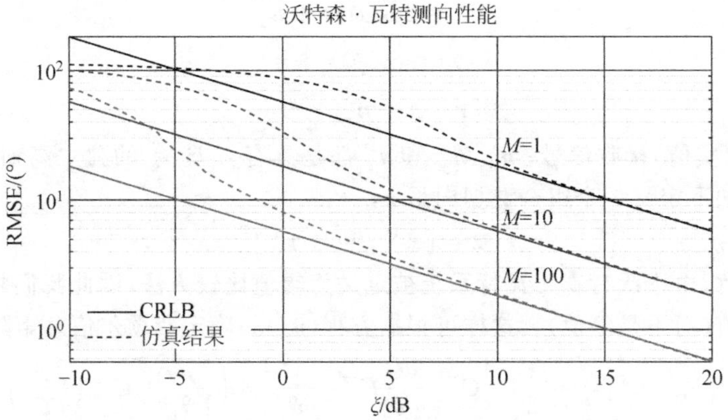

图 7.7　对于各种样本向量长度 M，方程(7.53)的平方根与 ξ 的函数关系

7.3　基于多普勒的测向

另一种测向方法是利用多普勒效应，方法是比较在固定参考天线和绕参考天线旋转的测试天线(见图 7.8)处的接收频率以及测试天线旋转时的接收信号频率。当频差由负变到零时，参考天线与测试天线之间的夹角也是入射信号的 AOA。或者可以将一组天线布置在参考天线周围的环形中，并进行迭代采样，如图 7.9 所示。更多细节参见文献[5]。

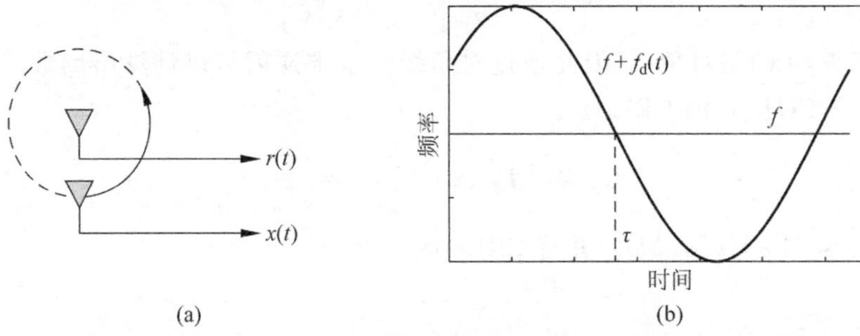

图 7.8　多普勒测向系统由一根测试天线和一根参考天线组成，前者绕后者旋转一圈
(a) 原理图；(b) 相对频率

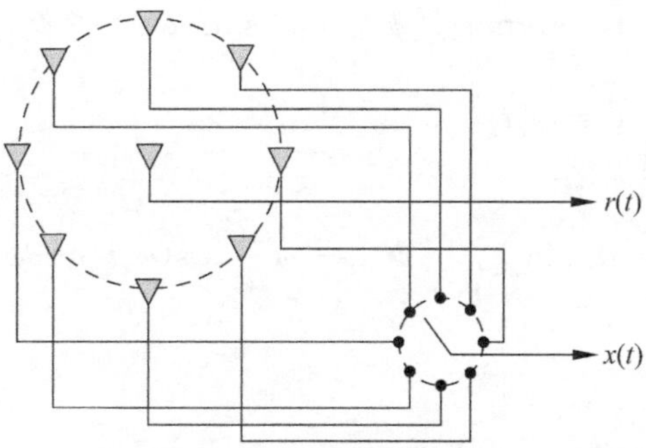

图 7.9 采样的多普勒测向系统使用一圈静态测试天线
这些天线通过快速切换以模仿一个旋转天线

7.3.1 公式

本节首先关注参考天线，在 $t_s i(i=0,1,\cdots,M-1)$ 时刻采样，以形成向量 $\boldsymbol{r}$：

$$[\boldsymbol{r}]_i = A\mathrm{e}^{\phi_0}\mathrm{e}^{\mathrm{j}\omega t_s i} + [\boldsymbol{n}_r]_i \tag{7.54}$$

其中，A 是信号幅度(假设在整个采集区间内是恒定的)；ϕ_0 是信号的未知起始相位；$\omega=2\pi f$ 是信号的中心频率；t_s 是采样率。假定噪声项$[\boldsymbol{n}_r]_i$ 服从复高斯分布，且均值为 0，方差为 σ_n^2。请注意，这里忽略了对信号的任意调制。

同理，旋转天线的输出可通过 $\boldsymbol{x}$ 表示为

$$[\boldsymbol{x}]_i = A\mathrm{e}^{\mathrm{j}\phi_0}\mathrm{e}^{\mathrm{j}\omega t_s i}\mathrm{e}^{\mathrm{j}\omega\frac{R}{c}\cos(\omega_r t_s i-\psi)} + [\boldsymbol{n}_x]_i \tag{7.55}$$

其中，R 是天线旋转圆周的半径；c 是光速；$\omega_r=2\pi f_r$ 是旋转频率；ψ 是信号的 AOA(单位：rad)。噪声项$[\boldsymbol{n}_x]_i$ 与前述定义类似。

通过比较两个信号，我们得出

$$[\boldsymbol{y}]_i = A^2\mathrm{e}^{\mathrm{j}\omega\frac{R}{c}\cos(\omega_r t_s i-\psi)} + [\boldsymbol{n}_y]_i \tag{7.56}$$

其中，$[\boldsymbol{n}_y]_i$ 不仅包括噪声项$[\boldsymbol{n}_x]_i$ 和$[\boldsymbol{n}_r]_i$ 的乘积，还包括与$[\boldsymbol{x}]_i$ 和$[\boldsymbol{r}]_i$ 两个信号部分的相乘项。①

接下来本节估计 $\boldsymbol{y}$ 的瞬时频率，并通过它来计算每个样本 ϕ 和到达方向 ψ 的相移。②

$$[\boldsymbol{\Phi}]_i = \tan^{-1}\left(\frac{[\boldsymbol{y}_I]_i}{[\boldsymbol{y}_R]_i}\right) \approx \omega\frac{R}{c}\cos(\omega_r t_s i-\psi) \tag{7.57}$$

由此可见，采用与 7.1 节相同的估计方法；我们既可以选择最接近零交叉的样本(负方向上)：

---

① 可通过双复高斯分布确定 y_i 的分布，双复高斯分布描述了两个独立的复高斯随机变量的乘积[7]。

② $\boldsymbol{y}_R$ 和 $\boldsymbol{y}_I$ 分别表示 y 的实部和虚部。

$$\hat{i}=\underset{i}{\operatorname{argmin}}\ |[\boldsymbol{\phi}]_i|,\quad \text{s.t.}\ \phi_{i+1}<\phi_i \tag{7.58}$$

$$\hat{\psi}=w_r t_s \hat{i} \tag{7.59}$$

也可以选择更常见的优化：

$$\hat{\psi}=\underset{\psi}{\operatorname{argmin}}\sum_{N-1}^{i=0}|[\boldsymbol{\Phi}]_i-\omega\frac{R}{c}\cos(\omega_r t_s i-\psi)|^2 \tag{7.60}$$

7.3.2 实现

随附的 MATLAB®代码在函数 aoa.doppler_df 中给出了基于方程(7.60)暴力优化方法的实施示例。可通过多普勒系统参数进行调用：

```
r = exp(1i * 2 * pi * f * (0:M-1) * t_s);
x = r .* exp(1i * 2 * pi * f * R/c * cos(2 * pi * fr * (0:M-1) * t_s-psi_true));
psi_est = aoa.doppler_df(r, x, ts, f, R, fr, psi_res, psi_min, psi_max);
```

其中，r 和 x 分别是参考信号和测试信号；f 是载波频率；M 是样本数；t_s 是采样周期；R 是多普勒天线圆形路径的半径；c 是光速；fr 是多普勒天线的旋转频率（单位：r/s）；psi_true 是真实 AOA（单位：rad）。

输入参数 psi_res、psi_min 和 psi_max 期望的估计分辨率和待搜索区域界限。该算法的执行方式与 7.1.1 节中所述定向天线的测向采样实现方式相同；首先以 1°间隔对感兴趣区域进行采样，确定最佳估计值，然后以更小的感兴趣区域和更紧凑的采样迭代重复该过程，直到获得期望样本间距 psi_res。

7.3.3 性能

对于多普勒测向系统，常用的经验是在给定足够高的 SNR 条件下，角度误差不会超过 2.5°rms。与沃特森·瓦特一样，这是基于安装性能限制的性能界限，后续分析仅考虑多普勒测向系统的理论公式。

开始之前，我们注意到测试数据和参考数据在统计上是相互独立的，因此可以将费歇尔信息矩阵分为几个分量：

$$\boldsymbol{F}_{\boldsymbol{\vartheta}}(\boldsymbol{x},\boldsymbol{r})=\boldsymbol{F}_{\boldsymbol{\vartheta}}(\boldsymbol{x})\boldsymbol{F}_{\boldsymbol{\vartheta}}(\boldsymbol{r}\mid\boldsymbol{x})=\boldsymbol{F}_{\boldsymbol{\vartheta}}(\boldsymbol{x})+\boldsymbol{F}_{\boldsymbol{\vartheta}}(\boldsymbol{r}) \tag{7.61}$$

其中，未知参数向量$\boldsymbol{\vartheta}$：

$$\boldsymbol{\vartheta}=[A\quad \varphi_0\quad \omega\quad \psi] \tag{7.62}$$

我们先分析参考数据，参考数据是独立同分布的且满足

$$[\boldsymbol{r}]_i\sim\mathcal{CN}(A\mathrm{e}^{\mathrm{j}\phi_0}\mathrm{e}^{\mathrm{j}\omega t_s i},\sigma_n^2) \tag{7.63}$$

为简单起见，我们定义信号向量如下：

$$[\boldsymbol{s}_r]_i=\mathrm{e}^{\mathrm{j}\omega t_s i} \tag{7.64}$$

假设 r 对参数向量的导数如下：

$$\nabla_{\boldsymbol{\vartheta}}\boldsymbol{\mu}_{\mathrm{r}}=\mathrm{e}^{\mathrm{j}\phi_0}\left[\boldsymbol{s}_{\mathrm{r}}\quad \mathrm{j}A\boldsymbol{s}_{\mathrm{r}}\quad \mathrm{j}A\dot{\boldsymbol{s}}_{\mathrm{r}}\quad \mathbf{0}_{M,1}\right] \tag{7.65}$$

其中，$\dot{\boldsymbol{s}}_{\mathrm{r}}$ 定义如下：

$$[\dot{\boldsymbol{s}}_{\mathrm{r}}]_i=it_s[\boldsymbol{s}_{\mathrm{r}}]_i \tag{7.66}$$

请注意，梯度矩阵中的最后一列为 0，这是因为参考信号没有关于 ψ 值的信息。为此我们需要测试信号 $\boldsymbol{x}$，由此可以根据方程(6.54)计算 $\boldsymbol{r}$ 的费歇尔信息矩阵：

$$\boldsymbol{F}_{\boldsymbol{\vartheta}}(\boldsymbol{r})=\frac{2}{\sigma_{\mathrm{n}}^2}\Re\left\{\begin{bmatrix}\boldsymbol{s}_{\mathrm{r}}^{\mathrm{H}}\boldsymbol{s}_{\mathrm{r}} & \mathrm{j}As_{\mathrm{r}}^{\mathrm{H}}s_{\mathrm{r}} & \mathrm{j}As_{\mathrm{r}}^{\mathrm{H}}\dot{\boldsymbol{s}}_{\mathrm{r}} & 0\\ -\mathrm{j}As_{\mathrm{r}}^{\mathrm{H}}s_{\mathrm{r}} & A^2s_{\mathrm{r}}^{\mathrm{H}}s_{\mathrm{r}} & A^2s_{\mathrm{r}}^{\mathrm{H}}\dot{\boldsymbol{s}}_{\mathrm{r}} & 0\\ -\mathrm{j}A\dot{\boldsymbol{s}}_{\mathrm{r}}^{\mathrm{H}}s_{\mathrm{r}} & A^2\dot{\boldsymbol{s}}_{\mathrm{r}}^{\mathrm{H}}s_{\mathrm{r}} & A^2\dot{\boldsymbol{s}}_{\mathrm{r}}^{\mathrm{H}}\dot{\boldsymbol{s}}_{\mathrm{r}} & 0\\ 0 & 0 & 0 & 0\end{bmatrix}\right\} \tag{7.67}$$

此处，我们进行一些观察。$s_{\mathrm{r}}^{\mathrm{H}}s_{\mathrm{r}}=M$，$s_{\mathrm{r}}^{\mathrm{H}}\dot{\boldsymbol{s}}_{\mathrm{r}}=t_{\mathrm{s}}M(M-1)/2$ 和 $\dot{\boldsymbol{s}}_{\mathrm{r}}^{\mathrm{H}}\dot{\boldsymbol{s}}_{\mathrm{r}}=t_{\mathrm{s}}^2M(M-1)\cdot(2M-1)/6$。同样，我们定义 SNR $\xi=A^2/\sigma_{\mathrm{n}}^2$。① 利用这些性质和定义，$\boldsymbol{F}_{\theta}(\boldsymbol{r})$可以简化如下：

$$\boldsymbol{F}_{\boldsymbol{\vartheta}}(\boldsymbol{r})=2M\xi\begin{bmatrix}1/A^2 & 0 & 0 & 0\\ 0 & 1 & t_{\mathrm{s}}\dfrac{M-1}{2} & 0\\ 0 & t_{\mathrm{s}}\dfrac{M-1}{2} & t_{\mathrm{s}}^2\dfrac{(M-1)(2M-1)}{6} & 0\\ 0 & 0 & 0 & 0\end{bmatrix} \tag{7.68}$$

接下来，我们以类似的方式计算 $\boldsymbol{x}$ 的费歇尔信息矩阵，请注意，每个元素都是 IID：

$$[\boldsymbol{x}]_i\sim\mathcal{CN}(A\mathrm{e}^{\mathrm{j}\phi_0}[s_x]_i,\sigma_{\mathrm{n}}^2) \tag{7.69}$$

$$[\boldsymbol{s}_x]_i=\mathrm{e}^{\mathrm{j}\omega t_{\mathrm{s}}i}\,\mathrm{e}^{\mathrm{j}\omega\frac{R}{c}\cos(\omega_{\mathrm{r}}t_{\mathrm{s}}i-\psi)} \tag{7.70}$$

得出期望值$\boldsymbol{\mu}_x$ 的梯度向量如下：

$$\nabla_{\boldsymbol{\vartheta}}\boldsymbol{\mu}_x=\mathrm{e}^{\mathrm{j}\phi_0}\left[\boldsymbol{s}_x\quad \mathrm{j}A\boldsymbol{s}_x\quad \mathrm{j}A\dot{\boldsymbol{s}}_x\quad \mathrm{j}A\ddot{\boldsymbol{s}}_x\right] \tag{7.71}$$

$$[\dot{\boldsymbol{s}}_x]_i\triangleq\left(t_{\mathrm{s}}i+\frac{R}{c}\cos(\omega_{\mathrm{r}}t_{\mathrm{s}}i-\psi)\right)[\boldsymbol{s}_x]_i \tag{7.72}$$

$$[\ddot{\boldsymbol{s}}_x]_i\triangleq\omega\frac{R}{c}\sin(\omega_{\mathrm{r}}t_{\mathrm{s}}i-\psi)[\boldsymbol{s}_x]_i \tag{7.73}$$

利用这些梯度，可以得出 $\boldsymbol{x}$ 的费歇尔信息矩阵如下：

---

① 相对于本书中的其他用途，此处 ξ 的定义略有差异。这是因为我们在方程(7.64)中将 $\boldsymbol{s}$ 定义为由具有恒定振幅引起的。在此式中，信号功率由 A 引起且在 CRLB 分析中保持分离，因此在定义 ξ 时必须明确考虑。

$$\boldsymbol{F}_{\boldsymbol{\vartheta}}(\boldsymbol{x})=\frac{2}{\sigma_{\mathrm{n}}^{2}}\Re\left\{\begin{bmatrix} \boldsymbol{s}_x^{\mathrm{H}}\boldsymbol{s}_x & \mathrm{j}A\boldsymbol{s}_x^{\mathrm{H}}\boldsymbol{s}_x & \mathrm{j}A\boldsymbol{s}_x^{\mathrm{H}}\dot{\boldsymbol{s}}_x & \mathrm{j}A\boldsymbol{s}_x^{\mathrm{H}}\ddot{\boldsymbol{s}}x \\ -\mathrm{j}A\boldsymbol{s}_x^{\mathrm{H}}\boldsymbol{s}_x & A^2\boldsymbol{s}_x^{\mathrm{H}}\boldsymbol{s}_x & A^2\boldsymbol{s}_x^{\mathrm{H}}\dot{\boldsymbol{s}}_x & A^2\boldsymbol{s}_x^{\mathrm{H}}\ddot{\boldsymbol{s}}x \\ -\mathrm{j}A\ddot{\boldsymbol{s}}_x^{\mathrm{H}}\boldsymbol{s}_x & A^2\ddot{\boldsymbol{s}}_x^{\mathrm{H}}\boldsymbol{s}_x & A^2\ddot{\boldsymbol{s}}_x^{\mathrm{H}}\dot{\boldsymbol{s}}_x & A^2\ddot{\boldsymbol{s}}_x^{\mathrm{H}}\ddot{\boldsymbol{s}}x \\ -\mathrm{j}A\ddot{\boldsymbol{s}}_x^{\mathrm{H}}\boldsymbol{s}_x & A^2\ddot{\boldsymbol{s}}_x^{\mathrm{H}}\boldsymbol{s}_x & A^2\ddot{\boldsymbol{s}}_x^{\mathrm{H}}\dot{\boldsymbol{s}}_x & A^2\ddot{\boldsymbol{s}}_x^{\mathrm{H}}\ddot{\boldsymbol{s}}x \end{bmatrix}\right\} \tag{7.74}$$

这种情况下，只有一个简化是直接的：$\boldsymbol{s}_x^{\mathrm{H}}\boldsymbol{s}_x=M$。对于其余项，我们可以简化为 $i=0,1,\cdots,M-1$ 求和，且每项均为实项。

$$\boldsymbol{s}^{\mathrm{H}}\dot{\boldsymbol{s}}=\sum_{i=0}^{M-1}\left(t_{\mathrm{s}}i+\frac{R}{c}\cos(\omega_{\mathrm{r}}t_{\mathrm{s}}i-\psi)\right) \tag{7.75}$$

$$\boldsymbol{s}^{\mathrm{H}}\ddot{\boldsymbol{s}}=\sum_{i=0}^{M-1}\omega\,\frac{R}{c}\sin(\omega_{\mathrm{r}}t_{\mathrm{s}}i-\psi) \tag{7.76}$$

$$\dot{\boldsymbol{s}}^{\mathrm{H}}\dot{\boldsymbol{s}}=\sum_{i=0}^{M-1}\left(t_{\mathrm{s}}i+\frac{R}{c}\cos(\omega_{\mathrm{r}}t_{\mathrm{s}}i-\psi)\right)^2 \tag{7.77}$$

$$\dot{\boldsymbol{s}}^{\mathrm{H}}\ddot{\boldsymbol{s}}=\sum_{i=0}^{M-1}\left(t_{\mathrm{s}}i+\frac{R}{c}\cos(\omega_{\mathrm{r}}t_{\mathrm{s}}i-\psi)\right)\omega\,\frac{R}{c}\sin(\omega_{\mathrm{r}}t_{\mathrm{s}}i-\psi) \tag{7.78}$$

$$\ddot{\boldsymbol{s}}^{\mathrm{H}}\ddot{\boldsymbol{s}}=\sum_{i=0}^{M-1}\left(\omega\,\frac{R}{c}\sin(\omega_{\mathrm{r}}t_{\mathrm{s}}i-\psi)\right)^2 \tag{7.79}$$

移除虚部项后，得出 $\boldsymbol{x}$ 的费歇尔信息矩阵如下：

$$\boldsymbol{F}_{\boldsymbol{\vartheta}}(\boldsymbol{x})=2M\xi\begin{bmatrix} \frac{1}{A^2}0 & 0 & 0 & 0 \\ 0 & 1 & \frac{1}{M}\boldsymbol{S}_x^{\mathrm{H}}\dot{\boldsymbol{S}}_x & \frac{1}{M}\boldsymbol{S}_x^{\mathrm{H}}\ddot{\boldsymbol{S}}_x \\ 0 & \frac{1}{M}\dot{\boldsymbol{S}}_x^{\mathrm{H}}\boldsymbol{S}_x & \frac{1}{M}\dot{\boldsymbol{S}}_x^{\mathrm{H}}\dot{\boldsymbol{S}}_x & \frac{1}{M}\dot{\boldsymbol{S}}_x^{\mathrm{H}}\ddot{\boldsymbol{S}}_x \\ 0 & \frac{1}{M}\ddot{\boldsymbol{S}}_x^{\mathrm{H}}\boldsymbol{S}_x & \frac{1}{M}\ddot{\boldsymbol{S}}_x^{\mathrm{H}}\dot{\boldsymbol{S}}_x & \frac{1}{M}\ddot{\boldsymbol{S}}_x^{\mathrm{H}}\ddot{\boldsymbol{S}}_x \end{bmatrix} \tag{7.80}$$

为了计算 CRLB，必须将方程(7.68)和方程(7.80)组合，然后对矩阵进行数值求逆。通过逆矩阵的右下角元素来界定 $\hat{\psi}$ 的误差方差：

$$C_{\psi}\geqslant\left[(\boldsymbol{F}_{\boldsymbol{\vartheta}}(\boldsymbol{x})+\boldsymbol{F}_{\boldsymbol{\vartheta}}(\boldsymbol{r}))^{-1}\right]_{4,4} \tag{7.81}$$

一旦计算出 CRLB，方差就是一个简单的乘法：

$$\boldsymbol{C}_{\theta}=\left(\frac{180}{\pi}\right)^2C_{\psi} \tag{7.82}$$

图 7.10 绘制了具有在单位球面周围采集了 M 个样本的多普勒测向接收机的 CRLB。10^7 次随机试验实现蒙特卡罗仿真，仿真结果与高 SNR 条件下的 CRLB 预测显示出很好的一致性。对于低于 $\xi\approx10$ dB 的 SNR，性能陡然下降，然后在 $\sigma_{\theta}\approx100°$附近达到饱和。这种饱和效应与本章讨论的其他测向方法一致。

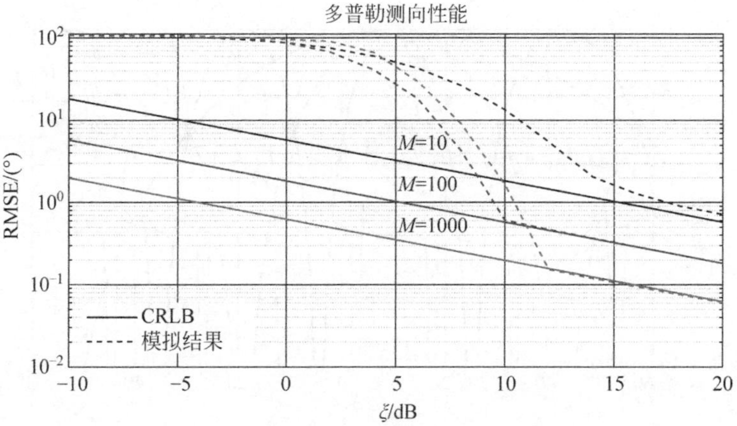

图 7.10 一次旋转采集 M 个样本的多普勒接收机的测向性能

7.4 相位干涉法

相位干涉法在两个或更多天线位置收集相干的复合测量值，并仔细比较它们之间的相位信息。虽然相位干涉法的数学运算法则与更普遍的相控阵相同，但是本节考虑两根天线相隔一定距离 d 的情况，本节将在第 8 章中讨论更普遍的情况，将在文献[8]～文献[10]和文献[11]的第 3 章中讨论相位干涉法，这在文献[12]的第 3 章单个卫星进行源定位中也给出了推导。

双元干涉仪的波束方向图：

$$G(\psi)=G_{\max}\left(1+\mathrm{e}^{\mathrm{j}2\pi\frac{d}{\lambda}(\sin(\psi)-\sin(\boldsymbol{\psi}_s))}\right) \tag{7.83}$$

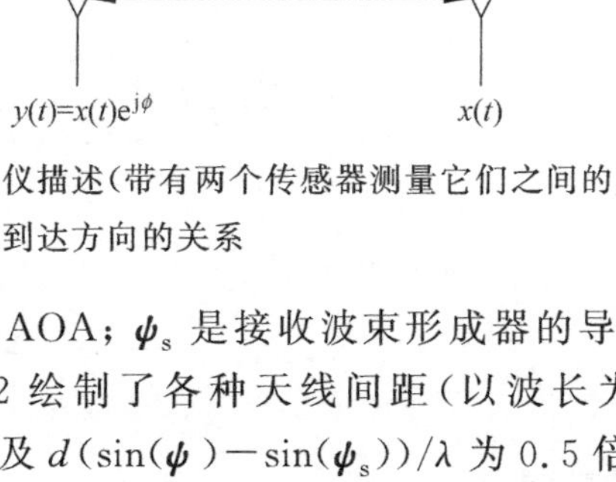

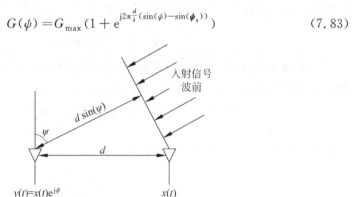

图 7.11 相位干涉仪描述(带有两个传感器测量它们之间的复合相位 ϕ)以及与平面波前到达方向的关系

其中，ψ 是入射信号的 AOA；$\boldsymbol{\psi}_s$ 是接收波束形成器的导向矢量，二者都以弧度(rad)为单位。图 7.12 绘制了各种天线间距(以波长为单位)的曲线图见方程(7.83)。当$\boldsymbol{\psi}=\boldsymbol{\psi}_s$以及 $d(\sin(\boldsymbol{\psi})-\sin(\boldsymbol{\psi}_s))/\lambda$ 为 0.5 倍数的任何其他角度时，

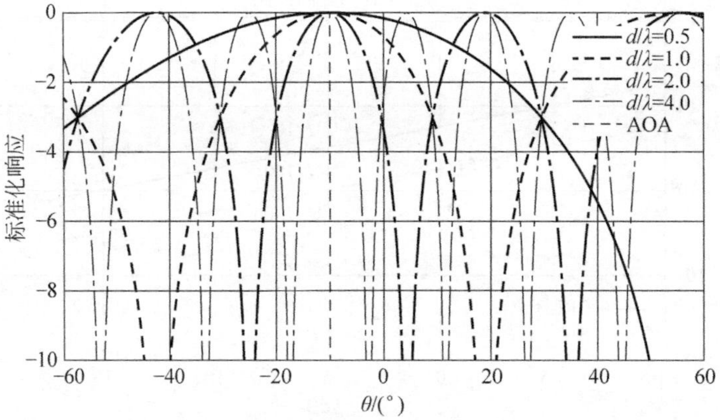

图 7.12　多种基线的相位干涉仪波束方向图

此方向图等于 $2G_{\max}$。

请注意，对于 $d/\lambda \leqslant 1/2$，尽管波束宽度很宽，但仅有一个主瓣。这样可以实现对信号的 AOA 进行无模糊、低精度的测量。随着 d/λ 增大，主瓣的宽度会减小，但是出现模糊的波瓣（称为光栅波瓣），从而出现有规则的模糊。这种情况下，无法确定代表入射信号真实 AOA 的光栅波瓣。

鉴于图 7.11 中的相位关系，我们能够以向量形式构建数字采样数据：

$$\boldsymbol{x}_1 = \boldsymbol{s} + \boldsymbol{n}_1 \tag{7.84}$$

$$\boldsymbol{x}_2 = \alpha \boldsymbol{s} \mathrm{e}^{\mathrm{j}\phi} + \boldsymbol{n}_2 \tag{7.85}$$

其中，$\boldsymbol{n}_1, \boldsymbol{n}_2 \sim \mathcal{CN}(0, \sigma_{\mathrm{n}}^2 \boldsymbol{I}_M)$，得出相移 ϕ 如下：

$$\phi = 2\pi \frac{d}{\lambda} \sin(\psi) \tag{7.86}$$

从方程(7.85)可以推断出，测向时必须测量接收信号相位。为了去除多余参数 $\boldsymbol{s}$，计算两个接收信号的相关，可以简单地表示为内积：

$$y = \boldsymbol{x}_1^{\mathrm{H}} \boldsymbol{x}_2 = \alpha \mathrm{e}^{\mathrm{j}\phi} \boldsymbol{s}^{\mathrm{H}} \boldsymbol{s} + \underbrace{\boldsymbol{s}^{\mathrm{H}} \boldsymbol{n}_2 + \alpha \mathrm{e}^{\mathrm{j}\phi} \boldsymbol{n}_1^{\mathrm{H}} \boldsymbol{s}}_{\text{交叉项}} + \underbrace{\boldsymbol{n}_1^{\mathrm{H}} \boldsymbol{n}_2}_{\text{噪声}} \tag{7.87}$$

因此，可通过计算 y 的相位得出相移估计值①：

$$\hat{\phi} = \arctan\left(\frac{y_{\mathrm{I}}}{y_{\mathrm{R}}}\right) \tag{7.88}$$

然后将其变换为 AOA：

$$\hat{\psi} = \arcsin\left(\frac{\lambda \hat{\phi}}{2\pi d}\right) \tag{7.89}$$

① y_{R} 和 y_{I} 分别是 y 的实部和虚部。

7.4.1 实现

本书随附的 MATLAB® 代码给出了方程(7.89)的直接实现,相应的实现参见 aoa.interf_df 函数。

```
x1 = exp(1i * 2 * pi * f * (0:M-1) * t_s);
x2 = alpha * x1 .* exp(1i * 2 * pi * d_lam * sin(psi_true));
psi_est = aoa.interf_df(x1,x2,d_lam)
```

其中,f 是载波频率;M 是采样点数;t_s 是采样周期;alpha 是两个信号之间的相对比例因子;d_lam 是天线之间的间距(以波长为单位);psi_true 是真实 AOA(以弧度为单位)。

7.4.2 性能

回顾一下方程(6.54),复高斯随机变量(均值为$\boldsymbol{\mu}$,协方差矩阵为$\boldsymbol{C}$,真实参数向量为$\boldsymbol{\vartheta}$)的费歇尔信息矩阵为

$$[\boldsymbol{F}_{\boldsymbol{\vartheta}}(\boldsymbol{x})]_{ij}=\operatorname{Tr}\left[\boldsymbol{C}^{-1}\frac{\partial \boldsymbol{C}}{\partial \boldsymbol{\vartheta}_i}\boldsymbol{C}^{-1}\frac{\partial \boldsymbol{C}}{\partial \boldsymbol{\vartheta}_j}\right]+2\Re\left\{\left(\frac{\partial \boldsymbol{\mu}}{\partial \boldsymbol{\vartheta}_i}\right)^{\mathrm{H}}\boldsymbol{C}^{-1}\left(\frac{\partial \boldsymbol{\mu}}{\partial \boldsymbol{\vartheta}_j}\right)\right\} \tag{7.90}$$

我们将这个结果应用于组合数据向量:

$$\boldsymbol{x}=\begin{bmatrix}\boldsymbol{x}_1\\ \boldsymbol{x}_2\end{bmatrix}\sim\mathcal{CN}\left(\begin{bmatrix}\boldsymbol{s}\\ \alpha \mathrm{e}^{\mathrm{j}\varphi}\boldsymbol{s}\end{bmatrix},\ \begin{bmatrix}\sigma_1^2\boldsymbol{I}_M & 0_M\\ 0_M & \sigma_2^2\boldsymbol{I}_M\end{bmatrix}\right) \tag{7.91}$$

得出实参数向量:

$$\boldsymbol{\vartheta}=[\boldsymbol{s}_{\mathrm{R}}^{\mathrm{T}}\quad \boldsymbol{s}_{\mathrm{I}}^{\mathrm{T}}\quad \alpha\quad \varphi]^{\mathrm{T}} \tag{7.92}$$

首先,我们注意到协方差矩阵 $\boldsymbol{C}$ 不会随$\boldsymbol{\vartheta}$ 中的任何参数而变化。因此,$\partial\boldsymbol{C}/\partial\boldsymbol{\vartheta}_i=0$,即第一项可以消去。可通过先计算$\boldsymbol{\vartheta}$ 所有元素的梯度求出第二项[13]:

$$\nabla_{\boldsymbol{\vartheta}}\boldsymbol{\mu}=\begin{bmatrix}\boldsymbol{I}_M & \mathrm{j}\boldsymbol{I}_M & 0_{M,1} & 0_{M,1}\\ \alpha \mathrm{e}^{\mathrm{j}\phi}\boldsymbol{I}_M & \mathrm{j}\alpha \mathrm{e}^{\mathrm{j}\phi}\boldsymbol{I}_M & \mathrm{e}^{\mathrm{j}\phi}\boldsymbol{s} & \mathrm{j}\alpha \mathrm{e}^{\mathrm{j}\varphi}\boldsymbol{s}\end{bmatrix} \tag{7.93}$$

根据方程(7.93)和方程(7.90),我们可以构建费歇尔信息矩阵:

$$\boldsymbol{F}_{\boldsymbol{\vartheta}}(\boldsymbol{x})=2\left[\begin{array}{cc|cc}\left(\frac{1}{\sigma_1^2}+\frac{\alpha^2}{\sigma_2^2}\right)\boldsymbol{I}_M & 0_M & \frac{\alpha}{\sigma_2^2}\boldsymbol{s}_R & -\frac{\alpha^2}{\sigma_2^2}\boldsymbol{s}_I\\ 0_M & \left(\frac{1}{\sigma_1^2}+\frac{\alpha^2}{\sigma_2^2}\right)\boldsymbol{I}_M & \frac{\alpha}{\sigma_2^2}\boldsymbol{s}_I & \frac{\alpha^2}{\sigma_2^2}\boldsymbol{s}_R\\ \hline \frac{\alpha}{\sigma_2^2}\boldsymbol{s}_R^{\mathrm{T}} & \frac{\alpha}{\sigma_2^2}\boldsymbol{s}_I^{\mathrm{T}} & \frac{1}{\sigma_2^2}\boldsymbol{s}^{\mathrm{H}}\boldsymbol{s} & 0\\ -\frac{\alpha^2}{\sigma_2^2}\boldsymbol{s}_I^{\mathrm{T}} & \frac{\alpha^2}{\sigma_2^2}\boldsymbol{s}_R^{\mathrm{T}} & 0 & \frac{\alpha^2}{\sigma_2^2}\boldsymbol{s}^{\mathrm{H}}\boldsymbol{s}\end{array}\right] \tag{7.94}$$

接下来，我们根据方程(7.94)中的虚线对费歇尔信息矩阵进行分割，并运用6.4.2.1节中的矩阵求逆引理，得出基于方程(6.49)中比例因子 α 和相位差 ϕ 的CRLB①：

$$\boldsymbol{C}_{\alpha,\phi} \geqslant \frac{1}{2}(\boldsymbol{D}-\boldsymbol{C}\boldsymbol{A}^{-1}\boldsymbol{B})^{-1} \tag{7.95}$$

方程(7.95)的求解留给读者作为练习，结果为

$$\boldsymbol{C}_{\alpha,\varphi} \geqslant \frac{\sigma_1^2+\dfrac{\sigma_2^2}{\alpha^2}}{2\boldsymbol{E}_s}\begin{bmatrix}\alpha^2 & 0\\ 0 & 1\end{bmatrix} \tag{7.96}$$

其中，$\boldsymbol{s}^{\mathrm{H}}\boldsymbol{s}=\boldsymbol{E}_s$。当 $\boldsymbol{s}$ 和 α 为未知冗余参数时，提取该矩阵的右下元素可以得出参数 ϕ 的CRLB：

$$\boldsymbol{C}_{\phi} \geqslant \frac{\sigma_1^2+\dfrac{\sigma_2^2}{\alpha^2}}{2\boldsymbol{E}_s} \tag{7.97}$$

我们定义SNR值 $\xi_1=\boldsymbol{E}_s/M\sigma_1^2$ 和 $\xi_2=\alpha^2\boldsymbol{E}_s/M\sigma_2^2$。然后将有效SNR定义为

$$\xi_{\text{eff}}=(\xi_1^{-1}+\xi_2^{-1})^{-1}=\frac{\boldsymbol{E}_s/M}{\sigma_1^2+\dfrac{\sigma_2^2}{\alpha^2}} \tag{7.98}$$

从而，CRLB可以用有效SNR表示为

$$\boldsymbol{C}_{\varphi} \geqslant \frac{1}{2M\xi_{\text{eff}}} \tag{7.99}$$

但是，该项用于确定相位项 φ 的精度。为了将该误差转换为AOA，我们参考方程(6.52)中给出函数的CRLB。由于 φ 和 ψ 均为标量，因此可将正向梯度 G 简单定义为

$$G=\frac{\partial\phi}{\partial\psi}=\frac{2\pi d\cos(\psi)}{\lambda} \tag{7.100}$$

因此，AOA的CRLB为

$$C_{\psi} \geqslant C_{\phi}G^{-2}=\frac{1}{2M\xi_{\text{eff}}}\left(\frac{\lambda}{2\pi d\cos(\psi)}\right)^2 \tag{7.101}$$

$$C_{\theta} \geqslant \left(\frac{180}{\pi}\right)^2 C_{\psi} \tag{7.102}$$

7.4.3 解具有多个基线的模糊

回顾一下图7.12，当 $d/\lambda>1/2$ 时，系统引入了模糊。可以通过两种方式求解。第一种方式是使用定向天线作为输入。如果输入的视野范围为 $\pm\theta_{\max}$，则干

① 即使 α 是一个冗余参数，我们仍将矩阵分割为4个2×2的方阵，因为这将 $\boldsymbol{A}$ 和 $\boldsymbol{D}$ 保留为对角矩阵，从而简化了它们的求逆运算。矩阵求逆后，我们可以分离出感兴趣的单个参数 ϕ。

涉仪基线可以大到

$$\frac{d}{\lambda} \leqslant \frac{1}{2\sin(\theta_{\max})} \tag{7.103}$$

而不引入模糊，因为出现的模糊都在天线的视野之外。例如，对于 3 dB 波束宽度 $\theta_{bw}=10°$的定向天线，假设±10°以外区域的接收能量非常小具有可靠性。通过方程(7.103)，避免模糊的最长基线是 2.88 倍波长。

第二种方式是实施多基线干涉仪，如图 7.13 所示。通过以固定间隔放置天线，可以使用短基线干涉仪分离出长基线干涉仪对应的真实 AOA 波束。换言之，可以使用模算术分离出正确解。

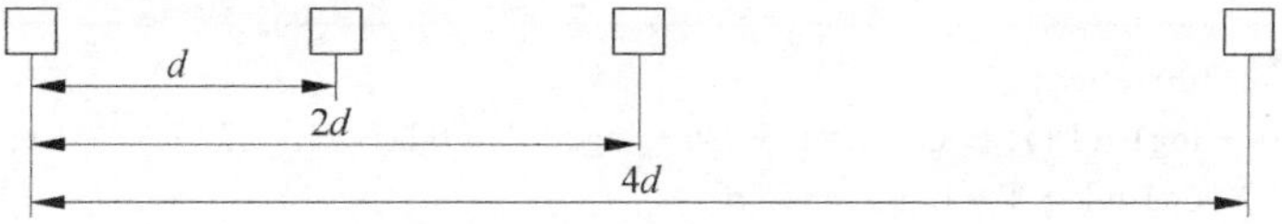

图 7.13　基线为 d、$2d$ 和 $4d$ 的四元干涉仪示意图

7.5　性能比较

本节将分析本章中讨论的各种测向接收机的性能，以估计防撞雷达信号的 AOA(见表 3.1)。各示例的性能都将绘制在同一幅图中以进行比较。表 7.1(a)中给出了各示例中同一发射机的参数，表 7.1(b)中给出了相应接收机的参数。

表 7.1　第 7.5 节中示例的防撞雷达参数

(a) 防撞雷达发射机

参　数	值
P_t	35 mW
G_t(主瓣)	34 dBi
B_s	31.3 MHz
f_0	35 GHz
L_t	0 dB

(b) 测向接收机

参数	矩形天线	Adcock 天线	沃特森·瓦特天线	多普勒天线	干涉仪天线
d/λ	5	0.25	0.25	—	0.5
R	—	—	—	$\lambda/2$	—
f_R	—	—	—	$1/T_s$	—
L_r			2 dB		
F_n			4 dB		
B_n			40 MHz		
T			10 μs		

示例 7.1　用 Adcock 天线进行测向

考虑使用 Adcock 天线系统检测表 7.1(a)中的发射机(见表 7.1(b))。如果真实 AOA 为 $\theta=10°$,将 Adcock 天线转向 3 个角度(分别为 $-15°$、$0°$和 $15°$)进行测试,并且在每个角度停留 $T=10\ \mu s$,则该角度估计误差(RMSE)在何种距离达到 $\sigma_\theta=1°$?

我们先计算 SNR。请注意,上述性能计算中使用的 SNR 是全向天线的 SNR。Adcock 天线的增益以 $\boldsymbol{g}$ 和 $\dot{\boldsymbol{g}}$ 表示。为简单起见,我们假设存在自由空间路径损耗,与相隔距离无关。

```
R = 100:100:50e3;
S = (10 * log10(Pt) + Gt - Lt) + 20 * log10(lambda./(4 * pi * R)) - Lr;
N = 10 * log10(k * T * B_n) + F_n;
snr_db = (S-N);
snr_lin = 10.^(snr_db/10);
```

接下来,我们根据接收机的噪声带宽和每次采集的长度 T 确定在每个转向角上采集了多少个样本:

```
> M = 1 + floor(T * Br)
```

得出 $M=400$。最后,我们利用提供的函数计算增益向量。请注意,接收增益向量的函数允许输入以弧度为单位的转向向量和增益向量的差。

```
[g,g_dot] = aoa.make_gain_functions('Adcock',.25,0);
psi_scan = [-15,0,15] * pi/180;
psi_true = 10 * pi/180;
g_v = g(psi_scan(:)-psi_true);
gg_v = g_dot(psi_scan(:)-psi_true);
```

接下来的工作就是计算 CRLB:

```
crlb_psi = 1./(2 * M * snr_lin * ((gg_v' * gg_v) - (gg_v' * g_v)^2/(g_v' * g_v)));
```

或者,也可以使用函数句柄 g 和 g_dot 并调用内置的 CRLB 函数:

```
crlb_psi = aoa.directional_crlb(snr_db,M,g,g_dot,psi_scan,psi_true)
```

通过平方根和弧度转度的变换可以实现从 ψ 的 CRLB 到 θ 的均方根误差的转换:

```
rmse_theta = (180/pi) * sqrt(crlb_psi);
```

图 7.14 绘制了均方根误差(单位：(°))与发射机和接收机之间距离的函数关系，假设存在自由空间路径损耗(包括示例问题中定义的其他几个接收机)。从该示例中可以看出，在大约 1.6 km 的相隔距离，Adcock 天线测向达到 $\sigma_\theta \leqslant 1°$。如第 3 章所述，可以轻松对该问题求逆，从而直接计算出确定 SINR 允许的间距，而不是通过搜索图像来计算。这将留给读者作为练习。

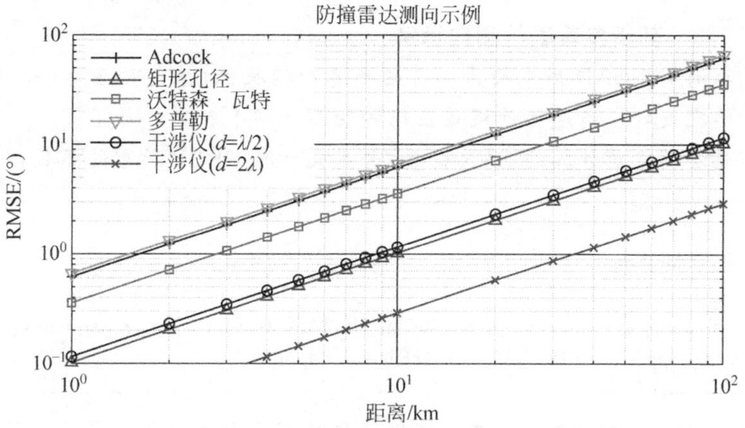

图 7.14 对于示例 7.1 和示例 7.4，测向 RMSE 与间隔距离的函数关系

在图 7.14 中还绘制了以相同采样点 ψ_i 对矩形孔径 $D=5\lambda$ 采样的结果。这种情况下，测向系统在 $R \leqslant 10$ km 时达到 $\sigma_\theta \leqslant 1°$。然而，该结果并不可靠。回想一下，对于 $D=5\lambda$，矩形孔径的波束宽度 $\approx 11.5°$。由于波束宽度小于采样点之间的间距，因此信号回波可能会落入两个采样角度之间的零点。为了正确使用该定向孔径，应对角度空间进行更密集的采样。

示例 7.2 沃特森 · 瓦特测向

重复示例 7.1 的过程，但使用沃特森 · 瓦特接收机而不是单根 Adcock 天线对。角度估计误差在何种距离达到 1°?

ξ 和 M 的计算不变。这种情况下，可以直接根据 ξ 和 M 绘制 CRLB。

```
crlb_psi = 1./(M * xi_lin);
rmse_theta = (180/pi) * sqrt(crlb_psi);
```

或者也可以求解所需 SNR，并采用第 3 章中的方法反推出达到 SNR 的距离：

```
rmse = 10;
crlb_psi = (pi * rmse/180)^2

snr_max = 1./(M * crlb_psi)
```

图 7.14 绘制了该示例的结果。当 $R \leqslant 3$ km 时，使用沃特森·瓦特接收机可达到 1°的预期精度。这比单信道 Adcock 天线要好，但不如高增益矩形孔径精确。当然，沃特森·瓦特接收机的优势在于可以瞬时覆盖所有方位角，而其他接收机则必须进行机械扫描才能覆盖目标区域。

示例 7.3　基于多普勒的测向示例

重复示例 7.1，但使用半径为 $\lambda/2$ 的多普勒接收机，并定时在单个脉冲过程中定时执行单次旋转。角度估计误差在何种距离达到 1°？

我们先看下之前计算的 SNR 向量，并定义计算 CRLB 所需的参数：

```
ts = 1/(2 * f);
R_dop = lambda/2;
fr = 1/T_s;
crlb_psi_doppler = aoa.doppler_crlb(snr_db, M, 1, ts, f0, R_dop, fr, psi_true);
rmse_th_doppler = (180/pi) * sqrt(crlb_psi_doppler);
```

其中，psi_true 是真实 AOA。可以对此进行绘图和搜索以确定 rmse_th_doppler 等于 1°的点。然而，由于 CRLB 的复杂性，其分析计算并不轻松。结果与先前的示例一起绘制在图 7.14 中，答案是，当 $R \leqslant 1$ km 时，所指定的多普勒测向系统达到指定的 1°的精度。

示例 7.4　干涉仪测向示例

重复示例 7.1，但使用双通道干涉仪，间距为 $d=\lambda/2$。假设 $\alpha=1$，因此两个接收机具有相同的 SNR($\xi_{\text{eff}}=0.5\xi_1=0.5\xi_2$)。角度估计误差在何种距离达到 1°？如果 $d=2\lambda$，那么角度估计误差又在何种距离达到 1°？

我们先求 CRLB 方程的逆并计算所需的 SNR：

```
max_err = (pi/180)^2;
snr_min = 2 * (1./(2 * M * crlb_max)). * (1./(2 * pi * d_lam * cos(psi_true)));
```

结果是所需的 SNR 为 0.6615(−1.7947 dB)。然后，我们采用第 2 章中的技术来计算达到 SNR 的最大距离。为简单起见，我们在多个距离评估 SNR，并确定最接近预期距离的值。在该示例的先前迭代中，我们计算了 snr_db：

```
[~, idx] = min(abs(snr_db - 10 * log10(snr_min_lin)));
R_interf = R(idx)
```

根据前述方法可知，最大距离为 8.65 km。如果在 $d/\lambda=2$ 时重复此计算，则结果为 34.6 km。图 7.14 中绘制了干涉仪的 CRLB。对于较短基线（$d=\lambda/2$），图中显示在大约 $R\leqslant 8.5$ km 处达到 1°的误差，而对于较长基线（$d=2\lambda$），在间隔 $R\leqslant 35$ km 时也可达到相同的误差。这些数值与显式计算的值是相互印证的。该示例说明了增加基线 d/λ 的作用。

7.6 单脉冲测向

如图 7.15 所示，利用一对天线形成两个波束（一个是和波束 x_s，另一个是差波束 x_d）来实现单脉冲测向。图 7.15(b)中绘制了和、差及比值，以及与归一化角 (θ/θ_{bw}) 的方向图函数。和波束在法向处达到峰值，而差波束在 ±0.5 倍波束宽度处达到峰值。由此可见，该比值（以虚线绘制）在 ±0.5 倍波束宽度之间呈线性关系。

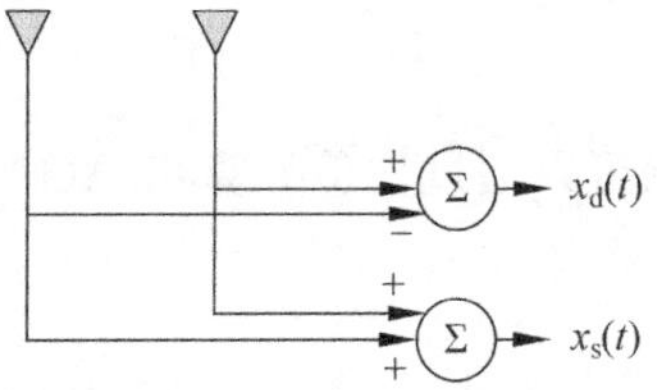

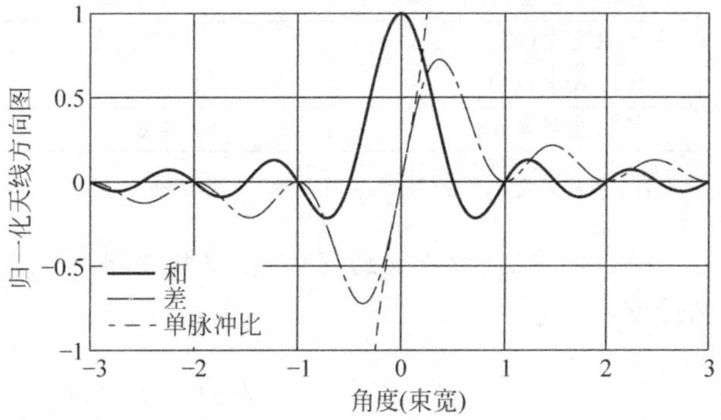

图 7.15 单脉冲处理计算一对天线的和差波束以确定 AOA

(a) 架构；(b) 天线方向图

单脉冲处理的核心是，在 $\theta=0$ 的邻域，和、差波束的比值近似呈线性关系。因此，如果斜率是已知的，则可以简单地尺度变换输出比值以得出 AOA 的估计值。本节中的推导在很大程度上基于文献[10]，该推导不仅包括相关方程的推导（如本节所示），而且还讨论了实现问题（硬件和处理算法）和性能指标（如分辨两个空间相邻信号的能力），以及角度误差的详细分析。

将两个输入信号定义为 $x_1(t)$ 和 $x_t(t)$。得出和、差波束如下：

$$x_s(t)=\frac{1}{\sqrt{2}}(x_1(t)+x_2(t)) \tag{7.104}$$

$$x_d(t)=\frac{1}{\sqrt{2}}(x_1(t)-x_2(t)) \tag{7.105}$$

然后计算和差波束的比值：

$$r(t)=\frac{x_{\mathrm{d}}(t)}{x_{\mathrm{s}}(t)}\approx k_{\mathrm{m}}\bar{\theta} \tag{7.106}$$

其中，k_{m} 定义为归一化单脉冲斜率；$\bar{\theta}$ 为归一化角度，定义为以波束宽度为单位的AOA，而不是以弧度或度为单位的 AOA，$\bar{\theta}=\theta/\theta_{\mathrm{bw}}$。

根据文献[10]中的方程(5.9)，我们可以得出归一化单脉冲斜率如下：

$$k_{\mathrm{m}}=\frac{\theta_{\mathrm{bw}}}{\sqrt{G_{\mathrm{m}}}}\frac{\partial}{\partial\bar{\theta}}\mathrm{d}(\bar{\theta})\bigg|_{\bar{\theta}=0}=\frac{\theta_{\mathrm{bw}}K}{\sqrt{\eta_{\mathrm{a}}}} \tag{7.107}$$

其中，$d(\bar{\theta})$是差信号的波束图，以归一化角度为单位，并且计算其法向处导数。结果取决于差信号斜率 K 和孔径效率 η_{a}。K 和 η_{a} 的值将取决于用于馈入单脉冲处理器的孔径。表 7.2 显示了一些代表性的值。

表 7.2　一些典型的单脉冲参数

参　数	理 想 天 线	余 弦 锥 度
差信号斜率(K)	1.814	1.334
波束宽度(θ_{bw})	$0.886\lambda/d$	$1.189\lambda/d$
孔径效率(η_{a})	1.000	0.657
单脉冲斜率(k_{m})	1.606	1.957

注：d 是天线之间的间距。参见文献[10]中的表 5.1。

一旦计算出(或查询到)归一化单脉冲斜率 k_{m}，就可以通过比值计算出 AOA 估计值：

$$\hat{\theta}(t)=\frac{\theta_{\mathrm{bw}}}{k_{\mathrm{m}}}r(t) \tag{7.108}$$

由于实施单脉冲到达角系统的实现复杂性以及现有算法变化多样，本书没有提供实现示例。感兴趣的读者可以参阅文献[10]，其中详细介绍了如何构建单脉冲接收机，以及可用的接收机类型。具体来说，第 5 章介绍了独立单脉冲接收机，第 7 章介绍了阵列中单脉冲处理，第 8 章介绍了处理算法。

单脉冲处理器的误差信号非常复杂。关于谨慎处理，可参阅文献[10]的第 10 章。本节将做一些最简单的假设，最重要的是，和、差信号的误差是不相关的，①并且两个输入信道的 SNR 相同。

首先，我们将含有噪声的和差信号定义为

$$x_{\mathrm{s}}(t)=s(t)+n_{\mathrm{s}}(t) \tag{7.109}$$

$$x_{\mathrm{d}}(t)=d(t)+n_{\mathrm{d}}(t) \tag{7.110}$$

其中，噪声信号 $n_{\mathrm{s}}(t)$和 $n_{\mathrm{d}}(t)$服从方差 σ^2 分布。因此，可根据方程(7.11)得出比值：

---

① 可以看出，如果我们假设和差运算符不引入噪声，并且两个输入信号上的噪声是不相关的，就会出现和差信号的误差不相关。其求证过程留给读者作为练习。

$$r(t)=\frac{x_{\mathrm{d}}(t)}{x_{\mathrm{s}}(t)}=\frac{d(t)+n_{\mathrm{d}}(t)}{s(t)+n_{\mathrm{s}}(t)} \tag{7.111}$$

我们将真实比值 $r_0(t)=d(t)/s(t)$ 和误差信号定义为

$$n_{\mathrm{r}}(t)=r(t)-r_0(t)=\frac{n_{\mathrm{d}}(t)-r_0(t)n_{\mathrm{s}}(t)}{s(t)+n_{\mathrm{s}}(t)} \tag{7.112}$$

这是一个非常复杂的噪声项，它取决于两个分量信号，而不仅仅取决于它们的噪声功率或比值。虽然进行分析比较困难，但是我们可以做出一些近似运算。尤其是当 $\xi=|s(t)|^2/\sigma^2$ 远大于 1(噪声比信号弱得多)时，可根据方程(7.113)求出误差近似值：

$$n_{\mathrm{r}}(t)=\frac{n_{\mathrm{d}}(t)}{s(t)}-r_0(t)\frac{n_{\mathrm{s}}(t)}{s(t)} \tag{7.113}$$

噪声项的方差可近似为

$$\sigma_{\mathrm{r}}^2=\frac{1}{\xi}(1+r_0^2(t)) \tag{7.114}$$

接下来，我们根据方程(7.108)将比值误差方差转换为角度估计误差的方差：

$$\sigma\frac{2}{\theta}=\frac{1}{k_{\mathrm{m}}^2\xi}\left(1+\left(k_{\mathrm{m}}\frac{\theta}{\theta_{\mathrm{bw}}}\right)^2\right) \tag{7.115}$$

$$\sigma_\theta^2=\theta_{\mathrm{bw}}^2\sigma\frac{2}{\theta} \tag{7.116}$$

图 7.16 绘制了 ξ 为 10 dB 和 20 dB 时角度估计误差与 $\bar{\theta}$ 的函数关系。注意，误差图形是以归一化角度为单位绘制的。从图 7.16 中可以看出，如果 $\xi\geqslant 10$ dB，则角度误差以 $\sigma_\theta\leqslant 0.25\theta_{\mathrm{bw}}$ 为界限，如果 $\xi\geqslant 20$ dB，则误差满足 $\sigma_\theta\leqslant 0.08\theta_{\mathrm{bw}}$。这证明单脉冲接收机能够通过简单的幅度测量显著改善定向天线的测角精度。

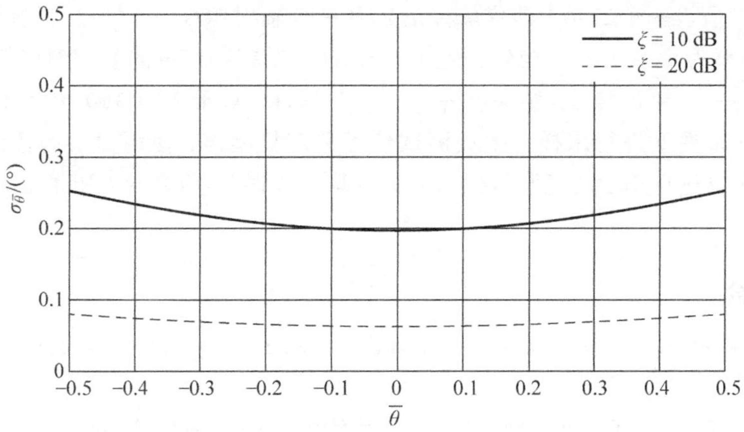

图 7.16　单脉冲 AOA 接收机测向 RMSE 与 $\bar{\theta}$ 的函数关系

7.7 问题集

7.1 使用随附的 MATLAB® 函数生成 Adcock 阵列(间距为 $d/\lambda=0.5$,$N=100$ 个范围为 $-90°\sim90°$的角样本)的测试序列。对于测试信号,使用简单的正弦波($f=1$ GHz,$t_s=1/2f$,每个位置 $M=100$ 个时域样本),初始相位随机(每个角样本位置),真实角度为 5°。绘制以扫描角度和时间为变量的幅度响应。

7.2 在问题 7.1 中,将 $\sigma^2=0.1$ 高斯噪声添加到测试信号中,估计 AOA。

7.3 绘制 Adcock 天线($d/\lambda=0.25$)和反射天线($D/\lambda=10$)的 CRLB,作为 ψ 的函数($M\xi=10$ dB)。

7.4 生成沃特森·瓦特接收机的参考信号和测试信号(给定 BPSK 信号 $f=300$ MHz,带宽为 $B_t=1$ MHz,角度为 $\theta=15°$)。对于 $M=100$ 个样本,以 $t_s=1/10B_t$(奈奎斯特采样率的 5 倍)的速率对信号进行采样。加入方差为 $\sigma^2=0.1$ 的高斯噪声。使用函数 aoa.watson_watt_df 估计 θ。

7.5 在问题 7.4 中,沃特森·瓦特接收机的 CRLB 是多少?

7.6 利用方程(7.95)和方程(7.94)证明方程(7.96)。

7.7 假设中心频率 $f_0=2$ GHz,带宽 $B=100$ kHz,脉冲长度 $t_p=1$ ms 的信号,该信号由多普勒测向系统以 $f_s=2f_0$ 速率采样,旋转速率为 $f_R=1$ Hz,旋转半径为 $R=\lambda$。假设参考信道和测试信道之间的幅度差异可忽略不计。绘制 CRLB 与 ξ 的函数关系图。角度精度为 $\sigma_\psi\leqslant10$ mrad 时的最小 SNR 是多少。在旋转速度 $f_R=10$ Hz 和 $f_R=100$ Hz 条件下重复该过程。

7.8 绘制二元干涉仪($d=3\lambda$ 且 $d=4\lambda$)的幅度响应。每个系统避免模糊的最大无模糊 ψ 是多少?如果将它们一起处理以解决模糊,则最大无模糊角是多少?

7.9 假设一个二元干涉仪($d=\lambda/2$)和一个辐射源($\psi=\pi/4$)。辐射源振幅为 1,噪声功率为 $\sigma^2=0.25$。构建一个由 chirp(线性调频)组成的基带测试信号,该线性起始频率 $f_0=0$ MHz,结束频率 $f_1=10$ MHz,对于 $M=100$ 个样本在 $f_s=100$ MHz 条件下进行采样。生成测试信号和随机噪声;使用提供的代码以估计 AOA。重复进行 1000 次随机试验,并计算均方根误差,将其与 CRLB 比较。

参考文献

[1] D. Adamy, *EW 103: Tactical battlefield communications electronic warfare*. Norwood, MA: Artech House, 2008.

[2] D. Adamy, *EW 104: EW Against a New Generation of Threats*. Norwood, MA: Artech House, 2015.

[3] R. Poisel, *Electronic warfare target location methods*. Norwood, MA: Artech House, 2012.

[4] R. A. Poisel, *Electronic warfare receivers and receiving systems*. Norwood, MA: Artech House, 2015.

[5] W. Read, "Review of conventional tactical radio direction finding systems," DEFENCE RESEARCH ESTABLISHMENT OTTAWA (ONTARIO), Tech. Rep., 1989.

[6] H. L. Van Trees, *Optimum Array Processing: Part IV of Detection, Estimation and Modulation Theory*. Hoboken, NJ: Wiley-Interscience, 2002.

[7] N. O'Donoughue and J. M. F. Moura, "On the product of independent complex gaussians," *IEEE Transactions on Signal Processing*, vol. 60, no. 3, pp. 1050–1063, March 2012.

[8] S. V. Schell and W. A. Gardner, "High-resolution direction finding," *Handbook of statistics*, vol. 10, pp. 755–817, 1993.

[9] P. Q. C. Ly, "Fase and unambiguous direction finding for digital radar intercept receivers," Ph.D. dissertation, University of Adelaide, 2013.

[10] S. M. Sherman and D. K. Barton, *Monopulse principles and techniques*. Norwood, MA: Artech House, 2011.

[11] P. Q. C. Ly, "Fast and unambiguous direction finding for digital radar intercept receivers." Ph.D. dissertation, The University of Adelaide, 2013.

[12] F. Guo, Y. Fan, Y. Zhou, C. Xhou, and Q. Li, *Space electronic reconnaissance: localization theories and methods*. Hoboken, NJ: John Wiley & Sons, 2014.

[13] M. Pourhomayoun and M. Fowler, "Cramer-rao lower bounds for estimation of phase in LBI based localization systems," in *2012 Conference Record of the Forty Sixth Asilomar Conference on Signals, Systems and Computers (ASILOMAR)*, Nov 2012, pp. 909–911.

第8章

基于阵列的AOA

第7章介绍了许多用于估计接收信号方向的专用接收机架构,这些架构设计用于估计接收信号的方向。本章关注更一般的架构。给定空间排列的天线阵列,每根天线都进行了采样和数字化处理,可以采用各种数值技术来估计信号的到达方向。

本章将讨论几种经典方法,包括标准波束形成器、逆滤波器(或最小范数滤波器)以及称为多信号分类器(multiple signal dassification,MUSIC)的子空间滤波方法。这些方法的适用算法领域非常丰富,并且还在不断扩展。本书希望这 3 种方法能够为读者理解文献奠定坚实基础。

本章先介绍一般阵列问题公式的 3 种解法,并讨论每种解法的性能和局限性。

本章中的大多线性代数和阵列处理公式都基于文献[1]和文献[2]的第 9 章。关于阵列处理详情,感兴趣的读者可以参阅文献[1]和文献[2]的第 9 章。本章将提供有关每种方法及其变体的补充说明。

8.1 背景

本节先介绍线性阵列,如图 8.1 所示。这可以推广到二维甚至三维任意阵列。为简单起见,本书仅讨论一维的情况。

线性阵列由一系列经过相干处理的天线单元构成。早期的阵列使用模拟硬件来进行相移和合并操作,称为模拟波束形成。但是随着模拟数字转换技术的进步,数字化每个阵列单元(在射频频率上直接进行 I & Q 采样)的概念变得越来越普遍,所有的滤波和处理步骤通常以数字方式进行,称为数字波束形成,或更通俗地说,称为阵列处理,如图 8.2 所示。话虽如此,尤其是对于大型有源阵列或更高工作频率,子阵列架构依然常用,该架构通过模拟波束形成将阵列的单个部分指向大

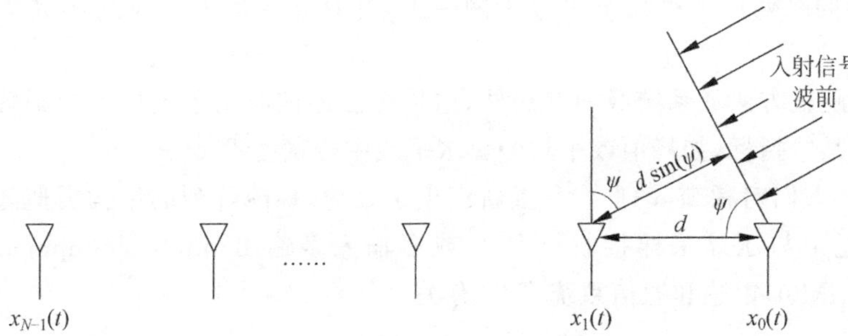

图 8.1　线性阵列构型及约定的 AOA 法向

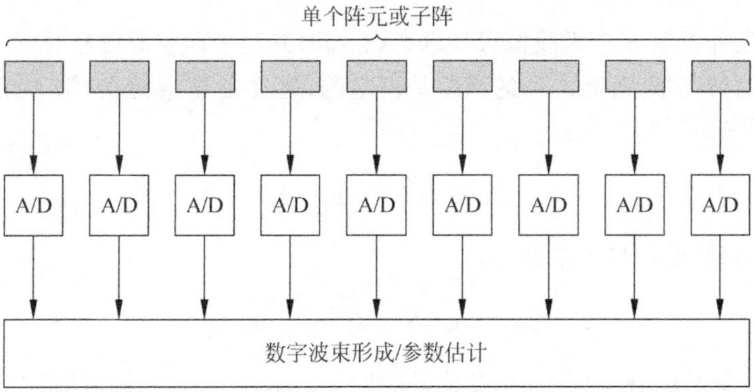

图 8.2　数字阵列架构

方向，然后将输出数字化并进行数字合并。本章将重点介绍未知信号 AOA 的估计，这与已知(或指令)角度的标准波束形成假设略有不同。

关于相控阵更详细的讨论，感兴趣的读者可以参阅文献[1]，其中重点讨论了阵列信号的最优处理原理；关于设计相控阵系统过程的详细讨论可参阅文献[3]；关于雷达相控阵使用的详细讨论(包括操作示例和校准中的误差容限)可参阅文献[4]的第 13 章。

阵列可大致地定义为任意组合的天线集，天线输出经过处理可提供方向性。本章重点介绍被称为规则阵列的特定阵列实例，即具有均匀阵元间距的阵列。这些阵列很适合分析，并提供了具有令人满意的旁瓣结构，但是它们需要大量的天线单元，这可能产生高昂的费用。此外，这一特性限制了大型阵列在较小平台(如无人机)上的使用，因为它们需要安装在紧凑空间中。放宽均匀间距限制可使阵列具有缺口，如必须将起落架放置在小型无人机上。由于这些原因以及许多其他原因，不规则阵列存在广泛的研究领域。

一些早期的示例包括稀疏阵列[5-6]，其中设计了规则阵列，然后从其中删除了某些阵元实现。通常情况下，天线单元仍然存在，以避免改变天线之间的电磁耦合，但是未使用的单元连接至地平面而非接收机。一种类似的方法是使用随机阵列[7-9]，不同之处在于单元不再位于网格上，并且缺少的天线单元不会被填充到阵列。

除了随机方法或系统级的方法外，遗传算法还被应用于生成不规则阵列的问题以优化某些指标，如峰值或平均旁瓣水平或主瓣宽度[10-11]。

近来，人们对稀疏阵列[12-13]重新产生了兴趣，稀疏阵列的结构类似随机稀布阵列，但通常与压缩采样接收机[14-15]或多输入多输出（multiple-input-multiple-output，MIMO）雷达和通信系统[16-18]有关。

8.2 公式

本书先分析第 k 个天线位置处以 $\theta°$（ψ rad）到达平面波的信号时延 τ。在均匀线性阵列的情况下，阵元之间的间距是恒定的，通过变量 d 得出，第 k 个位置的信号时延为①

$$\tau_k = k\,\frac{d}{c}\sin(\psi) \tag{8.1}$$

相应的相移（假设信号为窄带）为

$$\varphi_k = 2\pi f_c \tau_k = \frac{2\pi d k}{\lambda}\sin(\psi) \tag{8.2}$$

其中，f_c 是信号的载波频率；λ 是信号的波长。由此看出，我们可以将第 k 个输入信号定义为

$$x_k[m] = \boldsymbol{s}[m]\mathrm{e}^{\mathrm{j}\frac{2\pi d}{\lambda}k\sin(\psi)} \tag{8.3}$$

将这些相移置于导向矢量中：

$$\boldsymbol{v}(\psi) = \left[1, \mathrm{e}^{\mathrm{j}\frac{2\pi d}{\lambda}\sin(\psi)}, \cdots, \mathrm{e}^{\frac{2\pi d(N-1)}{\lambda}\sin(\psi)}\right] \tag{8.4}$$

为简单起见，本书引入了 u 空间的概念，从而得出导向矢量的更简表示法：

$$u = \sin(\psi) \tag{8.5}$$

$$\boldsymbol{v}(u) = \left[1, \mathrm{e}^{\frac{2\pi d}{\lambda}u}, \cdots, \mathrm{e}^{\mathrm{j}\frac{2\pi d}{\lambda}(N-1)u}\right] \tag{8.6}$$

随附的 MATLAB® 代码提供了用于生成导向矢量的实用程序，称为 make_steering_vector。示例如下。

```
d_lam = .5;
N = 11;
v_fun = array.make_steering_vector(d_lam,N);
```

① 我们的约定是 $\psi=0$ 对应一个侧射角。其他约定，包括 Van Trees[1]，将 $\psi=0$ 定义为端射方向，将 $\psi=\pi/2$ 定义为法向。在式(8.1)中，这种差异表现为 $\cos(\psi)$ 项，其中有 $\sin(\psi)$。

8.2.1 多个平面波

如果有一个以上的平面波撞击在阵列上，则接收到的信号就是单个波的叠加。我们采集 D AOAs $\boldsymbol{\psi}_\mathrm{d}$、导向矢量 $\boldsymbol{v}(\psi_\mathrm{d})$ 和接收到的信号 $\boldsymbol{s}_\mathrm{d}[m]$ 置于矩阵，以紧凑地表示整个阵列上的接收信号（在存在高斯白噪声的情况下）：

$$\boldsymbol{x}[m]=\boldsymbol{V}(\boldsymbol{\psi})\boldsymbol{s}[m]+\boldsymbol{n}[m] \tag{8.7}$$

$$\boldsymbol{V}[\psi]=[\boldsymbol{v}(\psi_0),\boldsymbol{v}(\psi_1),\cdots,\boldsymbol{v}(\psi_{D-1})] \tag{8.8}$$

$$\boldsymbol{s}[m]=[\boldsymbol{s}_0[m],\boldsymbol{s}_1[m],\cdots,\boldsymbol{s}_{D-1}[m]]^\mathrm{T} \tag{8.9}$$

$$\boldsymbol{n}[m]\sim\mathcal{CN}(0,\sigma_\mathrm{n}^2\boldsymbol{I}_N) \tag{8.10}$$

8.2.2 宽带信号

整个阵列上的信号进程实际上是根据每个单元的时延来定义的。对于窄带信号，这相当于入射信号的相移（如上所述）。然而，尤其是对于电子战接收机，越发要求在宽带宽上运行。解决此问题的最简单方法是对接收机进行信道化（如第5章所述），并使用相应的窄带波束形成器分别处理每个信道。这种方法的唯一缺点是，每个信道都需要额外的射频硬件，并且无法有效处理跨越多个信道的信号。一种替代方法是，如果系统是全数字化的，并且可以在射频上采样（而不是在下变频之后），则波束形成可用数字化方式实现，仅需简单的额外计算能力即可实现信道化。

本章的其余部分均假设窄带波束形成。

8.2.3 阵列波束形成

根据上文定义的导向矢量可以直接计算波束形成器，重点关注聚集到期望到达方向（ψ_0 或 u_0）的信号，这些信号来自该方向信号的导向矢量[1,19-20]。

将每个输入信号乘以复合权重 $\boldsymbol{h}_k$，然后将输出相加。可以正式编写为方程(8.11)：

$$\boldsymbol{y}[m]=\boldsymbol{h}^\mathrm{H}\boldsymbol{x}[m]=\sum_{n=0}^{N-1}\boldsymbol{x}_k[m]\boldsymbol{h}_k^* \tag{8.11}$$

一种计算波束形成器权重的简单方法是将 $\boldsymbol{h}$ 定义为期望角度 ψ_0 处信号的导向矢量：

$$\boldsymbol{h}(\psi_0)=\boldsymbol{v}(\psi_0) \tag{8.12}$$

通过该导向矢量的定义，得出波束形成器的输出（假设来自方向 ψ 的单个输入信号）为

$$\boldsymbol{y}[m]=\boldsymbol{s}[m]\boldsymbol{h}^\mathrm{H}(\psi_0)\boldsymbol{v}(\psi) \tag{8.13}$$

$$= \boldsymbol{s}[m]\sum_{k=0}^{N-1} \mathrm{e}^{\mathrm{j}\frac{2\pi d}{\lambda}k[\sin(\psi)-\sin(\psi_0)]} \tag{8.14}$$

简化为方程(8.15)：

$$\boldsymbol{y}[m] = \boldsymbol{s}[m]\frac{\sin\left(\frac{N\pi d}{\lambda}[\sin(\psi)-\sin(\psi_0)]\right)}{\sin\left(\frac{\pi d}{\lambda}[\sin(\psi)-\sin(\psi_0)]\right)} \tag{8.15}$$

第二项通常称为阵列因子，使用给定的一组波束形成器权重 h_k 定义阵列方向图。更规范地说，定义为

$$\mathrm{AF}(\psi,\psi_0) = \frac{\boldsymbol{h}^{\mathrm{H}}(\psi_0)\boldsymbol{v}(\psi)}{\|\boldsymbol{h}(\psi_0)\|\ \|\boldsymbol{v}(\psi)\|} \tag{8.16}$$

其中，分母中的幅值项用于将输出峰值归一化。对于均匀线性阵列和方程(8.12)中的标准波束形成器，阵列因子直接给定为

$$\mathrm{AF}(\psi,\psi_0) = \frac{\sin\left\{\frac{N\pi d}{\lambda}[\sin(\psi)-\sin(\psi_0)]\right\}}{N\sin\left\{\frac{\pi d}{\lambda}[\sin(\psi)-\sin(\psi_0)]\right\}} \tag{8.17}$$

$$\mathrm{AF}(u,u_0) = \frac{\sin\left[\frac{N\pi d}{\lambda}(u-u_0)\right]}{N\sin\left[\frac{\pi d}{\lambda}(u-u_0)\right]} \tag{8.18}$$

图 8.3 中绘制了 N 分别为 10、25 和 100 个阵元的线性阵列的阵列因子与 AOA 为 ψ 的函数关系，阵列指向 $-30°$($\psi_0=-\pi/6, u_0=-0.5$) 和 $\boldsymbol{h}(\psi_0)=\boldsymbol{v}(\psi_0)$。

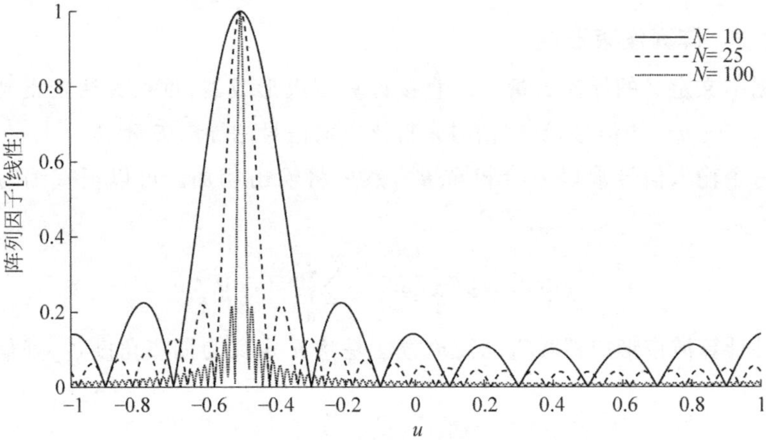

图 8.3　线性阵列，具有一半波长间距($d=\lambda/2$)和不同阵列长度(N 个单元)的阵列因子

阵列长度的增加会使主瓣变窄，并会改变旁瓣

这生成在随附的 MATLAB® 代码中，其中包含对 compute_array_factor_ula 的调用，直接实现方程(8.17)。

```
psi_0 = -30 * (pi/180);
psi = linspace(-pi/2, pi/2, 101);
d_lam = .5;
N=25;
af_ula = array.compute_array_factor_ula(d_lam, N, psi, psi_0);
```

函数 array.compute_array_factor 中提供了一种更一般的形式，适用于任意波束形成器或复杂的接收信号。

```
d_lam=.5;
N=25;
v = array.make_steering_vector(d_lam, N);
psi_0 = -30 * (pi/180);
h = v(psi_0);
psi = linspace(-pi/2, pi/2, 101);
af_arbitrary = array.compute_array_factor(v, h, psi);
```

通常情况下，与第 7 章中的干涉仪一样，阵元间距应不大于 $d=\lambda/2$。如果单元具有定向波束方向图，或者可以忽略超出某个方位角的信号，则单元间距要求可以稍稍放宽一些，但是半波长间距对于来自任何入射 AOA 的信号都稳健。为了说明这一点，本书在图 8.4 中绘制了一个阵列的波束方向图，其中 $N=10$ 个阵元阵列，波束指向 $u_0=-0.5$，并且阵元间距在 $d=\lambda/2$ 和 $d=2\lambda$ 之间变化。在所有 $d>\lambda/2$ 的情况下，需要注意光栅波瓣及其位置。

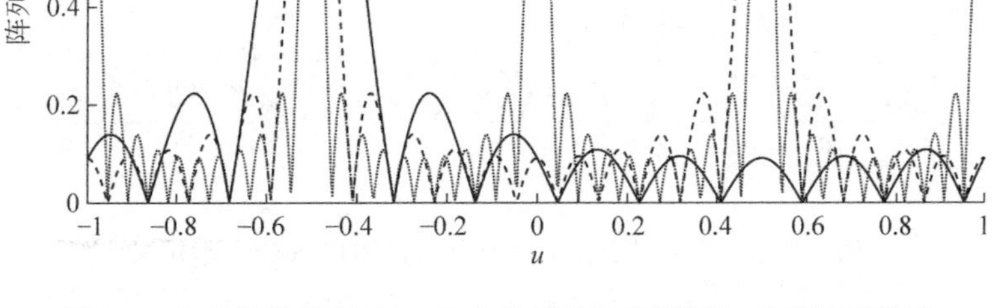

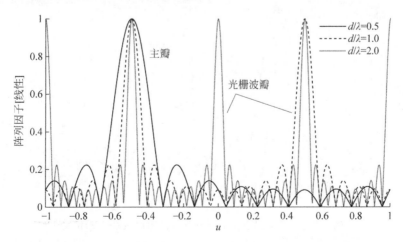

图 8.4　均匀线性阵列($N=25$ 个单元且阵元间距为 d)的阵列因子

当 $d>\lambda/2$ 时，可以观测到光栅波瓣，代表阵列因子中的模糊

8.2.4 非各向同性单元方向图

方程(8.16)中的阵列因子隐性假设组成阵列的阵元都具有完美的全向响应。实际上，这种情况很少发生。如果我们定义第 k 个天线 $a_k(\psi)$ 的阵元响应并将其置入阵列 $\boldsymbol{a}(\psi)$ 中，则阵列因子可表示为

$$\mathrm{AF}(\psi,\psi_0)=\boldsymbol{h}^{\mathrm{H}}(\psi_0)[\boldsymbol{a}(\psi)\odot\boldsymbol{v}(\psi)] \tag{8.19}$$

其中，$\odot$ 是单元乘积，称为哈达玛积(Hadamard product)。如果所有天线都具有相同的方向图，则 $a_k(\psi)=a(\psi)$，且阵列因子可简化为

$$\mathrm{AF}(\psi,\psi_0)=\boldsymbol{a}(\psi)\boldsymbol{h}^{\mathrm{H}}(\psi_0)\boldsymbol{v}(\psi) \tag{8.20}$$

根据图 8.4，图 8.5 绘制了一个带有光栅波瓣的波束方向图，但是增加了一个由 $\cos^{1.2}(\psi)$ 定义的单元方向图。这是通过 compute_array_factor_ula 的可选参数实现的：

```
el_pat_fun = @(psi) cos(psi).^1.2;
af = array.compute_array_factor_ula(d_lam, N, psi, psi_0, el_pat_fun);
```

请注意，图 8.5 中的阵元方向图并没有明显改变任何主瓣的形状或位置(在 $d/\lambda=0.5$ 的情况下，主瓣的峰值略有移动除外)；主要作用是使离波束指向较远处的波瓣减少。对于 $d/\lambda=2$ 的情况，现在位于 $u=0$ 处的光栅波瓣似乎是主要的回波，并且可能导致错误的位置估计。因此，重要的是在可能出现栅瓣时要注意估值，尤其是在单元方向图不均匀的情况下。

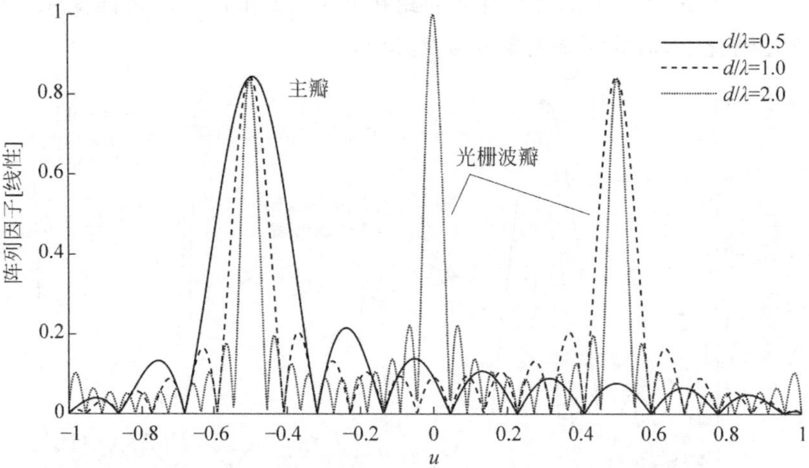

图 8.5 重新绘制图 8.4，其单元方向图由 $\cos^{1.2}(\psi)$ 定义

8.2.5 增益和波束宽度

增益定义为 SNR 的增加。在阵列处理的情况下，增益在阵列指向正确时($\psi=\psi_0$)计算，等于阵列 N 中(线性空间中)天线阵元的数量。为了证明这一点，我们假设含噪信号：

$$\boldsymbol{x}[m]=\boldsymbol{s}[m]\boldsymbol{v}(\psi)+\boldsymbol{n}[m] \tag{8.21}$$

其中，$\boldsymbol{n}[m]$是零均值复高斯，且方差为 $\sigma_{\mathrm{n}}^2\boldsymbol{I}_N$，且每根输入天线上的 SNR 定义为 $\xi=|\boldsymbol{s}[m]|^2/\sigma_{\mathrm{n}}^2$。波束形成后，输出为

$$\boldsymbol{y}[m]=\boldsymbol{s}[m]\boldsymbol{h}^{\mathrm{H}}(\psi_0)\boldsymbol{v}(\psi)+\boldsymbol{h}^{\mathrm{H}}(\psi_0)\boldsymbol{n}[m] \tag{8.22}$$

我们假设 $\psi_0=\psi$(阵列指向正确)并计算 SNR：

$$\xi_{\mathrm{out}}=\frac{|\boldsymbol{s}[m]\boldsymbol{h}^{\mathrm{H}}(\psi)\boldsymbol{v}(\psi)|^2}{E\{|\boldsymbol{h}^{\mathrm{H}}(\psi)\boldsymbol{n}[m]|^2\}} \tag{8.23}$$

$$=\frac{|\boldsymbol{s}[m]|^2|\boldsymbol{v}^{\mathrm{H}}(\psi)\boldsymbol{v}(\psi)|^2}{\boldsymbol{h}^{\mathrm{H}}(\psi)E\{\boldsymbol{n}[m]\boldsymbol{n}^{\mathrm{H}}[m]\}\boldsymbol{h}(\psi)} \tag{8.24}$$

$$=\frac{N^2|\boldsymbol{s}[m]|^2}{N\sigma_{\mathrm{n}}^2}=N\xi_{\mathrm{in}} \tag{8.25}$$

因此，波束形成后的 SNR(ξ_{out})是每个单元(ξ_{in})处输入 SNR 的 N 倍。半功率波束宽度(表示为 δ_u(位于 u 空间))即主瓣的宽度，通过测量接收电平为峰值电平一半(对数空间峰值以下 3 dB)的点测得。这是一种有用的分辨率度量，因为由 $|u_2-u_1|<\delta_u$ 隔开的两个相等功率信号是无法区分的。

对于阵元间距为半波长的线性阵列，波束宽度为

$$\delta_u=0.89\frac{2}{N-1} \tag{8.26}$$

更进一步地，给定间距 d 和波长 λ，波束宽度为

$$\delta_u=0.89\frac{\lambda}{d(N-1)} \tag{8.27}$$

图 8.6 显示了双信源场景的阵列因子，其中两个源等间距位于 $u=0$ 的两侧，且间距为 δ_u。在交点处，每个信号比峰值(半功率)低－3 dB。

8.2.6 阵列锥度

到目前为止，本书均假设波束形成器 $\boldsymbol{h}(\psi_0)$在其所有阵元上具有均匀的幅度。如果放宽这个假设要求，则可以应用一种经过精心研究的锥度来控制旁瓣的位置，或者产生零陷。

本节并不能涵盖锥度设计的所有方面，而是提供了一些根据余弦项加权和且可抑制前几个旁瓣的锥度设计。文献[1]的第 3 章讨论了更普遍的锥度。值得注意的

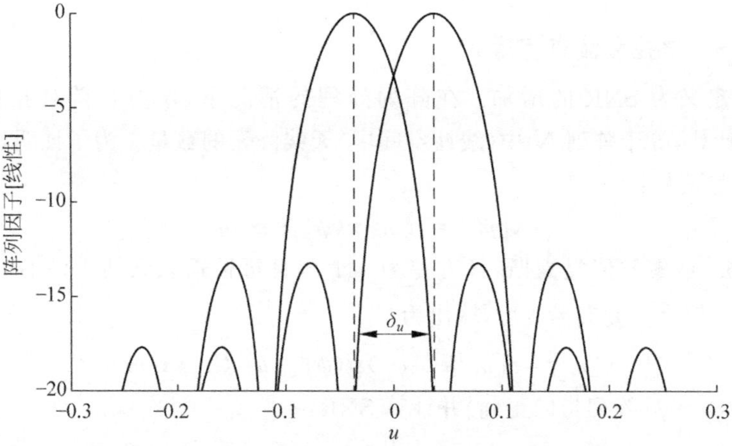

图 8.6 两个间距为阵列波束宽度的信号对应的标准波束形成器阵列因子

是，Taylor[21]锥度和 Bayliss[22]锥度，它们用于控制单脉冲处理中的和差光束的旁瓣。

本节扩展了标准波束形成器 $\boldsymbol{h}$ 的定义，将非均匀权重 w_k 置于向量 $\boldsymbol{w}$ 中。

$$\boldsymbol{h}(\psi_0)=\boldsymbol{w}\odot\boldsymbol{v}(\psi_0) \tag{8.28}$$

图 8.7 绘制了 4 种锥度（均匀、余弦、余弦平方（或海宁（Hann））和汉明（Hamming）的 w_k 值，以及通过权重傅里叶变换计算得出的 $N=11$ 个单元线性阵列的阵列因子。这些锥度在下文中将逐一进行描述。

余弦窗展现出了与均匀（未加权）锥度的互补结构，其零点对应均匀锥度的峰值，反之亦然。余弦窗使主瓣展宽，以使第一个零点落在无锥度方向图上第一个峰值出现的位置；同时导致旁瓣电平降低，第一旁瓣发生频率为 −23.5 dB，而不是 −13.0 dB。定义如下：

$$w_k=\sin\left(\frac{\pi}{2N}\right)\cos\left(\frac{\pi}{N}\left(k-\frac{N-1}{2}\right)\right),\quad k=0,1,\cdots,N-1 \tag{8.29}$$

Hann 窗①（也称为升余弦）设计用于抑制余弦响应的第一个旁瓣，实际上第一个旁瓣的发生频率为 −31.4 dB，但是主瓣被扩宽到涵盖未锥化阵列的第一个旁瓣。相应定义如下：

$$w_k=\cos^2\left[\frac{\pi}{N}\left(k-\frac{N-1}{2}\right)\right],\quad k=0,1,\cdots,N-1 \tag{8.30}$$

Hamming 窗的系数设计用于抑制前者响应的第一个旁瓣。Hamming 窗的最高旁瓣为 −39.5 dB。定义如下：

$$w_k=0.54-0.46\cos\left(\frac{2\pi k}{N-1}\right),\quad k=0,1,\cdots,N-1 \tag{8.31}$$

表 8.1 总结了本节中锥度的性能，并说明了其主瓣宽度和旁瓣幅度的差异。

---

① Hann 窗有时会被误称为 Hanning（汉宁）窗，这可能是因为与 Hamming（汉明）窗混淆了。

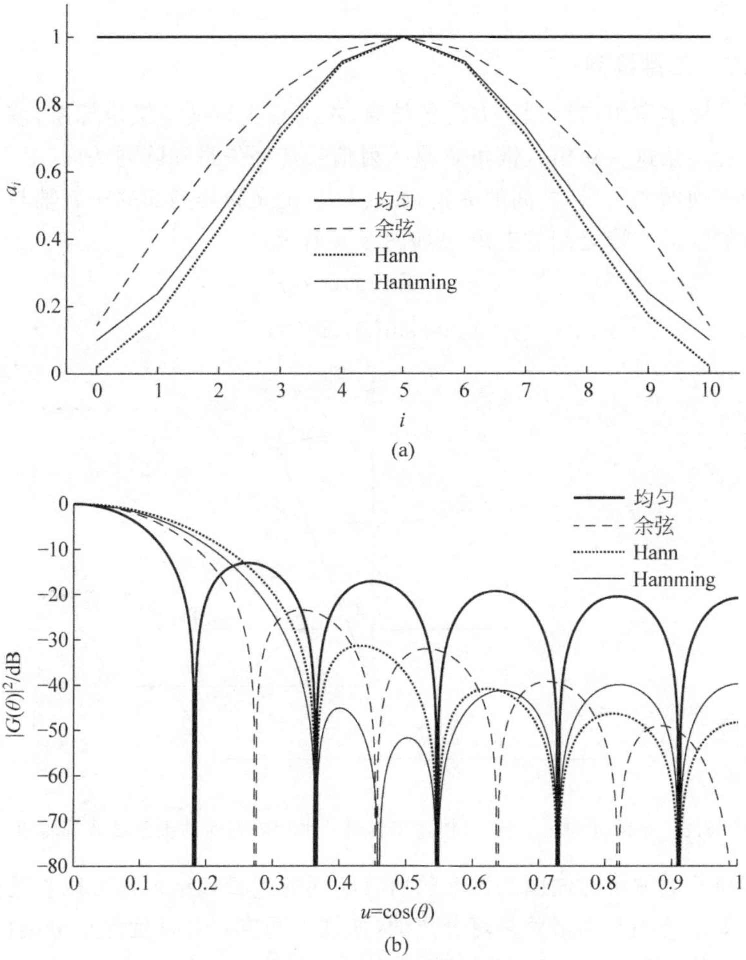

图 8.7 几种锥度波束形成器的影响

(a) 锥度权重；(b) 相应波束方向图

表 8.1 常见振幅锥度

锥 度	HPBW[①]	SLL/dB
均匀	$0.89\,\dfrac{2}{N-1}$	−13.0
余弦	$1.18\,\dfrac{2}{N-1}$	−23.5
Hann	$1.44\,\dfrac{2}{N-1}$	−31.4
Hamming	$1.31\,\dfrac{2}{N-1}$	−39.5

① 半功率波束宽度(half power deam width,HPBW)，以 $u-u_0$ 为单位表示。

8.2.7 二维阵列

为了扩展本章中二维到达方向的结果，本节首先定义三维坐标系，该坐标系依赖锥角和旋转角这一对角。锥角 ψ 是入射信号传播矢量和阵列法向（对平面阵列，是垂直于阵列面的矢量）之间的夹角，旋转角 γ 定义为阵列面的 $+x$ 轴与入射信号传播矢量的阵面投影之间的夹角。[①]如图 8.8 所示。

$$u_x = \sin(\psi)\cos(\gamma) \tag{8.32}$$

$$u_y = \sin(\psi)\sin(\gamma) \tag{8.33}$$

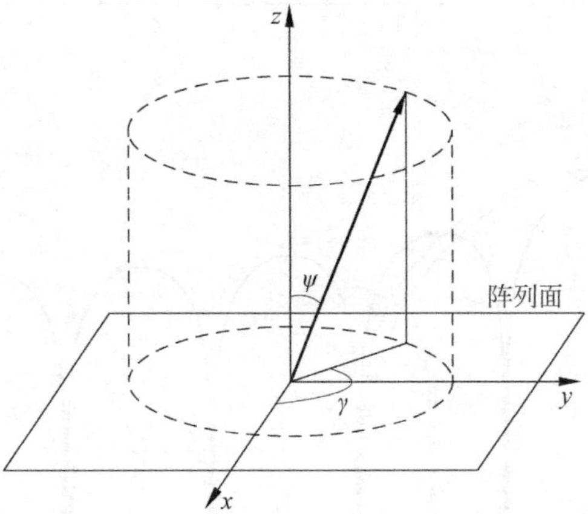

图 8.8　平面阵列的坐标系，描述了相对于平面阵列面的锥角 ψ 和旋转角 γ

本节讨论的波束方向图和锥度的所有相同的逻辑和结果都可以扩展到二维平面阵列。如果阵列几何形状是可分离的（如规则网格），且锥度是可分离的（$w_{i,j}=w_{x,i}w_{y,j}$），则可以在两个正交维度（u_x 和 u_y）上进行独立分析。

8.3 求解

假设 N 元天线阵列接收到信号向量 $\boldsymbol{x}[m]$，其中 $m=0,1,\cdots,M-1$，M 表示时域快拍数。出于一般性考虑，我们假设 D 个平面波入射到该阵列。得出快拍向量如下：

$$\boldsymbol{x}[m]=\boldsymbol{V}(\boldsymbol{\psi})\boldsymbol{s}[m]+\boldsymbol{n}[m] \tag{8.34}$$

从这里开始，我们将使用 $\boldsymbol{V}$ 作为 $\boldsymbol{V}(\boldsymbol{\psi})$ 的简写。本章假设噪声向量 $\boldsymbol{n}[m]$ 是一个 IID 复高斯随机向量，其均值为零，协方差矩阵为 $\sigma_n^2\boldsymbol{I}_N$。

一个重要的相关问题是估计入射到阵列上的信号数目。为简单起见，我们假

---

① 几何中的三维角度有许多约定。通常使用 θ 和 ϕ，但为了避免与本书其他地方表示复相位的 ϕ 混淆，本书使用 ψ 和 γ 表示。

设 D 是已知的。关于 D 的估计问题及其对 AOA 估计算法的重要性，已经经历了 30 多年的研究[23-24]。

8.3.1　信号模型

与任何估计问题一样，信号模型的选择对于推导最佳估计器和分析误差是至关重要的。对于测向，辐射源信号 $\boldsymbol{s}[m]$ 通常是未知的，将这个未知值视为随机过程还是随机过程的确定性实例将造成不同的结果。通常情况下，前一个结果称为无条件估计，因为 $\boldsymbol{s}[m]$ 的分布没有任何条件限制。后者被称为有条件估计，因为所有概率分布都是以发射信号 $\boldsymbol{s}[m]$ 为条件的。

后续可以发现，两个数据模型的最终结果（就 CRLB 性能界限而言）是相同的，但是相应的最大似然估计器是唯一的。本书将简单介绍无条件估计，但将花费更多时间推导有条件最大似然估计。无论哪种情况，最终结果都是没有闭式解的优化问题。因此，在推导出最大似然估计值之后，本书提出了几种实现 AOA 估计值的基本方法：波束扫描、逆向滤波和基于子空间的方法。本章并未全面介绍相关内容，而只是作为入门知识，读者可以由此研究更复杂的解法。

8.3.2　最大似然估计

估计所有辐射源到达方向的最大似然解取决于对 $\boldsymbol{s}[m]$ 做的假设。如果我们假设 $\boldsymbol{s}[m]$ 是某个协方差矩阵 $\boldsymbol{C}_s$ 的随机样本，则得出最大似然估计器 ψ 的随机或无条件最大似然估计值。本书将重点关注后者（有条件最大似然估计），因为其信号模型与前几章中的模型更为相似。首先，本书将简要总结无条件最大似然估计器的原理和解法。

对于无条件最大似然估计器，本书将信号向量 $\boldsymbol{s}[m]$ 建模为具有零均值和协方差矩阵 $\boldsymbol{C}_s$ 的随机向量。由此，我们得出信号模型：

$$\boldsymbol{x}[m] \sim \mathcal{CN}(0_{N,1}, \boldsymbol{V}\boldsymbol{C}_s\boldsymbol{V}^{\mathrm{H}} + \sigma_{\mathrm{n}}^2\boldsymbol{I}_N) \tag{8.35}$$

导出最大似然估计量的方法遵循第 6 章中的一般准则，并稍作修改。信号协方差矩阵 $\boldsymbol{C}_s$ 和到达方向 ψ 都是未知的。根据文献[1]，先从功能上估计 $\boldsymbol{s}[m]$ 的协方差矩阵以求解：

$$\hat{\boldsymbol{C}}_s \triangleq \boldsymbol{V}^{\dagger}\left[\boldsymbol{R}_x - \sigma_{\mathrm{n}}^2\boldsymbol{I}_N\right]\left[\boldsymbol{V}^{\dagger}\right]^{\mathrm{H}} \tag{8.36}$$

并将此解代入对数似然函数：

$$\hat{\boldsymbol{\psi}} = \underset{\psi}{\operatorname{argmax}} - \ln\left|\boldsymbol{P}_{\boldsymbol{V}}\boldsymbol{R}_x\boldsymbol{P}_{\boldsymbol{V}}^{\mathrm{H}} + \sigma_{\mathrm{n}}^2\boldsymbol{P}_{\boldsymbol{V}}^{\perp}\right| - \frac{1}{\sigma_{\mathrm{n}}^2}\operatorname{tr}\{\boldsymbol{P}_{\boldsymbol{V}}^{\perp}\boldsymbol{R}_x\} \tag{8.37}$$

其中，$\boldsymbol{R}_x$ 定义为 $\boldsymbol{x}[m]$ 的样本协方差：

$$\boldsymbol{R}_x = \frac{1}{M}\sum_{m=0}^{M-1}\boldsymbol{x}[m]\boldsymbol{x}^{\mathrm{H}}[m] \tag{8.38}$$

$\boldsymbol{P}_{\boldsymbol{V}}$ 是子空间 V 上的投影算符：

$$\boldsymbol{P}_{\boldsymbol{V}}=\boldsymbol{V}(\boldsymbol{V}^{\mathrm{H}}\boldsymbol{V})^{-1}\boldsymbol{V}^{\mathrm{H}} \tag{8.39}$$

其中，$\boldsymbol{P}\,\dfrac{1}{\boldsymbol{V}}$是正交投影。除了要说它的存在性之外，这里不会过多地讨论这个估计器，也就是说，在以下情况下，它比接下来要推导的有条件估计器更准确：①待估计的信号比阵列的零点至零点波束宽度更接近；②辐射源是相关的；③信号能量差异很大(有些信号要比其他信号弱得多)。如果是上述任何一种情况，则根据方程(8.37)的无条件最大似然估计量有可能是更准确的。关于推导详情，感兴趣的读者可以参阅文献[1]的 8.5 节[25]。

有条件最大似然估计的信号模型将 $\boldsymbol{s}[m]$视为复值未知但确定的参数。这种情况下，数据快拍分布满足

$$\boldsymbol{x}[m]\sim\mathcal{CN}(\boldsymbol{V}\boldsymbol{s}[m],\sigma_{\mathrm{n}}^{2}\boldsymbol{I}_{N}) \tag{8.40}$$

对数似然函数为

$$l(\boldsymbol{x}\mid\boldsymbol{\psi},\boldsymbol{s})=-MN\ln\sigma_{\mathrm{n}}^{2}-\frac{1}{\sigma_{\mathrm{n}}^{2}}\sum_{m=0}^{M-1}\mid\boldsymbol{x}[m]\boldsymbol{V}\boldsymbol{s}[m]\mid^{2} \tag{8.41}$$

第一项不会随任何未知参数而变化，因此可以忽略。故我们可以等价地最小化：

$$l_{1}(\boldsymbol{x}\mid\boldsymbol{\psi},\boldsymbol{s})=\sum_{m=0}^{M-1}\mid\boldsymbol{x}[m]-\boldsymbol{V}\boldsymbol{s}[m]\mid^{2} \tag{8.42}$$

为了求解该问题，我们对无条件情况采取了类似的方法，并首先确定 ψ。可根据方程(8.43)确定 $\boldsymbol{s}[m]$的最大似然估计：

$$\hat{\boldsymbol{s}}[m]\triangleq[\boldsymbol{V}^{\mathrm{H}}\boldsymbol{V}]^{-1}\boldsymbol{V}^{\mathrm{H}}\boldsymbol{x}[m] \tag{8.43}$$

我们将此解代入方程(8.42)，并化简为

$$\ell_{1}(\boldsymbol{x}\mid\boldsymbol{\psi})=\sum_{m=0}^{M-1}\mid\boldsymbol{x}[m]-\boldsymbol{V}[\boldsymbol{V}^{\mathrm{H}}\boldsymbol{V}]^{-1}\boldsymbol{V}^{\mathrm{H}}\boldsymbol{x}[m]\mid^{2} \tag{8.44}$$

$$=\sum_{m=0}^{M-1}\mid\boldsymbol{x}[m]-\boldsymbol{P}_{\boldsymbol{V}}\boldsymbol{x}[m]\mid^{2}=\sum_{m=0}^{M-1}\mid\boldsymbol{P}_{\boldsymbol{V}}^{\perp}\boldsymbol{x}[m]\mid^{2} \tag{8.45}$$

接下来，我们使用矩阵恒等式 $\boldsymbol{a}^{\mathrm{H}}\boldsymbol{a}=\mathrm{Tr}\{\boldsymbol{a}\boldsymbol{a}^{\mathrm{H}}\}$进一步简化为

$$\ell_{1}(\boldsymbol{x}\mid\boldsymbol{\psi})=\sum_{m=0}^{M-1}\mid\boldsymbol{P}_{\boldsymbol{V}}^{\perp}\boldsymbol{x}[m]\mid^{2}=\sum_{m=0}^{M-1}(\boldsymbol{P}_{\boldsymbol{V}}^{\perp}\boldsymbol{x}[m])^{\mathrm{H}}(\boldsymbol{P}_{\mathrm{V}}^{\perp}\boldsymbol{x}[m]) \tag{8.46}$$

$$=\sum_{m=0}^{M-1}\mathrm{Tr}\{\boldsymbol{P}_{\boldsymbol{V}}^{\perp}\boldsymbol{x}[m]\boldsymbol{x}^{\mathrm{H}}[m]\boldsymbol{P}_{\boldsymbol{V}}^{\perp}\} \tag{8.47}$$

$$=\mathrm{Tr}\left\{K\boldsymbol{P}_{\boldsymbol{V}}^{\perp}\left(\frac{1}{K}\sum_{m=0}^{M-1}\boldsymbol{x}[m]\boldsymbol{x}^{\mathrm{H}}[m]\right)\boldsymbol{P}_{\boldsymbol{V}}^{\perp}\right\} \tag{8.48}$$

$$=K\,\mathrm{Tr}\{\boldsymbol{P}_{\boldsymbol{V}}^{\perp}\boldsymbol{R}_{x}\boldsymbol{P}_{\boldsymbol{V}}^{\perp}\}=K\,\mathrm{Tr}\{\boldsymbol{P}_{\boldsymbol{V}}^{\perp}\boldsymbol{R}_{x}\} \tag{8.49}$$

其中，最后一行的化简利用 $\boldsymbol{R}_{x}$ 和 $\boldsymbol{P}_{\boldsymbol{V}}^{\perp}$ 都是厄米特矩阵(Hermitian，即与自身的共

轭转置相等)的性质进行顺序调换,且投影算符是幂等的($\boldsymbol{PP}=\boldsymbol{P}$)。通过这种简化,我们可以将样本协方差矩阵 $\boldsymbol{R}$ 在 $\boldsymbol{V}$ 正交子空间上的投影最小化来确定最大似然估计值$\boldsymbol{\psi}$:

$$\hat{\boldsymbol{\psi}}=\arg\min_{\psi}\operatorname{tr}\{\boldsymbol{P}_{\boldsymbol{V}}^{\perp}\boldsymbol{R}_{\boldsymbol{x}}\} \tag{8.50}$$

或者等价地,将 $\boldsymbol{V}$ 子空间上的投影最大化:

$$\hat{\boldsymbol{\psi}}=\arg\max_{\psi}\operatorname{tr}\{\boldsymbol{P}_{\boldsymbol{V}}\boldsymbol{R}_{\boldsymbol{x}}\} \tag{8.51}$$

同样,我们可以利用 $\boldsymbol{R}_{\boldsymbol{x}}$ 的特征值分解表示该优化:

$$\boldsymbol{R}_{\boldsymbol{x}}=\sum_{k=0}^{N-1}\lambda_k\boldsymbol{u}_k\boldsymbol{u}_k^{\mathrm{H}} \tag{8.52}$$

$$\hat{\boldsymbol{\psi}}=\operatorname*{argmax}_{\psi}\sum_{k=0}^{N-1}\lambda_k\mid\boldsymbol{P}_{\boldsymbol{V}}\boldsymbol{u}_k\mid^2 \tag{8.53}$$

通俗地说,该估计量采用一组预设的到达角$\boldsymbol{\psi}$,将每个特征向量投影到由到达方向定义的子空间上,并利用相应的特征值对这些投影之和进行加权求和。

虽然方程(8.51)没有闭式解,但是研究人员提出了许多基于该优化以得出估计值的算法,包括非线性规划和最小二乘逼近似法以得出$\hat{\boldsymbol{\psi}}$ 的估计值。感兴趣的读者可以参阅文献[26]的 3.2 节和文献[1]的 8.6 节。此外,Boyd 已撰写了有关数值优化技术的综合读物[27]。

8.3.3 波束形成器扫描

最直观的 AOA 估计方法也可能采用波束形成器 $\boldsymbol{h}(\psi_0)$,在一组候选角度$\boldsymbol{\psi}$ 上进行扫描,然后选择 D 个最高峰值作为估计值$\hat{\boldsymbol{\psi}}_1,\hat{\boldsymbol{\psi}}_2,\cdots,\hat{\boldsymbol{\psi}}_D$。根据方程(8.54)计算每个角度的功率:

$$\hat{P}(\psi)=\frac{1}{M}\sum_{m=0}^{M-1}\mid\boldsymbol{h}^{\mathrm{H}}(\psi)\boldsymbol{x}[m]\mid^2 \tag{8.54}$$

通过一些处理,我们可以证明方程(8.54)可表示为样本协方差矩阵 $\boldsymbol{R}_{\boldsymbol{x}}$ 上的简单投影:

$$\hat{P}(\psi)=\boldsymbol{h}^{\mathrm{H}}(\psi)\boldsymbol{R}_{\boldsymbol{x}}\boldsymbol{v}(\psi) \tag{8.55}$$

当将 $\boldsymbol{h}(\psi)$当作导向矢量$\boldsymbol{v}(\psi)$时,有时将其称为波束扫描算法。这种方法的主要缺点是,角分辨率由阵列长度决定(并且当使用锥度时,由该锥度引起的波束宽度变宽)。

这可以通过下面的 MATLAB® 代码非常简单地计算,假设数据矩阵 $\boldsymbol{x}$ 被插入 N 行(每个天线单元一个)和 M 列(每个快拍一个)。我们首先生成导向矢量,然后生成测试信号(为简单起见,忽略生成噪声测试信号的所有步骤),利用每个扫描位置 ψ 的导向矢量构造矩阵 $\boldsymbol{V}$,最后根据方程(8.54)进行求值。

```
% Generate steering vector
d_lam = .5;
N = 25;
v = array.make_steering_vector(d_lam,N);

% Generate steering vector matrix
psi_vec = linspace(psi_min,psi_max,N_test_pts);
V = v(psi_vec)/sqrt(N);

% Compute the beamscan image at each scan angle
P = sum(abs(x' * V).^2,1)/M;
```

其中，$\mathbf{x}$ 是 N 根天线位置处接收到 M 个时域样本的 $N\times M$ 维接收数据向量。其他可选的波束形成器可以在自适应波束形成文献中找到。其中包括最小方差无失真响应(minimum variance distortionless response，MVDR)波束形成器，也称为 Capon 波束形成器[28]，本书将对其进行讨论。

在自适应滤波文献中，MVDR 滤波器是一种自适应滤波器 $\boldsymbol{h}$，可以白化非高斯噪声，避免了期望信号失真(因此得名)。在估计 AOA 的情况下，该滤波器通过相邻辐射源之间的加性干扰实现。例如，如果两个辐射源彼此相邻，则它们的信号将重叠。MVDR 波束形成器可表示为

$$\boldsymbol{h}_{\mathrm{MVDR}}(\psi)=\frac{\boldsymbol{R}_{x}^{-1}\boldsymbol{v}(\psi)}{\boldsymbol{v}^{\mathrm{H}}(\psi)\boldsymbol{R}_{x}^{-1}\boldsymbol{v}(\psi)} \tag{8.56}$$

从分母可以看出，它通过将频谱矩阵在当前导向矢量上投影来实现标准化。如果将其代入方程(8.54)，可得

$$\hat{P}_{\mathrm{MVDR}}(\psi)=\frac{1}{M}\sum_{m=0}^{M-1}\left|\boldsymbol{h}_{\mathrm{MVDR}}^{\mathrm{H}}(\psi)\boldsymbol{x}[m]\right|^{2} \tag{8.57}$$

$$=\frac{1}{M}\sum_{m=0}^{M-1}\left|\frac{\boldsymbol{v}^{\mathrm{H}}(\psi)\boldsymbol{R}_{x}^{-1}\boldsymbol{x}[m]}{\boldsymbol{v}^{\mathrm{H}}(\psi)\boldsymbol{R}_{x}^{-1}\boldsymbol{v}(\psi)}\right|^{2} \tag{8.58}$$

$$=\frac{1}{\boldsymbol{v}^{\mathrm{H}}(\psi)\boldsymbol{R}_{x}^{-1}\boldsymbol{v}(\psi)} \tag{8.59}$$

以下 MATLAB® 代码实现了 MVDR 波束形成器。第一部分为构建样本协方差矩阵 $\boldsymbol{C}$ 并将其分解①，第二部分根据式(8.59)进行计算。

```
% Generate sample covariance matrix
[N,M] = size(x);
```

① 对协方差矩阵直接求逆代价很大，但是由于矩阵是半正定的，因此 QR 分解可以降低复杂程度，尤其是当求逆反复出现的时候。这可以利用 MATLAB® 中的“decomposition”函数实现。

```
C = zeros(N,N);
for idx_m = 1:M
    C = C + x(:,idx_m) * x(:,idx_m)'/M;
end
C_d = decomposition(C,'qr');

% MVDR Beamformer
P_mvdr = zeros(size(psi_vec));
for idx_psi = 1:numel(psi_vec)
    vv = v(psi_vec(idx_psi))/sqrt(N);
    P_mvdr(idx_psi) = 1./abs((vv'/C_d) * vv);
end
```

由于 MVDR 是一个逆滤波器，因此它可能具有比标准波束形成器高得多的分辨率。

随附的 MATLAB® 代码在 array.beamscan 和 array.beamscan_mvdr 函数中提供了波束扫描和 MVDR 估计器函数。可以使用以下脚本来调用它们，假设 $\boldsymbol{x}$ 和 $\boldsymbol{v}$ 的定义与先前代码段中的定义相同。

```
% Generate Beamscan Images
psi_max = pi/2;
N_pts = 1001;
[P,psi_vec] = array.beamscan(x,v,psi_max,N_pts);
[P_mvdr,psi_vec_mvdr] = array.beamscan_mvdr(x,v,psi_max,N_pts);
```

图 8.9 中绘制了波束形成器输出 $\hat{P}(\psi)$ 和 $\hat{P}_{\mathrm{MVDR}}(\psi)$ 的功率电平，其中两个信

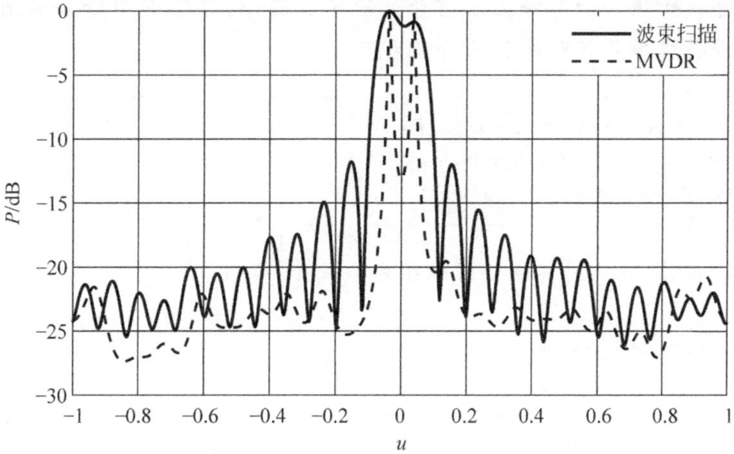

图 8.9 ξ=10 dB 时，两个紧邻信源的标准波束扫描法和 MVDR 波束扫描功率谱显示 MVDR 的分辨率提升(当 ξ 较大时)

源相邻分布，阵列中有 $N=10$ 个阵元，且 $\xi=20$ dB。在位于每个信源角度的窄峰中，可明显看到 MVDR 波束形成器的分辨率提升，而标准波束形成器则受到阵列波束宽度的限制，无法有效分辨两个信源。另一个明显的结果是，标准波束形成器的旁瓣电平在峰值以下 −13 dB 处开始。这可以掩盖较弱的信源。尽管锥度能有效抑制这些旁瓣，但它们会进一步展宽主瓣，从而限制了分辨率。相比之下，MVDR 在非信源角度处的回波值约为 −25 dB，是 SNR（在本例中为 20 dB）的函数。

示例 8.1 VHF 一键通无线电测向

所提供的 MATLAB® 代码包含来自一组距离间距约为 50 km 的 VHF 频段一键通无线电设备的样本数据集，可以通过路径 examples/ex8_1.mat 找到该文件。数据是从 $N=25$ 个阵元且 $d=0.5\lambda$ 的阵列中采集的。处理数据以确定其中包含的 $D=3$ 信源信号的到达角。

第一步是将数据加载到内存中：

```
load examples/ex8_1.mat;
```

加载变量 y（接收数据向量），D、N、M 和 d_lam。到达方向估计的第一步是设置阵列导向矢量并计算波束扫描图像。首先，我们尝试使用标准波束形成器，在 $-\pi/2$ 和 $\pi/2$ 之间选择 1001 个采样点。

```
v = array.make_steering_vector(d_lam, N);
[P, psi_vec] = array.beamscan(v, y, pi/2, 1001);
```

下一步是寻找峰值。如果安装了信号处理工具箱，则只需调用命令 findpeaks，对回波峰值进行排序并获取前 D 个峰值即可。

```
[peak_vals, peak_idx] = findpeaks(P);
[~, sort_idx] = sort(peak_vals, 'descend');
psi_soln = psi_vec(sort_idx(1:D));
```

为了提高可读性，我们将其转换成以度为单位并打印结果。

```
> th_soln = 180 * psi_soln/pi
th_soln =
    -30.0600        20.5200        12.9600
```

注意，前两个峰值（在 −30°和 20°处）以中等误差挑选（第二个峰值相差 0.52°），但是第三个峰值则是挑选两个接近 20°的信源的合成波瓣的一个旁瓣。因此，这种情况下，不了解D的波束扫描图像仪可能会错误地以为仅存在两个辐射源。让我们使用MVDR波束形成器重复该测试。

```
[P_mvdr, psi_vec] = array.beamscan_mvdr(y, v, pi/2, 1001);
[peak_val, peak_idx] = findpeaks(P_mvdr, psi_vec);
[~, sort_idx] = sort(peak_val, 'descend');
psi_soln_mvdr = peak_idx(sort_idx(1:D));
```

```
> th_soln_mvdr = 180 * psi_soln_mvdr/pi
th_soln_mvdr =
    19.9800        23.9400        -30.0600
```

在这里，结果准确地与3个信源位置对齐。我们在图8.10中绘制了这两种波束扫描法波束形成器的输出以及选定的峰值。

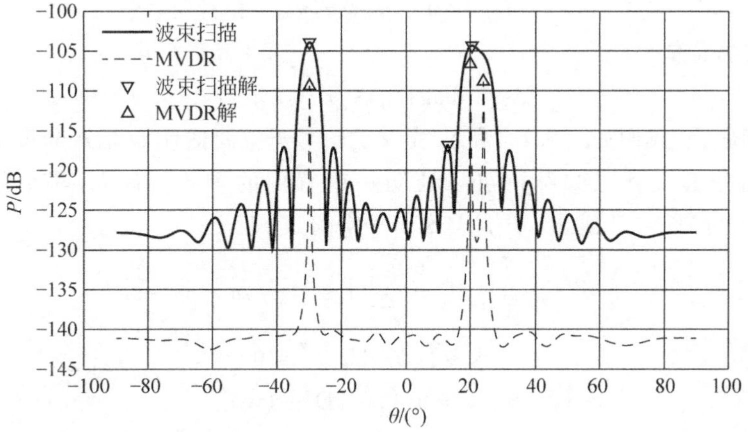

图8.10 波束扫描和MVDR对$D=3$个信源的AOA估计，参见图8.1

MVDR波束形成器的一个众所周知的局限性是它对真实到达角ψ和最近测试点ψ_k之间的失配，或者是由阵列校准误差引起的，该校准误差会导致给定角度的真实导向矢量和假定导向矢量之间的差异敏感[29]。为了减轻这种约束，本书提出了一系列稳健波束形成器，通常称为稳健Capon。最简单的形式是使用对角线加载来修改样本协方差矩阵，涉及文献非常繁多，甚至包括无法以封闭形式表示的最新示例。为了对稳健Capon波束形成器相关文献有较好的了解，感兴趣的读者可以参阅文献[29]的介绍部分。

8.3.4 基于子空间的方法

回顾一下有关最大似然估计的讨论，即将信号分为包含信号的D维子空间和

仅包含噪声的 N-D 维子空间(通过将样本协方差矩阵 $\boldsymbol{R}_x$ 投影到 $\boldsymbol{V}$ 张成的子空间来实现)。本节讨论了更充分利用该分解的方法。回顾快拍频谱矩阵模型:

$$\boldsymbol{C}_x = \boldsymbol{V}\boldsymbol{C}_f\boldsymbol{V}^{\mathrm{H}} + \sigma_{\mathrm{n}}^2\boldsymbol{I}_N \tag{8.60}$$

假设信号数目 D 已知,我们可以通过分解 $\boldsymbol{C}_x$ 来估计 D 信源的位置。首先,我们需要注意特征值表示:

$$\boldsymbol{C}_x = \sum_{k=1}^{N}\lambda_k\boldsymbol{u}_k\boldsymbol{u}_k^{\mathrm{H}} \tag{8.61}$$

可以将其分解为信号子空间和噪声子空间(假设特征值按降序排序):

$$\boldsymbol{C}_x = \underbrace{\sum_{k=0}^{D-1}\lambda_k\boldsymbol{u}_k\boldsymbol{u}_k^{\mathrm{H}}}_{\text{辐射源}} + \underbrace{\sum_{k=D}^{N-1}\lambda_k\boldsymbol{u}_k\boldsymbol{u}_k^{\mathrm{H}}}_{\text{噪声}} \tag{8.62}$$

特征值 $\lambda_D, \lambda_{DH}, \cdots, \lambda_{N-1}$ 都等于噪声功率 σ_{n}^2。我们收集信号和噪声子空间向量:

$$\boldsymbol{U}_{\mathrm{s}} \triangleq [\boldsymbol{u}_0, \boldsymbol{u}_1, \cdots, \boldsymbol{u}_{D-1}] \tag{8.63}$$

$$\boldsymbol{U}_{\mathrm{n}} \triangleq [\boldsymbol{u}_D, \boldsymbol{u}_1, \cdots, \boldsymbol{u}_{N-1}] \tag{8.64}$$

以及信号特征值

$$\boldsymbol{\Lambda}_{\mathrm{s}} \triangleq \mathrm{diag}\{\lambda_0, \lambda_1, \cdots, \lambda_{D-1}\} \tag{8.65}$$

现在的问题是,我们如何从 $\boldsymbol{U}_{\mathrm{s}}$ 和$\boldsymbol{\Lambda}_{\mathrm{s}}$ 定义的信号子空间估计 D 信源角度 ψ。从 $\boldsymbol{C}_x$ 的子空间分解及其已知结构可以证明一些有用的等式。首先,每个信号矢量 $\boldsymbol{v}(\psi_k)$包含在子空间 $\boldsymbol{U}_{\mathrm{s}}$ 中,并且与噪声子空间 U_{n} 正交。

$$\| \boldsymbol{v}^{\mathrm{H}}(\psi_k)\boldsymbol{U}_{\mathrm{s}} \|^2 = \sum_{j=0}^{D-1} | \boldsymbol{v}^{\mathrm{H}}(\psi_k)\boldsymbol{u}_j ^2 = \sqrt{N} \tag{8.66}$$

$$\| \boldsymbol{v}^{\mathrm{H}}(\psi_k)\boldsymbol{U}_{\mathrm{n}} \|^2 = 0 \tag{8.67}$$

$$k = 0, 1, \cdots, D-1 \tag{8.68}$$

然后,搜索所有可能的瞄准角 ψ,确定不在噪声子空间 $\boldsymbol{U}_{\mathrm{n}}$ 中的瞄准角以求解。

最著名的子空间算法是 MUSIC[30-31]。Q 函数(前文讨论的波束形成器方法中使用的功率谱的倒数)如下:

$$\hat{Q}_{\mathrm{MUSIC}}(\psi) = \boldsymbol{v}^{\mathrm{H}}(\psi)\hat{\boldsymbol{U}}_{\mathrm{n}}\hat{\boldsymbol{U}}_{\mathrm{n}}^{\mathrm{H}}\boldsymbol{v}(\psi) \tag{8.69}$$

$$\hat{P}_{\mathrm{MUSIC}}(\psi) = \frac{1}{|\hat{Q}_{\mathrm{MUSIC}}(\psi)|} \tag{8.70}$$

同样(就信号和噪声子空间而言),可以使用 $\boldsymbol{U}_{\mathrm{s}}$ 表示如下:

$$\hat{Q}_{\mathrm{MUSIC}}(\psi) = \boldsymbol{v}^{\mathrm{H}}(\psi)(\boldsymbol{I}_N - \hat{\boldsymbol{U}}_{\mathrm{s}}\hat{\boldsymbol{U}}_{\mathrm{s}}^{\mathrm{H}})\boldsymbol{v}(\psi) \tag{8.71}$$

这是通过 MATLAB® 分 3 个阶段实现的。首先,我们采用样本协方差矩阵(如上文 MVDR 波束形成器所示进行计算),然后进行特征分解。注意,MATLAB® 的 eig 命令无法保证排序,因此必须手动进行排序。假设维数 D 是已知的,我们将所有噪声特征向量收集到子空间矩阵 $\boldsymbol{U}_{\mathrm{n}}$ 中，然后根据方程(8.70)求值。①

```
% Perform eigendecomposition, and sort the eigenvalues
[U,Lam] = eig(C);
lam = diag(lam);
[~,idx_sort] = sort(abs(lam),'descend');
U_sort = U(:,idx_sort);
lam_sort = lam(idx_sort);

% Isolate Noise Subspace
Un = U_sort(:,D+1:end);
proj = Un * Un';

% Generate steering vectors
psi_vec = linspace(psi_min,psi_max,N_test_pts);
P = zeros(size(psi_vec));
for idx_pt = 1:numel(psi_vec)
    vv = v(psi_vec(idx_pt))/sqrt(N);
    Q = vv' * proj * vv;
    P(idx_pt) = 1./abs(Q);
end
```

随附的 MATLAB® 软件包的 array. music 函数中包含该实现。

```
P_music = array.music(x,v,2,psi_max,N_pts);
```

我们在图 8.11 中绘制了估计结果，与之前的模拟相同，但增加了 MUSIC 估计器。MUSIC 的分辨率与 MVDR 束扫描方法相似，但在其他角度提供更稳定的估计，并具有更加一致的－25 dB 噪声电平。

还有许多其他方法，包括 MUSIC 的变体和改进，最小范数算法[35-36]（假设不大可能产生虚假的信源位置，采用单个矢量 $\boldsymbol{U}_{\mathrm{n}}$，而不是整个子空间），以及基于旋转不变技术的信号参数估计(estimating signal parameter via rotational invariance techniques,ESPRIT)算法[37-38]（不需要完全了解导向矢量 $\boldsymbol{v}(\psi)$，因此对阵列扰动具有稳健性）。

MUSIC 和其他基于子空间的算法的主要局限性在于它们仅适用于信源数 $D \leqslant N$。如果 $D > N$，则子空间分解将无法分离信号和噪声子空间。值得注意的

① 如果维数是未知的，则提供的示例实现将使用最小特征值来估计噪声功率，并将盲门限设置为比估计噪声功率高 3 dB。任何低于该门限的特征值都被声明为噪声子空间的一部分。这不是最优解，并且在低 SNR 时失效。有关估计信源数量的替代方法，参阅文献[32]～文献[34]和数量众多的最新论文。

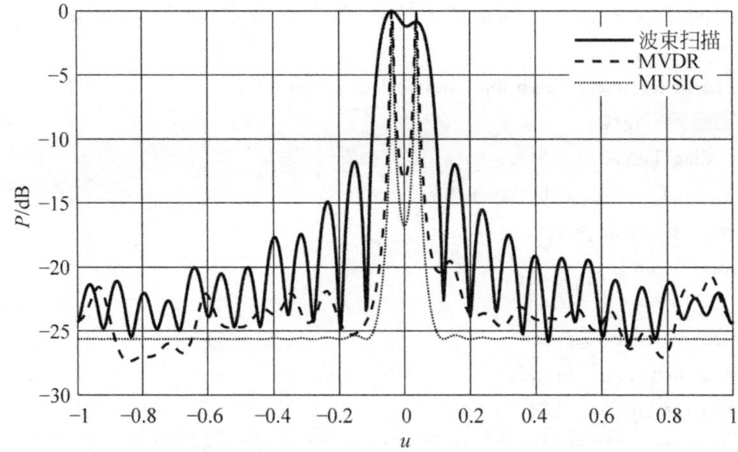

图 8.11 对于紧邻的 $\xi=20$ dB 信源，通过 MUSIC 算法进行 AOA 估计，并与标准波束扫描和 MVDR 波束扫描法对比，显示 MVDR(当 ξ 较大时)的可分离性提升

是，MUSIC 在面对相关信号时也会失效，在多径情况下可能会出现这种情况。

8.4 性能分析

本节将提供 $\hat{\psi}$ 给定 N 维阵列中 M 个快拍的估计性能的 CRLB。回想一下，本书提供了两类信号模型的最大似然估计。在第一种情况下，信号 $\boldsymbol{s}[m]$ 被认为是具有协方差矩阵 $\boldsymbol{C}_s$ 的复高斯随机变量，在第二种情况下，它是确定性(但未知)的复向量。我们简要讨论一下这两种情况下的 CRLB。

8.4.1 高斯信号模型

本书假设的高斯信号模型包括整个阵列的不相关噪声 ($\boldsymbol{n}[m]\sim\mathcal{CN}(0_{N,1},\sigma_n^2\boldsymbol{I}_N)$)，以及描述各个 ($\boldsymbol{n}[m]\sim\mathcal{CN}(0_{N,1},\sigma_n^2\boldsymbol{I}_N)$) 信源相关性和功率的未知信号协方差矩阵 $\boldsymbol{C}_s$。我们将接收到的数据向量 $\boldsymbol{x}[m]$ 的协方差矩阵表示如下：

$$\boldsymbol{C}_x=\boldsymbol{V}\boldsymbol{C}_s\boldsymbol{V}^{\mathrm{H}}+\sigma_n^2\boldsymbol{I}_N \tag{8.72}$$

这种情况下，未知参数向量为

$$\boldsymbol{\vartheta}=[\boldsymbol{\psi}^{\mathrm{T}},\boldsymbol{\mu}^{\mathrm{T}},\sigma_n^2]^{\mathrm{T}} \tag{8.73}$$

其中，向量 $\boldsymbol{\mu}$ 包含 $\boldsymbol{C}_s$ 的所有(实值)元素：

$$\boldsymbol{\mu}\triangleq\mathrm{vec}[\boldsymbol{C}_s] \tag{8.74}$$

该 CRLB 的推导遵循一组已知但复杂的方程式。一般过程遵循第 7 章中的接收机过程，但此处省略了完整推导。关于步骤说明，感兴趣的读者可以参考文献[1]的 8.4.1 节，关于全部详情，可以参考文献[39]。该推导的最终结果是以下界限：

$$\boldsymbol{C}_{\psi}(\boldsymbol{x}) \geqslant \frac{\sigma_{\mathrm{n}}^{2}}{2M}\left[\Re\{\boldsymbol{K} \odot \boldsymbol{H}^{\mathrm{T}}\}\right]^{-1} \tag{8.75}$$

其中，$\boldsymbol{K}$ 和 $\boldsymbol{H}$ 定义为

$$\boldsymbol{K} \triangleq \boldsymbol{C}_{x}\left(\boldsymbol{I}_{D}+\frac{\boldsymbol{V}^{\mathrm{H}}\boldsymbol{V}\boldsymbol{C}_{s}}{\sigma_{\mathrm{n}}^{2}}\right)^{-1}\left(\frac{\boldsymbol{V}^{\mathrm{H}}\boldsymbol{V}\boldsymbol{C}_{s}}{\sigma_{\mathrm{n}}^{2}}\right) \tag{8.76}$$

$$\boldsymbol{H} \triangleq \boldsymbol{D}^{\mathrm{H}}\boldsymbol{P}_{\boldsymbol{V}}^{\perp}\boldsymbol{D} \tag{8.77}$$

$$\boldsymbol{D} \triangleq \dot{\boldsymbol{V}} = \left[\frac{\partial \boldsymbol{v}(\psi_{0})}{\partial \psi_{0}}, \frac{\partial \boldsymbol{v}(\psi_{1})}{\partial \psi_{1}}, \cdots, \frac{\partial \boldsymbol{v}(\psi_{D-1})}{\partial \psi_{D-1}}\right] \tag{8.78}$$

通过方程(8.4)中定义的导向矢量求解，各个梯度定义为

$$\dot{\boldsymbol{v}}(\psi) \triangleq \frac{\partial \boldsymbol{v}(\psi)}{\partial \psi} = \left[0, \mathrm{j}\,\frac{2\pi d}{\lambda}\cos(\psi), \cdots, \mathrm{j}\,\frac{2\pi d}{\lambda}(N-1)\cos(\psi)\right] \odot \boldsymbol{v}(\psi) \tag{8.79}$$

随附的 MATLAB® 软件包中的函数 make_steering_vector 返回 $\dot{\boldsymbol{v}}(\psi)$ 作为可选的第二个输出：

```
[v,v_dot] = array.make_steering_vector(d_lam,N);
```

在某些情况下，即所有信号均分离良好，信源协方差矩阵 $\boldsymbol{C}_s$ 不是奇异的，并且每个信源的信号功率都比噪声大得多，CRLB 接近渐近界限：

$$\widetilde{\boldsymbol{C}}_{\psi}(\boldsymbol{x}) \geqslant \frac{\sigma_{\mathrm{n}}^{2}}{2M}\left[\Re\{\boldsymbol{C}_{s} \odot \boldsymbol{H}^{\mathrm{T}}\}\right]^{-1} \tag{8.80}$$

有时将其称为基于阵列测向的统计 CRLB。相应的实现以 crlb_stochastic 形式包含在随附的 MATLAB® 软件包中，可以与输入信号协方差矩阵 Cs，噪声功率 sigma_n2，真实 AOA 向量 psi_vec，快拍数量 M 以及用于导向矢量 v 和导向矢量梯度及 v_dot 的函数句柄一起调用：

```
crlb = array.crlb_stochastic(Cs,sigma_n2,psi_vec,M,v,v_dot);
```

直观上说，该 CRLB 是有意义的。协方差矩阵 $\boldsymbol{C}_s$ 包含信源信号中的信息(每个信号功率有多强，以及它们彼此之间如何关联)，$\boldsymbol{H}$ 项反映了阵列导向矢量分离这些信号的能力。

8.4.2 确定性信号模型

在确定性信号的情况下，参数向量现在必须扩展为包括所有快拍中 $\boldsymbol{s}[m]$ 的实部和虚部，而不仅仅是协方差矩阵 $\boldsymbol{C}_s$ 的(实值)元素：

$$\boldsymbol{\vartheta}=[\boldsymbol{\psi}^{\mathrm{T}}, \boldsymbol{s}_{\mathrm{R}}^{\mathrm{T}}, \boldsymbol{s}_{\mathrm{I}}^{\mathrm{T}}, \sigma_{\mathrm{n}}^{2}] \tag{8.81}$$

其中，$\boldsymbol{s}_{\mathrm{R}}$ 和 $\boldsymbol{s}_{\mathrm{I}}$ 分别是所有 M 个快拍中 $\boldsymbol{s}[m]$ 的实部和虚部的集合：

$$\boldsymbol{s}_{\mathrm{R}}=\Re\{[\boldsymbol{s}^{\mathrm{T}}[0], \boldsymbol{s}^{\mathrm{T}}[1], \cdots, \boldsymbol{s}^{\mathrm{T}}[M-1]]\} \tag{8.82}$$

$$\boldsymbol{s}_{\mathrm{I}}=\Im\{[\boldsymbol{s}^{\mathrm{T}}[0], \boldsymbol{s}^{\mathrm{T}}[1], \cdots, \boldsymbol{s}^{\mathrm{T}}[M-1]]\} \tag{8.83}$$

同样地，计算过程忽略了该推导的细节，需要注意的是，它遵循与第 8 章中推导相同的一般方法。感兴趣的读者可以在文献[1]的 8.4.4 节中找到分步推导(尽管该参数向量的模型略有不同，因为它将 $\boldsymbol{s}[m]$ 的实部和虚部交叠为单个更长的参数向量)。也可以在文献[40]中找到更简单的形式，其通过线性化来形成块对角线的费歇尔信息矩阵，求逆更简单。

最终结果是，这种情况下的 CRLB(某些情况下称为有条件 CRLB-CCRB，还有一些情况下称为确定性 CRLB)如下：

$$\boldsymbol{C}_{\psi}(\boldsymbol{x}) \geqslant \frac{\sigma_{\mathrm{n}}^{2}}{2M}[\Re\{\boldsymbol{R}_{s} \odot \boldsymbol{H}^{\mathrm{T}}\}]^{-1} \tag{8.84}$$

其中，$\boldsymbol{H}$ 的定义见方程(8.77)，且

$$\boldsymbol{R}_{s}=\frac{1}{M} \sum_{m=0}^{M-1} \boldsymbol{s}[m] \boldsymbol{s}^{\mathrm{H}}[m] \tag{8.85}$$

$\boldsymbol{R}_s$ 是指 $\boldsymbol{s}$ 的样本频谱矩阵。如果我们再次假设信号分离良好，非奇异协方差矩阵和高 SNR，则样本频谱矩阵 $\boldsymbol{R}_s$ 逼近真实频谱矩阵 $\boldsymbol{C}_s$，CRLB 渐近逼近

$$\hat{\boldsymbol{C}}_{\psi}(\boldsymbol{x}) \geqslant \frac{\sigma_{\mathrm{n}}^{2}}{2M}[\Re\{\boldsymbol{C}_{s} \odot \boldsymbol{H}^{\mathrm{T}}\}]^{-1} \tag{8.86}$$

这可以在随附的 MATLAB® 软件包中实现：

```
crlb = array.crlb_det(Cs, sigma_n2, psi_vec, M, v, v_dot);
```

对于方程(8.80)中的高斯信号模型和方程(8.86)中的确定性信号模型，渐近 CRLB 是相同的。因此，如果 SNR 足够高且信源分离良好，则利用哪个信号模型来估计到达方向就无关紧要了。差异在于低 SNR 条件下算法如何表现。

8.4.2.1 SNR 表示法

本书将各个信源信号的 SNR 定义为期望信号功率(每个时间快拍)除以噪声功率，然后将这些 SNR 值置于对角矩阵 Ξ 中。

$$\xi_{k}=\frac{1}{M} \sum_{m=0}^{M-1}|\boldsymbol{s}_{k}[m]|^{2} \tag{8.87}$$

$$\Xi=\operatorname{diag}\{\xi_{0}, \cdots, \xi_{D-1}\} \tag{8.88}$$

如果辐射源不相关，则协方差矩阵 $\boldsymbol{C}_s$ 是对角矩阵，可以利用 Ξ 表示为

$$\boldsymbol{C}_{s}=\sigma_{\mathrm{n}}^{2} \Xi \tag{8.89}$$

我们可以利用 SNR 而不是协方差矩阵重新表示 CRLB：

$$\hat{\boldsymbol{C}}_{\boldsymbol{\psi}}(\boldsymbol{x}) \geqslant \frac{1}{2M}\left[\Re\{\Xi \odot \boldsymbol{H}^{\mathrm{T}}\}\right]^{-1} \tag{8.90}$$

在随附的 CRLB 函数 array. crlb 中使用这种表示形式，通过 SNR、真实 AOA、快拍数量以及函数句柄 $\boldsymbol{v}(\psi)$ 和$\partial \boldsymbol{v}(\psi)/\partial\psi$ 调用该函数。如果这是可用的表示法，则我们可以通过 SNR(线性)和单位噪声功率调用 CRLB 函数：

```
crlb = array.crlb_det(snr_vec_lin,1,psi_vec,M,v,dv);
```

在图 8.12 中对于 5°的单个辐射源和具有 $N=11$ 个阵列单元和 $M=100$ 个时域快拍的阵列，本书绘制了随机性 CRLB 和确定性 CRLB 与 ξ 的函数关系图，还绘制了上述波束扫描和 MUSIC 算法的蒙特卡罗实验结果。可以看出，对于非常低的 SNR，误差大约在 50°处饱和，并且只有在误差降至 1°以下时才接近 CRLB。这与以下事实相符：误差很小时，误差仅近似为高斯，最大可能角度误差为 180°。(对于基于阵列的方法，我们将解限制在其前半球。)还可以注意到，随着 ξ 增大，所获得的仿真结果遵循随机性 CRLB，并且都收敛于确定性 CRLB。

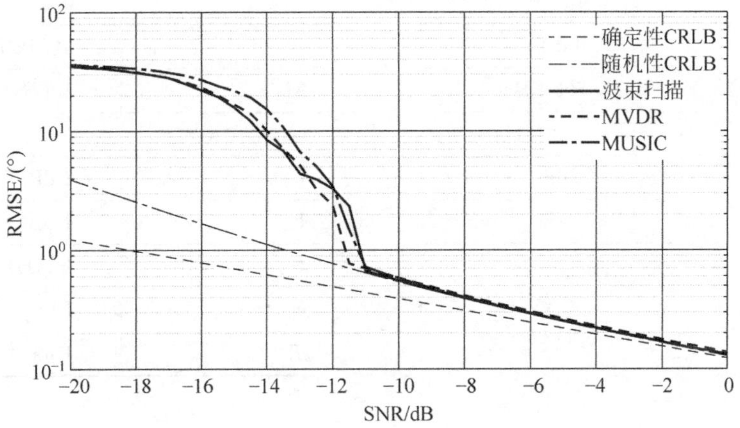

图 8.12　基于统计 CRLB 和确定 CRLB 的 AOA 性能，以及本章中的示例实现与 SNR 的函数关系

8.4.2.2　单辐射源

在单个辐射源的情况下，这变成

$$\hat{C}_{\psi}(\boldsymbol{x}) \geqslant \frac{1}{2M\xi H(\psi)} \tag{8.91}$$

其中，$H(\psi)$是 $\boldsymbol{H}$ 的标量形式，定义为

$$H(\psi) \triangleq \dot{\boldsymbol{v}}(\psi)^{\mathrm{H}}\left(\boldsymbol{I}_N - \frac{\boldsymbol{v}(\psi)\boldsymbol{v}^{\mathrm{H}}(\psi)}{\|\boldsymbol{v}(\psi)\|^2}\right)\dot{\boldsymbol{v}}(\psi) \tag{8.92}$$

通过一些代数运算(并且 $H(\psi)$是严格实数)，可以将 CRLB 简化为

$$\hat{C}_{\psi}(x) \geqslant \frac{1}{2M\xi\left(\dot{v}^{\mathrm{H}}\dot{v} - \frac{\dot{v}^{\mathrm{H}}v\,|^2}{v^{\mathrm{H}}v}\right)} \tag{8.93}$$

该 CRLB 基于多个指向角(增益矢量 $\boldsymbol{g}$ 替换为导向矢量 $\boldsymbol{v}$)类似于方程(7.24)中的比辐法 CRLB。当 $N=2,\alpha=1$ 且 $\sigma_n^2=\sigma_1^2=\sigma_2^2$ 时,进一步简化为与干涉仪情况方程(7.101)相同的 CRLB。这证明,基于阵列的方法仅仅是将双通道干涉仪扩展到 N 个传感器和 D 个信源。相应的化简过程留给读者作为练习。

示例 8.2 机载数据链路测向

给定表 8.2 中的信源参数,对于接近法向($\psi\approx 0$)的信源,当距离为多少时,基于阵列的 AOA 估计的角度精度(以 CRLB 为界限)要好于 0.5°RMSE?

表 8.2 示例 8.2 的参数

(a) 数据链发射机

参数	值
P_t	100 W
G_t	0 dBi
B_s	500 kHz
f_0	950 MHz
L_t	3 dB
h_t	5 km

(b) 接收机

参数	接收机
d/λ	0.5
N	5(阵列阵元)
M	10(样本)
G_r(每个单元)	0 dBi
L_r	2 dB
F_n	4 dB
B_n	1 MHz
h_r	10 m
T	1 μs

我们先采用与第 2 章相同的方法来计算接收功率与距离的函数关系:

```
Pr_dB = 10 * log10(Pt) + Gt - Lt + Gr - Lr - prop.pathLoss(R, ...);
N_dB = 10 * log10(utils.constants.kT * B_n)+F_n;
xi_dB = Pr_dB - N_dB;
xi_lin = 10.^(xi_dB/10);
```

并计算每个距离的 CRLB。这可以通过循环来完成,或者更简单地,通过内置的 arrayfun 命令来完成。

```
C_psi_det = arrayfun(@(x) array.crlb_det(x,1,psi,M,v,v_dot),xi_lin);
C_th_det = (180/pi)^2 * C_psi_det;
```

对统计 CRLB 也重复该过程。将它们与蒙特卡罗实验(出于验证目的)随距离的变化关系绘制在图 8.13 中,该图表明,当目标距离降至约 425 km 以下时,RMSE 可以达到 0.5°的精度。

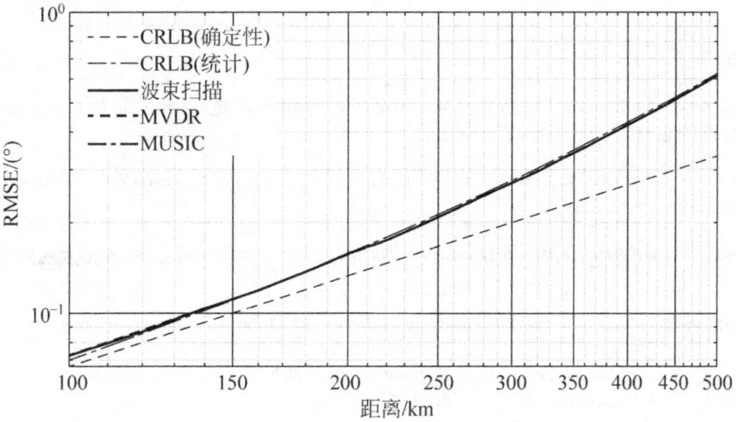

图 8.13 AOA 估计误差与示例 8.2 中间距的函数关系

8.5 问题集

8.1 为一个具有 $N=31$ 个单元且 $d=\lambda/2$ 的阵列构造导向矢量,并为 $d=3\lambda/4$ 的另一个阵列创建导向矢量。绘制阵列因子。

8.2 假设一个具有 $N=11$ 个单元且 $d=\lambda/2$ 的阵列。绘制波束扫描图像,以叠加两个振幅为 $a=[1,0.9]$ 和 AOA $\theta=[10°,13°]$的信号。在 $N=31$ 条件下重复该过程。

8.3 将方差为 $\sigma^2=0.25$ 的噪声添加到问题 8.2 中,然后重新绘制波束扫描图像。

8.4 假设一个具有 $N=30$ 个阵列且 $d=\lambda/2$ 的阵列。如果期望半功率波束宽度在法向处为 $\theta_{bw}=5°$,则在给定表 8.1 中的常用锥度条件下,可达到的最小旁瓣电平是多少?使用 Hann 锥度达到该波束宽度需要多少阵列长度 N?

8.5 样本数据集可由 MATLAB® 读取,位于文件 hw/problem8_5.mat 文件中,该数据集模拟了一组 VHF 频段一键通无线电设备中的 3 个信源。使用波束扫描和 MVDR 波束形成方法处理数据,以确定其中包含的 3 个信号的 AOA。指出哪种方法可以产生更好的结果。

8.6 样本数据集可由 MATLAB® 读取,位于文件 hw/problem8_6.mat 中,该数据集模拟了一组 VHF 一键通无线电设备中的 3 个信源。使用波束扫描,MVDR 波束形成和 MUSIC 方法处理数据,以确定其中包含的 3 个信号的 AOA。指出哪种方法可以产生更好的结果。

8.7 给定表 8.2 中的信源参数($N=11$ 和 $M=1$)，在多少距离时，基于阵列的 AOA 估计对接近法向($\psi\approx 0$)信源的角度精度(以 CRLB 为界限)要优于 0.1°RMSE? 在 $d=\lambda$ 条件下重复该过程(忽略模糊的影响)。指出二者之间的差异。

参考文献

[1] H. L. Van Trees, *Optimum Array Processing: Part IV of Detection, Estimation and Modulation Theory*. Hoboken, NJ: Wiley-Interscience, 2002.

[2] M. A. Richards, J. Scheer, W. A. Holm, and W. L. Melvin, *Principles of Modern Radar*. Edison, NJ: SciTech Publishing, 2010.

[3] R. Mailloux, *Phased Array Antenna Handbook, Third Edition*. Norwood, MA: Artech House, 2017.

[4] M. Skolnik, *Radar Handbook, 3rd Edition*. New York, NY: McGraw-Hill Education, 2008.

[5] R. Willey, "Space tapaering of linear and planar arrays," *IRE Transactions on Antennas and Propagation*, vol. 10, no. 4, pp. 369–377, July 1962.

[6] J. Galejs, "Minimization of sidelobes in space tapered linear arrays," *IEEE Transactions on Antennas and Propagation*, vol. 12, no. 4, pp. 497–498, 1964.

[7] E. N. Gilbert and S. P. Morgan, "Optimum design of directive antenna arrays subject to random variations," *Bell System Technical Journal*, vol. 34, no. 3, pp. 637–663, 1955.

[8] Y. Lo, "A mathematical theory of antenna arrays with randomly spaced elements," *IEEE Transactions on Antennas and Propagation*, vol. 12, no. 3, pp. 257–268, May 1964.

[9] B. D. Steinberg, *Principles of aperture and array system design: Including random and adaptive arrays*. Hoboken, NJ: Wiley-Interscience, 1976.

[10] R. L. Haupt, "Thinned arrays using genetic algorithms," *IEEE Transactions on Antennas and Propagation*, vol. 42, no. 7, pp. 993–999, July 1994.

[11] M. G. Bray, D. H. Werner, D. W. Boeringer, and D. W. Machuga, "Optimization of thinned aperiodic linear phased arrays using genetic algorithms to reduce grating lobes during scanning," *IEEE Transactions on Antennas and Propagation*, vol. 50, no. 12, pp. 1732–1742, Dec 2002.

[12] L. Cen, W. Ser, W. Cen, and Z. L. Yu, "Linear sparse array synthesis via convex optimization," in *Circuits and Systems (ISCAS), Proceedings of 2010 IEEE International Symposium on*. IEEE, 2010, pp. 4233–4236.

[13] G. Oliveri and A. Massa, "Bayesian compressive sampling for pattern synthesis with maximally sparse non-uniform linear arrays," *IEEE Transactions on Antennas and Propagation*, vol. 59, no. 2, pp. 467–481, 2011.

[14] D. L. Donoho, "Compressed sensing," *IEEE Transactions on Information Theory*, vol. 52, no. 4, pp. 1289–1306, April 2006.

[15] L. Carin, D. Liu, and B. Guo, "Coherence, compressive sensing, and random sensor arrays," *IEEE Antennas and Propagation Magazine*, vol. 53, no. 4, pp. 28–39, Aug 2011.

[16] E. Fishler, A. Haimovich, R. Blum, D. Chizhik, L. Cimini, and R. Valenzuela, "Mimo radar: an idea whose time has come," in *Proceedings of the 2004 IEEE Radar Conference (IEEE Cat. No.04CH37509)*, April 2004, pp. 71–78.

[17] J. Kantor and S. K. Davis, "Airborne gmti using mimo techniques," in *2010 IEEE Radar Confer-*

ence, May 2010, pp. 1344–1349.

[18] A. J. Paulraj, D. A. Gore, R. U. Nabar, and H. Bolcskei, "An overview of mimo communications-a key to gigabit wireless," *Proceedings of the IEEE*, vol. 92, no. 2, pp. 198–218, 2004.

[19] B. D. Van Veen and K. M. Buckley, "Beamforming: A versatile approach to spatial filtering," *IEEE assp magazine*, vol. 5, no. 2, pp. 4–24, 1988.

[20] S. A. Schelkunoff, "A mathematical theory of linear arrays," *The Bell System Technical Journal*, vol. 22, no. 1, pp. 80–107, Jan 1943.

[21] T. T. Taylor, "Design of line-source antennas for narrow beamwidth and low side lobes," *Transactions of the IRE Professional Group on Antennas and Propagation*, vol. 3, no. 1, pp. 16–28, Jan 1955.

[22] E. T. Bayliss, "Design of monopulse antenna difference patterns with low sidelobes*," *Bell System Technical Journal*, vol. 47, no. 5, pp. 623–650, 1968.

[23] F. R. Hill and R. L. Pickholtz, "Estimating the number of signals using the eigenvalues of the correlation matrix," in *IEEE Military Communications Conference, 'Bridging the Gap. Interoperability, Survivability, Security'*, Oct 1989, pp. 353–358 vol.2.

[24] P. Stoica and M. Cedervall, "An Eigenvalue-Based Detection Test for Array Signal Processing in Unknown Correlated Noise Fields," *IFAC Proceedings Volumes*, vol. 29, no. 1, pp. 4098–4103, 1996.

[25] P. Stoica and A. Nehorai, "Performance study of conditional and unconditional direction-of-arrival estimation," *IEEE Transactions on Acoustics, Speech, and Signal Processing (ICASSP)*, vol. 38, no. 10, pp. 1783–1795, 1990.

[26] R. Poisel, *Electronic warfare target location methods*. Norwood, MA: Artech House, 2012.

[27] S. Boyd and L. Vandenberghe, *Convex optimization*. Cambridge, UK: Cambridge University Press, 2004.

[28] J. Capon, "High-resolution frequency-wavenumber spectrum analysis," *Proceedings of the IEEE*, vol. 57, no. 8, pp. 1408–1418, 1969.

[29] P. Stoica, "On robust capon beamforming and diagonal loading," *IEEE Transactions on Signal Processing*, vol. 51, no. 7, pp. 1702–1715, July 2003.

[30] R. Schmidt, "Multiple Emitter Location and Signal Parameter Estimation," Ph.D. dissertation, Stanford University, 1981.

[31] ——, "Multiple emitter location and signal parameter estimation," *IEEE transactions on antennas and propagation*, vol. 34, no. 3, pp. 276–280, 1986.

[32] M. Wax and I. Ziskind, "Detection of the number of coherent signals by the mdl principle," *IEEE Transactions on Acoustics, Speech, and Signal Processing*, vol. 37, no. 8, pp. 1190–1196, 1989.

[33] W. Chen, K. M. Wong, and J. P. Reilly, "Detection of the number of signals: A predicted eigen-threshold approach," *IEEE Transactions on Signal Processing*, vol. 39, no. 5, pp. 1088–1098, 1991.

[34] J.-F. Gu, P. Wei, and H.-M. Tai, "Detection of the number of sources at low signal-to-noise ratio," *IET Signal Processing*, vol. 1, no. 1, pp. 2–8, 2007.

[35] S. Reddi, "Multiple source location-a digital approach," *IEEE Transactions on Aerospace and Electronic Systems*, no. 1, pp. 95–105, 1979.

[36] R. Kumaresan and D. W. Tufts, "Estimating the angles of arrival of multiple plane waves," *IEEE Transactions on Aerospace and Electronic Systems*, no. 1, pp. 134–139, 1983.

[37] R. Roy, "ESPRIT: Estimation of Signal Parameters via Rotational Invariance Technique," Ph.D. dissertation, Stanford University, 1987.

[38] R. Roy and T. Kailath, "ESPRIT-estimation of signal parameters via rotational invariance techniques," *IEEE Transactions on Acoustics, Speech, and Signal Processing*, vol. 37, no. 7, 1989.

[39] A. J. Weiss and B. Friedlander, "On the cramer-rao bound for direction finding of correlated signals," *IEEE Transactions on Signal Processing*, vol. 41, no. 1, pp. 495–, January 1993.

[40] P. Stoica and E. G. Larsson, "Comments on "linearization method for finding cramer-rao bounds in signal processing" [with reply]," *IEEE Transactions on Signal Processing*, vol. 49, no. 12, 2001.

第三部分
威胁辐射源定位

第9章

辐射源定位

第二部分讨论了一般估计理论，以及使用测向和阵列处理方法来确定入射信号的角度。在许多情况下，除了从精确知道威胁的位置而来的态势感知之外，对发射信号物理位置的了解还可以允许做出更多响应。一些示例包括提示动态响应、向友军警示威胁的位置以及估计敌方部队部署情况的能力。

本章将简单介绍定位的概念，并描述常见的性能指标。其余章节将介绍几种定位方法。首先，三角测量将测向扩展到多个接收机站点。到达时间差(time difference of arrival，TDOA)和到达频率差(frequency difference of arrival，FDOA)是依靠一组传感器站点处理接收到信号时差或频差的精确定位技术。本书将在第10章、11章和第12章中分别讨论这3种方法。第13章将介绍一种将TDOA和FDOA估计结合起来的混合技术。

9.1 背景

定位是指一个估计信号发射源物理坐标($\boldsymbol{x}$)的过程。本章中的估计位置用$\hat{\boldsymbol{x}}$表示。

信号$p(t)$以速度$\boldsymbol{v}$从未知辐射源位置$\boldsymbol{x}$发射，并以速度$\boldsymbol{v}_i$传播至传感器位置$\boldsymbol{x}_i$，在传感器位置以信号$y_i(t)$形式接收。在一些基本假设(恒定传播速度，无衍射或复杂传播路径)条件下，接收信号可表示如下：

$$s(t)=p(t-\tau_i)\mathrm{e}^{\mathrm{j}2\pi\frac{v_i}{\lambda}} \tag{9.1}$$

$$\tau_i=\frac{\|\boldsymbol{x}-\boldsymbol{x}_i\|}{c} \tag{9.2}$$

$$v_i=(\boldsymbol{v}+\boldsymbol{v}_i)^{\mathrm{T}}\frac{(\boldsymbol{x}-\boldsymbol{x}_i)}{\boldsymbol{x}-\boldsymbol{x}_i} \tag{9.3}$$

其中，τ_i 是 $\boldsymbol{x}$ 和 $\boldsymbol{x}_i$ 之间的时间延迟；v_i 是相对速度在发射机和接收机之间视距上的投影；c 是光速。

采用的所有定位技术不仅会涉及第7章和第8章中AOA技术的扩展，也会涉及此类延迟和多普勒项的估计。

9.2 性能指标

有许多潜在的性能标准可用于分析定位算法或现场辐射源定位系统。通常情况下，性能指标是估计位置和真实位置之间误差的偏差项 $\boldsymbol{b}$ 和协方差矩阵 $\boldsymbol{C}_{\hat{\boldsymbol{x}}}$ 的函数：

$$\boldsymbol{b}=E\{(\hat{\boldsymbol{x}}-\boldsymbol{x})\} \tag{9.4}$$

$$\boldsymbol{C}_{\hat{\boldsymbol{x}}}=E\{(\hat{\boldsymbol{x}}-\boldsymbol{x}-\boldsymbol{b})(\hat{\boldsymbol{x}}-\boldsymbol{x}-\boldsymbol{b})^{\mathrm{T}}\} \tag{9.5}$$

其中，$E\{\cdot\}$ 是预期运算符。对于三维系统，在误差协方差矩阵 $\boldsymbol{C}_{\hat{\boldsymbol{x}}}$ 中有9个条目，包括3个基本维度中各维度内的噪声，以及定义它们如何一起变化的互协方差项。

9.2.1 误差椭圆

位置精度最直接的指标是误差椭圆。对于任何二维系统，可以使用误差椭圆来跟踪有关偏置点的估计值分布。可简单地根据椭圆方程进行计算：

$$\left(\frac{x-b_x}{\sigma_x}\right)^2+\left(\frac{y-b_y}{\sigma_y}\right)^2=\gamma \tag{9.6}$$

其中，b_x 和 b_y 是偏差向量 $\boldsymbol{b}$ 的 x 分量和 y 分量；σ_x 和 σ_y 分别是 $\boldsymbol{C}_{\hat{\boldsymbol{x}}}$ 的 x 方差项和 y 方差项，而 γ 是用于确定椭圆面积的比例参数。γ 的选择控制椭圆内估计值的百分比；从而定义其置信区间。

为了计算 γ，本书定义误差项 $\hat{z}$，它是给定估计值所在椭圆的比例参数。$\hat{z}$ 作为具有两个自由度的卡方随机变量分布[1]。$\hat{z}<\gamma$ 概率是指给定估计值位于具有比例参数 γ 的误差椭圆内的概率：

$$\hat{z}=\left(\frac{\hat{x}-b_x}{\sigma_x}\right)^2+\left(\frac{\hat{y}-b_y}{\sigma_y}\right)^2 \tag{9.7}$$

$$P\{\hat{z}<\gamma\}=1-\mathrm{e}^{-\gamma/2} \tag{9.8}$$

其中，$\hat{x}$ 和 $\hat{y}$ 是估计位置 $\hat{\boldsymbol{x}}$ 的 x 分量和 y 分量。表9.1给出了几个代表值根据方程(9.8)求值的结果。

表9.1 误差椭圆比例因子和置信区间

置信区间/%	比例因子 γ	置信区间/%	比例因子 γ
39.35	1.000	75	2.773
50.00	1.386	90	4.601
63.2	2.000	95	5.991

仅当所使用的二维(此处为 x 和 y)中的误差不相关(这两个维度中的误差的协方差矩阵为对角矩阵)时，方程(9.6)才有意义。如果存在任何相关性，则应将标准偏差 σ_x 和 σ_y 替换为协方差矩阵特征值的平方根$\sqrt{\lambda_1}$和$\sqrt{\lambda_2}$，因为这些特征值定义了误差椭圆的半长轴和半短轴。然后，必须旋转椭圆以与特征向量对齐。变量 x 和 y 应分别替换为虚拟变量 $\tilde{x}_1$ 和 $\tilde{x}_2$。然后，可以通过旋转来计算 x 和 y 值：

$$\alpha = \arctan(v_y / v_x) \tag{9.9}$$

$$x = \cos(\alpha)\tilde{x}_1 - \sin(\alpha)\tilde{x}_2 \tag{9.10}$$

$$y = \sin(\alpha)\tilde{x}_1 + \cos(\alpha)\tilde{x}_2 \tag{9.11}$$

其中，$\boldsymbol{v}$ 是与第一个特征值关联的特征向量，$\boldsymbol{v}_x$ 和 $\boldsymbol{v}_y$ 分别是 $\boldsymbol{v}$ 的 x 分量和 y 分量。图 9.1 描述了这种关系。真实目标位置用“＋”标记，偏置点用“o”标记，$1-\sigma$ 误差椭圆(39.35％置信区间)用实线表示，而 95％置信区间用虚线表示。两个弧线描绘了半长轴椭圆和半短轴椭圆。这种情况下，x 误差和 y 误差之间存在相关性，即用到了协方差矩阵的特征值。

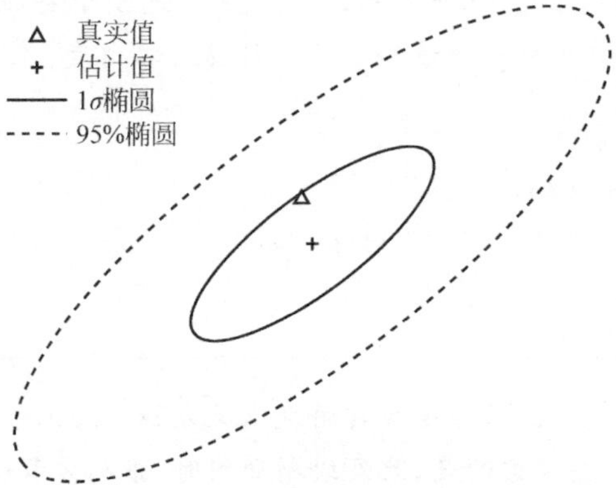

图 9.1　二维误差椭圆示意图

真实位置用△标记，预期估计值用＋标记。$1-\sigma$ 误差椭圆用实线标记，其对应的特征向量通过偏差位置估计值的虚线标记，虚线描绘了 95％置信区间

在三个维度上，误差椭圆被误差椭球代替，因此必须重新编写方程式。通常情况下，三维误差通过其在各种二维平面($x-y$、$y-z$ 和 $x-z$)上的投影表示。

示例 9.1　计算误差椭圆

给定协方差矩阵：

$$\boldsymbol{C} = \begin{bmatrix} \sigma_x^2 & \sigma_{xy} \\ \sigma_{yx} & \sigma_y^2 \end{bmatrix} = \begin{bmatrix} 10 & 3 \\ 3 & 5 \end{bmatrix} \tag{9.12}$$

确定 90％置信区间的误差椭圆方程，假设估计是无偏估计($\boldsymbol{b}=\boldsymbol{0}$)。

第一步确定两个特征矢量及其对应的特征值。可以在文献[2]的第 2 章中找到手动计算方法。为此，在 MATLAB® 中，必须调用 eig 命令。

```
> [V,Lam] = eig(C)
V =
  0.4242      -0.9056
-0.9056       -0.4242
lam =
3.5949       0
0      11.4051
```

这意味着，特征值是 $\lambda_1=3.5949$ 和 $\lambda_2=11.4051$，它们对应的特征向量是 $\boldsymbol{v}_1=[0.4242, -0.9056]$ 和 $\boldsymbol{v}_2=[-0.9056, -0.4242]$。$\lambda_2$ 是主要特征值。

下一步是从表 9.1 中查找适当的比例因子，得出 $\gamma=4.601$，并使用两个特征值和虚拟变量 $\tilde{x}$ 和 $\tilde{y}$ 构造建误差椭圆。

$$4.601=\left(\frac{\tilde{x}_1}{3.3771}\right)^2+\left(\frac{\tilde{x}_2}{1.8960}\right)^2 \tag{9.13}$$

其中，3.3771 是主要特征值的平方根，而 1.8960 是较小特征值的平方根。接下来，我们用主要特征向量的 y 分量和 x 分量计算旋转角度：

```
> v_max = V(:,2);
> lam_max = lam(2,2);
> alpha = atan2(v_max(2),v_max(1))
alpha =
-2.7036
```

假设旋转角度为 154°。最后，通过旋转角度以及方程(9.10)和方程(9.11)，根据 x 和 y 坐标计算椭圆。要注意的是，此处绘制椭圆时，根据方程(9.14)和方程(9.15)确定沿半短轴和半长轴的半径：

$$r_1^2=\gamma\lambda_{\max} \tag{9.14}$$

$$r_2^2=\gamma\lambda_{\min} \tag{9.15}$$

然后，我们取一系列角位置 $\theta\in[0,2\pi]$ 并计算椭圆坐标：

$$\tilde{x}_1=r_1\cos(\theta) \tag{9.16}$$

$$\tilde{x}_2=r_2\sin(\theta) \tag{9.17}$$

在这些坐标中给出椭圆后，我们将通过方程(9.10)和方程(9.11)旋转坐标。在 MATLAB® 中，可以使用以下脚本编写：

```
theta = linspace(0,2 * pi,361);
r1 = sqrt(gamma * lam_max);
r2 = sqrt(gamm * lam_min);
```

```
x1 = r1 * cos(theta);
x2 = r2 * sin(theta);
x = x1 * cos(alpha) +x2 * sin(alpha);
x = -x1 * sin(alpha)+x2 * cos(alpha);
```

参见图 9.2。我们还可以使用附带的实用程序 utils.drawErrorEllipse 绘制椭圆。

```
utils.drawErrorEllipse(x,C,numPts,confInterval);
```

其中,x 是椭圆的中心点(真实位置加偏差),$\boldsymbol{C}$ 是上文定义的协方差矩阵,numPts 是要绘制的点数(通常 100～1000 个就足够了),而 confInterval 是预期置信区间(在 0 和 1 之间)。

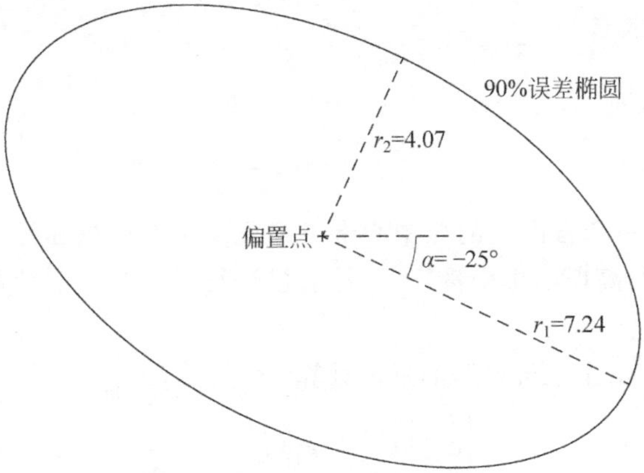

图 9.2　示例 9.1 中的误差椭圆

+是偏置点,实线表示 95%置信区间误差椭圆,虚线分别显示了半长轴 r_1 和半短轴 r_2

9.2.2 CEP

CEP 简单定义为以辐射源位置(而不是偏置位置)为中心的圆半径,以确保给定估计值百分比落在该圆之内。最常用的指标是 CEP_{50}(其中 50%的估计值落在该圆之内)和 CEP_{90}(其中 90%的估计值落在该圆之内)。CEP_{50} 和 50%误差椭圆的关系如图 9.3 所示。CEP 对于武器交付和导引头切换非常有用,因为它定义了目标位置估计值落入特定半径圆窗内的概率,因此对于定位精度而言是一个有意义的指标。

CEP 的定义相当简单,但计算却不简单。有关 CEP 的论文可以追溯到 20 世纪 50 年代[3-4]。CEP 值是圆的半径,该圆以给定的概率包围误差。如果我们定义总误差 $\tilde{z}$ 如下:

$$\tilde{z}=\sqrt{\hat{x}^2+\hat{y}^2} \tag{9.18}$$

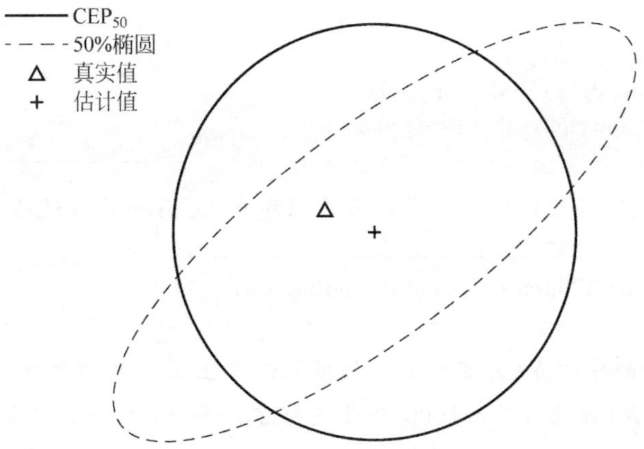

图 9.3 带有真实位置(△),估计位置$\hat{\boldsymbol{x}}_0$(+),CEP(实线)和误差椭圆(虚线)的偏差估计量的CEP计算图示

则 CEP 可以定义为

$$\int_0^{\mathrm{CEP}_\gamma} f_z(\tilde{z})\mathrm{d}\tilde{z} = \frac{\gamma}{100} \tag{9.19}$$

误差项 $\tilde{z}$ 是具有一个自由度的非中心卡方随机变量的加权和的平方根(因为 $\hat{x}$ 和 $\hat{y}$ 都是均值非零的高斯随机变量)[1]。尽管已进行了几个近似计算,但该数量并不是封闭形式的。

对于 CEP_{50},给出了最普遍的近似计算[5-6]:

$$\mathrm{CEP}_{50} = \begin{cases} 0.59(\sigma_s + \sigma_1), & \dfrac{\sigma_s}{\sigma_1} \geqslant 0.5 \\ \sigma_1\left(0.67 + 0.8\dfrac{\sigma_s^2}{\sigma_1^2}\right), & \dfrac{\sigma_s}{\sigma_1} < 0.5 \end{cases} \tag{9.20}$$

其中,σ_s 是两个误差项中的较小者,而 σ_1 是较大者。当误差椭圆的偏心率低(两个误差项近似相等)时,第一个近似值有效,而当一个误差项占主导地位时,第二个近似值有效。该近似值精确到 1%,前提是估计值 $\hat{\boldsymbol{x}}$ 是无偏的,并且误差在 x 和 y 中都是独立的。通过将标准偏差项 σ 替换为误差协方差矩阵 $\boldsymbol{R}$ 特征值的平方根,我们可以按与误差椭圆相同的方式将式(9.20)的取值假设弱化。

就像误差椭圆一样,通常在两个维度上计算 CEP,并且除了此处显示的(x,y)变体之外,还可以针对(x,z)或(y,z)进行计算。但是,由于 CEP 是标量的,因此也可能包括所有 3 个误差项。结果是球概率误差(spherical error probability, SEP)。基于 3 个维度上标准误差偏差的相对值,可以使用许多近似值,其中一些近似值在文献[7]中给出。本书给出了 SEP 的简单近似值,分别为 50% 和 90%[8]:

$$\mathrm{SEP}_{50} \approx 0.51(\sigma_x + \sigma_y + \sigma_z) \tag{9.21}$$

$$\mathrm{SEP}_{90} \approx 0.833(\sigma_x + \sigma_y + \sigma_z) \tag{9.22}$$

这些近似值同样假定 $\hat{x}$ 是无偏的。文献[9]中还报告了其他近似值,这些近似值是通过曲线拟合得出的,并在空间维度之间的较大误差方差比范围内,其精度约为2%。另外,在给定一组误差项的情况下,Mathworks Central File Exchange 上还有一个 MATLAB® 脚本可以对 SEP 进行数学计算[10]。

示例 9.2 计算 CEP

对于与示例 9.1 中定义相同的协方差矩阵,本示例将计算 CEP_{50}。就像示例 9.1 中一样,本示例从计算特征值开始,然后给定 $\lambda_{max}=11.4051$ 和 $\lambda_{min}=3.4959$。为了计算 CEP,本示例接下来取比率的平方根:

$$\sqrt{\frac{\lambda_{min}}{\lambda_{max}}}=\frac{1.8960}{3.3771}=0.56 \tag{9.23}$$

由于该值大于 0.5,因此使用的方程(9.20)为

$$CEP_{50}=0.59(\sqrt{\lambda_{min}}+\sqrt{\lambda_{max}})=3.112 \tag{9.24}$$

对于 CEP(实线)和 50%误差椭圆(虚线),该结果绘制在图 9.4 中。

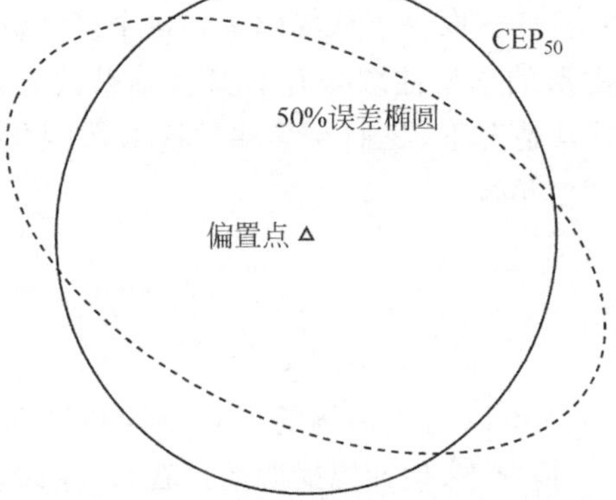

图 9.4 示例 9.2 中协方差矩阵的 CEP 和误差椭圆

三角形表示估计量偏置点,虚线是 50%误差椭圆(供参考),实线是半径为 CEP_{50} 的圆

9.2.3 MATLAB® 代码

随附的 MATLAB® 代码包含计算此处列出的每个性能指标的函数,这些函数包含在函数 utils.draw_errorEllipse、utils.compute_cep50 和 utils.draw_cep50 中。

9.3 CRLB

第 6 章中首次介绍了估计性能统计界限的概念。本节简要讨论其中一些界限在定位估计中的应用。

由于 CRLB 计算了无偏估计 $\hat{\boldsymbol{x}}$ 的误差协方差矩阵 $\boldsymbol{C}_{\hat{\boldsymbol{x}}}$ 的上界，因此它可以用于计算上述指标(如 CEP_{50} 或 RMSE)的相应界限。已有很多研究涉及 CRLB 在定位算法中的应用[11]。

回顾一下第 6 章，CRLB 是协方差矩阵 $\boldsymbol{C}_{\hat{\boldsymbol{x}}}$ 中单元的下界，由费歇尔信息矩阵的导数给出 CRLB。在一般高斯情况下，当输入数据矢量上具有协方差矩阵 $\boldsymbol{C}$ 时，费歇尔信息矩阵如下：

$$\boldsymbol{F}=\boldsymbol{J}\boldsymbol{C}^{-1}\boldsymbol{J}^{\mathrm{T}} \tag{9.25}$$

其中，$\boldsymbol{J}$ 是接收到数据向量的雅可比矩阵，定义为

$$\boldsymbol{J}=\nabla_{\boldsymbol{x}}\boldsymbol{f}(\boldsymbol{x})=[\nabla_{\boldsymbol{x}}f_1(\boldsymbol{x}),\nabla_{\boldsymbol{x}}f_2(\boldsymbol{x}),\cdots,\nabla_{\boldsymbol{x}}f_{L-1}(\boldsymbol{x})] \tag{9.26}$$

其中，$\boldsymbol{f}(\boldsymbol{x})$是在位置 $\boldsymbol{x}$ 处给定辐射源的 L 个接收信号的向量，而$\nabla_x \boldsymbol{f}_1(\boldsymbol{x})$是在该位置的第 1 个接收信号的梯度(对于二维解或三维解，分别为 2×1 或 3×1 数据向量)。

雅可比行列式的结构取决于用于估计辐射源位置的方程式以及相对于传感器的辐射源特定几何形状。测量协方差矩阵 $\boldsymbol{C}$ 不仅是传感器性能和被估计参数的函数，而且还是所实现的信噪比(取决于从辐射源到每个接收机的距离)的函数。

这些矩阵对几何图形的依赖性意味着 CRLB 难以被充分解析，并且必须针对特定情况进行求值。通常情况下，我们在某些关键参数变化时假设几何图形并绘制 CRLB 中的变化来了解情况。

9.4 跟踪仪

以下各章中的定位解均以单快拍解的形式设计和呈现(例如，在给定一组角度、时间或频率测量值的情况下，估计辐射源的位置)。在许多情况下，该过程会反复出现。因此，通常建议使用跟踪仪，参见第 6 章中的简要介绍。

经过精心设计，跟踪仪会考虑先前的测量值和位置估计以及运动模型中的信息，以提高测量精度。跟踪仪的另一个优势是，它们为后续各章中介绍的迭代解提供了简单的初始估计。在每个时间步，都可以使用上一个时间步的解(或针对当前时间步生成的预测值，参见卡尔曼滤波器中的说明)初始化迭代定位解。

尽管这里并未具体讨论跟踪仪，但感兴趣的读者可以参考早期的跟踪相关论文，其中仅包含来自一个或多个传感器的纯方位测量结果[12-13]，以及 TDOA 和 FDOA 测量结果[14]。

9.5 定位算法

第三部分的其余部分结构如下。第 10 章介绍了三边测量的概念，它是将多个测向估计值结合起来以形成位置估计的过程。第 11 章讨论了 TDOA，它有时

也称为双曲线定位技术。第 12 章介绍了类似的技术 FDOA，该技术基于传感器之间的多普勒频移估计(而不是时延)。最后，第 13 章讨论了 TDOA/FDOA 联合技术。

本书中讨论的算法代表了无源定位辐射源的 3 种经典方法，并包括现代技术开发。在许多情况下，算法(如前所述)依赖一组经典假设，如孤立的单个目标，对传感器位置的完全了解以及不相关的噪声。在这些领域中有许多正在进行的研究，包括将经典算法扩展到更普遍问题，如运动传感器[15-16]、传感器位置、其他系统校准错误[17-18]或多个辐射源[19-21]。本书对闭塞定位进行了一些研究，尤其是在室内和城市环境中或穿墙情况下[22-25]。虽然这些辐射源并不是详尽无遗的，但确实反映了该领域最新研究的广度。

9.6 问题集

9.1 使用协方差矩阵(假设无偏估计)求出 90％置信区间的误差椭圆：

$$\boldsymbol{C}=\begin{bmatrix}8 & 4\\4 & 6\end{bmatrix}$$

9.2 使用协方差矩阵(假设无偏估计)求出 50％置信区间的误差椭圆：

$$\boldsymbol{C}=\begin{bmatrix}5 & 0\\0 & 7\end{bmatrix}$$

9.3 使用协方差矩阵(假设无偏估计)求出 95％置信区间的误差椭圆：

$$\boldsymbol{C}=\begin{bmatrix}2 & 2\\2 & 7\end{bmatrix}$$

9.4 计算问题 9.2 中协方差矩阵的 CEP_{50}。

9.5 计算问题 9.3 中协方差矩阵的 CEP_{50}。

9.6 计算问题 9.2 中协方差矩阵的 RMSE。

9.7 计算问题 9.3 中协方差矩阵的 RMSE。

参考文献

[1] M. K. Simon, *Probability distributions involving Gaussian random variables: A handbook for engineers and scientists*. New York, NY: Springer Science & Business Media, 2007.

[2] L. L. Scharf, *Statistical signal processing*. Reading, MA: Addison-Wesley, 1991.

[3] R. L. Elder, "An examination of circular error probable approximation techniques," Air Force Institute of Technology, School of Engineering, Tech. Rep., 1986.

[4] RAND Corporation, "Offset circle probabilities," RAND Corporation, Tech. Rep., 1952.

[5] L. H. Wegner, "On the accuracy analysis of airborne techniques for passively locating electromagnetic emitters," RAND, Tech. Rep., 1971.

[6] W. Nelson, "Use of circular error probability in target detection," MITRE, Tech. Rep., 1988.

[7] R. J. Schulte and D. W. Dickinson, "Four methods of solving for the spherical error probably associated with a three-dimensional normal distribution," Air Force Missile Development Center, Tech. Rep., 1968.

[8] National Research Council, *The global positioning system: A shared national asset.* Washington, D.C.: National Academies Press, 1995.

[9] D. R. Childs, D. M. Coffey, and S. P. Travis, "Error statistics for normal random variables," Naval Underwater Systems Center, Tech. Rep., 1975.

[10] M. Kleder, "Sep - an algorithm for converting covariance to spherical error probable," 2004, *. [Online]. Available: https://www.mathworks.com/matlabcentral/fileexchange/5688-sep-an-algorithm-for-converting-covariance-to-spherical-error-probable.

[11] A. Yeredor and E. Angel, "Joint TDOA and FDOA estimation: A conditional bound and its use for optimally weighted localization," *IEEE Transactions on Signal Processing*, vol. 59, no. 4, pp. 1612–1623, April 2011.

[12] S. Fagerlund, "Target tracking based on bearing only measurements," MIT Laboratory for Information and Decision Systems, Tech. Rep. ADA100758, 1980.

[13] B. La Scala and M. Morelande, "An analysis of the single sensor bearings-only tracking problem," in *2008 11th International Conference on Information Fusion*. IEEE, 2008, pp. 1–6.

[14] D. Mušicki, R. Kaune, and W. Koch, "Mobile emitter geolocation and tracking using TDOA and FDOA measurements," *IEEE transactions on signal processing*, vol. 58, no. 3, pp. 1863–1874, 2010.

[15] K. C. H. and, "An accurate algebraic solution for moving source location using TDOA and FDOA measurements," *IEEE Transactions on Signal Processing*, vol. 52, no. 9, pp. 2453–2463, Sep. 2004.

[16] F. Fletcher, B. Ristic, and Darko Mušicki, "Recursive estimation of emitter location using TDOA measurements from two UAVs," in *2007 10th International Conference on Information Fusion*, July 2007, pp. 1–8.

[17] K. Ho, X. Lu, and L. Kovavisaruch, "Source Localization Using TDOA and FDOA Measurements in the Presence of Receiver Location Errors: Analysis and Solution," *Trans. Sig. Proc.*, vol. 55, no. 2, pp. 684–696, Feb. 2007.

[18] Z. Aliyazicioglu, H. Hwang, M. Grice, and A. Yakovlev, "Sensitivity analysis for direction of arrival estimation using a root-music algorithm." *Engineering Letters*, vol. 16, no. 3, 2008.

[19] C. Blandin, A. Ozerov, and E. Vincent, "Multi-source TDOA estimation in reverberant audio using angular spectra and clustering," *Signal Processing*, vol. 92, no. 8, pp. 1950 – 1960, 2012, latent Variable Analysis and Signal Separation.

[20] J. Scheuing and B. Yang, "Disambiguation of TDOA estimation for multiple sources in reverberant environments," *IEEE Transactions on Audio, Speech, and Language Processing*, vol. 16, no. 8, pp. 1479–1489, Nov 2008.

[21] M. R. Azimi-Sadjadi, A. Pezeshki, and N. Roseveare, "Wideband doa estimation algorithms for multiple moving sources using unattended acoustic sensors," *IEEE Transactions on Aerospace and*

Electronic Systems, vol. 44, no. 4, pp. 1585–1599, 2008.

[22] J. H. DiBiase, H. F. Silverman, and M. S. Brandstein, "Robust localization in reverberant rooms," in *Microphone Arrays*, M. Brandstein and D. Ward, Eds. Berlin: Springer, 2001.

[23] K. Chetty, G. E. Smith, and K. Woodbridge, "Through-the-wall sensing of personnel using passive bistatic wifi radar at standoff distances," *IEEE Transactions on Geoscience and Remote Sensing*, vol. 50, no. 4, pp. 1218–1226, 2012.

[24] K. Witrisal, P. Meissner, E. Leitinger, Y. Shen, C. Gustafson, F. Tufvesson, K. Haneda, D. Dardari, A. F. Molisch, A. Conti, and M. Z. Win, "High-accuracy localization for assisted living: 5g systems will turn multipath channels from foe to friend," *IEEE Signal Processing Magazine*, vol. 33, no. 2, pp. 59–70, March 2016.

[25] A. O'Connor, P. Setlur, and N. Devroye, "Single-sensor rf emitter localization based on multipath exploitation," *IEEE Transactions on Aerospace and Electronic Systems*, vol. 51, no. 3, pp. 1635–1651, July 2015.

第10章

AOA三角测量

10.1 背景

三角测量使用多个方位测量值来确定辐射源的位置。在理想环境中，两个测量值就足以进行定位。① 但是，噪声的存在意味着使用其他方位估计会提高准确性(假设每个方位估计中的误差至少是部分不相关的)。

本章考虑辐射源位置问题的多个解，给定 N 个噪声方位估计 $\hat{\psi}_i, i=0,1,\cdots,N-1$。我们先来看下问题的几何表示，然后讨论几种解，包括问题几何结构的确定性解，最大似然估计以及两个迭代解。可在相关文献中找到多种解，但是本书介绍的解法构成了理解这些结果的基础。

回顾一下第 9 章，本节用 x 表示二维或三维地理坐标，而前文中则用 $\boldsymbol{x}$ 表示样本向量。

有关三角测量的参考资料非常多。文献[1]的第 7 章与文献[2]的 17.3 节一样，对三角测量以及几何对误差的影响做了简要介绍和描述。这些参考资料对三角测量的使用操作很有用。文献[3]的第 2 章给出了有关解和误差性能的详细描述，文献[4]的 7.2 节给出了基于卫星的相关描述，这些内容都适用于理论分析和算法开发。早期的公式可以追溯到 20 世纪 40 年代[5]。

---

① 对于二维定位，一对方位角测量就足够了。对于三维定位，两个测量都必须包括方位角和仰角或旋转角和锥角，如第 8 章中所述。

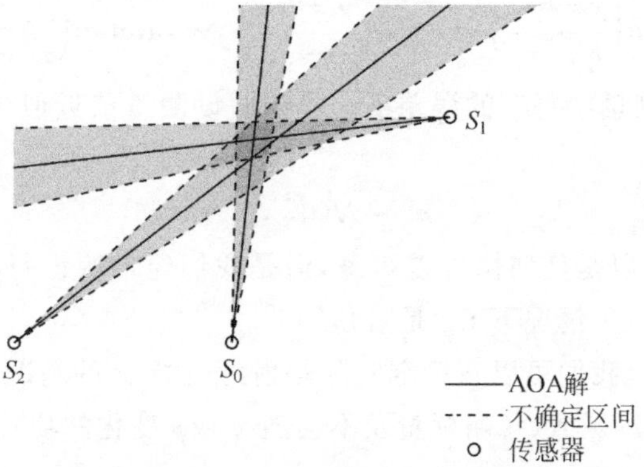

图 10.1　3 个传感器的 AOA 估计值图示

包括不确定区间。3 个或更多传感器的解在同一点相交的概率几乎为零

10.2　公式

考虑图 10.2 中的二维几何图形，其中包含 3 个传感器和一个目标。方位线(相对于$+x$ 方向)给定为 $\psi_i, i=0,1,\cdots,N-1$。在每种情况下，角度目标位置 $\boldsymbol{x}=(x,y)$和传感器 $x_i=(x_i,y_i)$位置相关。

$$\psi_i=\arctan\left(\frac{y-y_i}{x-x_i}\right) \tag{10.1}$$

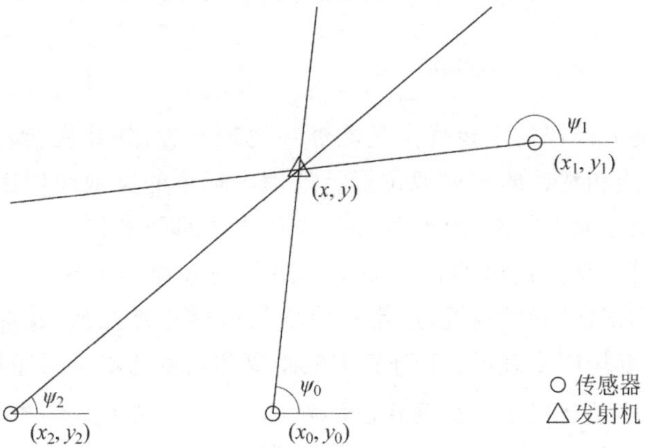

图 10.2　三角测量的几何形状，使用 3 个测向传感器

我们将 N 个可用噪声方位测量结果收集到方程组中：

$$\boldsymbol{\psi}=\boldsymbol{p}(\boldsymbol{x})+\boldsymbol{n} \tag{10.2}$$

其中，AOA 向量 $\boldsymbol{p}$ 定义为

$$\boldsymbol{p}(\boldsymbol{x}) \triangleq \left[\arctan\left(\frac{y-y_0}{x-x_0}\right),\arctan\left(\frac{y-y_1}{x-x_1}\right),\cdots,\arctan\left(\frac{y-y_{N-1}}{x-x_{N-1}}\right)\right] \tag{10.3}$$

$\boldsymbol{n}$ 表示 N 个方位测量中每个的误差项。我们假设测量值近似为高斯，并且是无偏的，因此 $\boldsymbol{n}$ 分布为

$$\boldsymbol{n} \sim \mathcal{N}(0_N, \boldsymbol{C}_\psi) \tag{10.4}$$

一般情况下，$\boldsymbol{C}_\psi$ 可以是任何协方差矩阵，但是我们经常假设每次方位测量中的误差都是不相关的，这种情况下 $\boldsymbol{C}_\psi$ 是对角线。①

在这些假设下，我们可以在给定实际辐射源位置 $\boldsymbol{x}$ 的情况下编写一组方位角测量值 $\boldsymbol{\psi}$ 的对数似然函数（忽略标量及不会随 $\boldsymbol{x}$ 或 $\boldsymbol{\psi}$ 变化的项）。

$$l(\boldsymbol{\psi} \mid \boldsymbol{x}) = -\frac{1}{2}[\boldsymbol{\psi}-\boldsymbol{p}(\boldsymbol{x})]^{\mathrm{H}}\boldsymbol{C}_{\boldsymbol{\psi}}^{-1}[\boldsymbol{\psi}-\boldsymbol{p}(\boldsymbol{x})] \tag{10.5}$$

可以使用随附 MATLAB® 软件包中的函数 triang. loglikelihood 求出对数似然，并可以使用函数 triang. measurement 快速生成无噪声测量值。

下面的解将依赖该对数似然函数（在最大似然情况下）或某些其他代价指标（例如，解与每条估计方位线之间的距离）的优化。

式(10.5)仅限于二维几何(x,y)。可直接扩展到三维几何，尽管可能很复杂，并且有许多可能的约定取决于报告 AOA 的方式，如相对于每个系统的标称瞄准角的锥角和旋转角（如第 8 章所述）。此处公式的最简单扩展是将所有 AOA 测量值表示为一个方位角（相对于某个标称角度，如从北向逆时针或从东向顺时针），以及相对于该几何(x,y)平面的仰角或俯角 φ。因此，高度坐标 z 可以表示为

$$\varphi_i = \arctan\left(\frac{z-z_i}{\sqrt{(x-x_i)^2+(y-y_i)^2}}\right) \tag{10.6}$$

在三个维度上操作的主要优点是能够在地理坐标（如纬度、经度和海拔）中表示传感器、方位线和估计的辐射源位置。地理坐标系的本地使用因其对坐标系在地球上的位置依赖而变得复杂（经度在每个纬度上都不相同），并且距离或方位角的计算也会变得复杂。这里的符号(x,y,z)与地心地固坐标系（Earth-centered, Earth-fixed, ECEF）坐标最接近，这是一种欧几里得三维几何，其原点位于地球中心，所有 3 个维度均以米表示。ECEF 中的距离和角度与本节所述相同。

通常，第一步是从每个传感器获取相对(x,y,z)或(ψ,ϕ)坐标，并将它们转换为相同的 ECEF 参考系。导出解后，可以将其转换为更简单的表达形式，如纬度、经度和海拔（latitude, longitude, altitude, LLA）或东北天（east-north-up, ENU）。感兴趣的读者可以参考文献[4]的 2.3 节或在线文本[6]，以了解不同坐标系及其之间的转换方式。

---

① 回顾第 7 章和第 8 章，如果误差项足够小，则它们近似为高斯，但是当误差项超过几度时，它们会迅速分解。

10.3 求解

本节将介绍几种求逆方程(10.2)的解。前两种方法基于几何原理求解。然后本节将得到最大似然解,并给出两个迭代近似值。

10.3.1 两次测量的几何解

设有两个 AOA 解,则可根据它们的交点求出估计的辐射源位置 $\hat{\boldsymbol{x}}$。可以通过求解以 $y=mx+b$ 形式定义两条直线方程,然后求解两个方程来得出代数解:

$$\begin{bmatrix} y=\dfrac{\sin(\psi_0)}{\cos(\psi_0)}x+\left(y_0-\dfrac{\sin(\psi_0)}{\cos(\psi_0)}x_0\right) \\ y=\dfrac{\sin(\psi_1)}{\cos(\psi_1)}x+\left(y_1-\dfrac{\sin(\psi_1)}{\cos(\psi_1)}x_1\right) \end{bmatrix} \tag{10.7}$$

该解可通过随附的 MATLAB® 代码在 utils.find_intersect 函数下实现。

10.3.2 三次或多次测量的几何解

当提供 3 个或更多个噪声 AOA 估计时,它们实际上不可能相交于一个点,但是每组 3 个 AOA 估计将形成一个三角形。因此,很容易计算给定三角形的一个已知中心,并将该点声明为估计的辐射源位置。图 10.3 绘制了两个著名的三角形中心,即质心(通过从每个顶点到相对的中线绘制一条线,然后求解它们的交点来计算)和内心(通过将 3 个顶点中的每一个平分并求解它们的交点来确定)。

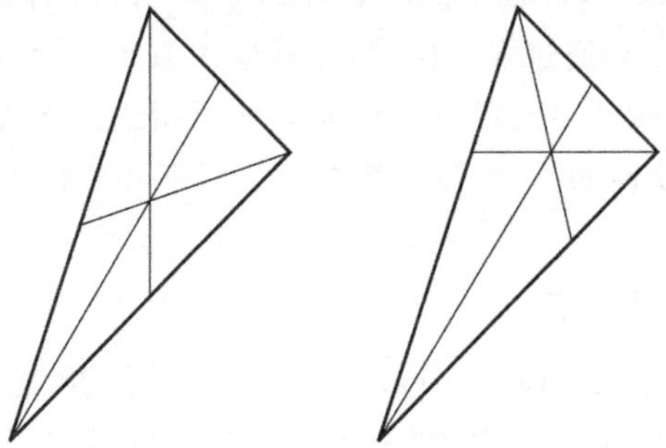

(a) (b)

图 10.3 两个著名的三角形中心图示

(a)质心;(b) 内心

函数 triang.centroid 和 triang.angle_bisector 中的质心和角平分线方法都有对应的 MATLAB® 代码。图 10.4 绘制了一个简单测试的输出,使用了 3 个传感器。

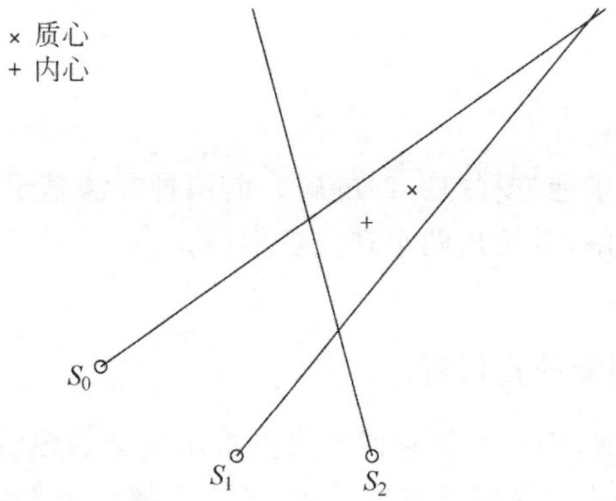

图 10.4　三角测量问题的质心和内心图示，使用了 3 个 AOA 传感器

10.3.3　最大似然估计

为了确定最大似然估计，我们回顾一下 $\boldsymbol{\psi}$ 的对数似然方程：

$$l(\boldsymbol{\psi} \mid \boldsymbol{x}) = -\frac{1}{2}[\boldsymbol{\psi} - \boldsymbol{p}(\boldsymbol{x})]^{\mathrm{T}} \boldsymbol{C}_{\boldsymbol{\psi}}^{-1} [\boldsymbol{\psi} - \boldsymbol{p}(\boldsymbol{x})] \tag{10.8}$$

对目标位置 $\boldsymbol{x}$ 求导数：

$$\nabla_{\boldsymbol{x}} l(\boldsymbol{\psi} \mid \boldsymbol{x}) = \boldsymbol{J}(\boldsymbol{x}) \boldsymbol{C}_{\psi}^{-1} [\boldsymbol{\psi} - \boldsymbol{p}(\boldsymbol{x})] \tag{10.9}$$

其中，$\boldsymbol{J}(\boldsymbol{x})$是方程 $\boldsymbol{p}(\boldsymbol{x})$的雅可比矩阵，如下①所示：

$$\boldsymbol{J}(\boldsymbol{x}) \triangleq [\nabla_{\boldsymbol{x}} p_0(\boldsymbol{x}),\quad \nabla_{\boldsymbol{x}} p_1(\boldsymbol{x}),\quad \cdots,\quad \nabla_{\boldsymbol{x}} p_{N-1}(\boldsymbol{x})] \tag{10.10}$$

$$\nabla_{\boldsymbol{x}} p_i(\boldsymbol{x}) = \frac{1}{\| \boldsymbol{x} - \boldsymbol{x}_i \|^2} [-(\boldsymbol{y} - \boldsymbol{y}_i),\quad \boldsymbol{x} - \boldsymbol{x}_i]^{\mathrm{T}} \tag{10.11}$$

可通过随附 MATLAB® 软件包中的函数 triang. jacobian 直接调用雅可比行列式，并可使用 triang. mlSoln(通过强力搜索)估算最大似然估计值。

回想一下，将$\nabla_{\mathrm{x}} \ell(\boldsymbol{\psi} \mid \boldsymbol{x})$设置为 0 并求解 $\boldsymbol{x}$ 可得出最大似然估计值。然而，由于 $\boldsymbol{J}(\boldsymbol{x})$在 $\boldsymbol{x}$ 中不是线性的，因此没有解析解。以下各节将讨论两个迭代解。

10.3.4　迭代最小二乘

最简单的求解方法见方程(10.8)，假定一个估计位置，然后使用泰勒级数近似对其进行更新。如果估计位置足够接近真实位置，则问题是局凸，并且迭代解最终将收敛到真实位置[7]。由于需要线性解，因此将使用向量形式的位置估计值 $\boldsymbol{x}$ 的一阶泰勒级数近似。对于函数 $f(\boldsymbol{x})$，可写为

$$f(\boldsymbol{x} + \Delta \boldsymbol{x}) \approx f(\boldsymbol{x}) + \Delta \boldsymbol{x}^{\mathrm{T}}\ \nabla_{\boldsymbol{x}} f(\boldsymbol{x}) \tag{10.12}$$

---

① 梯度解依赖$\partial \arctan(\boldsymbol{x}) / \partial \boldsymbol{x} = 1/(1+\boldsymbol{x}^2)$。

将此近似值应用于 AOA 向量 $\boldsymbol{p}(\boldsymbol{x})$，其梯度存储在雅可比矩阵 $\boldsymbol{J}(\boldsymbol{x})$ 中。利用这一点，我们可以将某个位置估计值 $\boldsymbol{x}^{(i)}$ 表示为近似方程(10.3)的线性近似值，并将偏移量 $\Delta\boldsymbol{x}^{(i)}$ 定义为 $\boldsymbol{x}$ 与当前估计值 $\boldsymbol{x}^{(i)}$ 之差。

$$\Delta\boldsymbol{x}^{(i)}=\boldsymbol{x}-\boldsymbol{x}^{(i)} \tag{10.13}$$

$$\boldsymbol{p}(\boldsymbol{x}^{(i)}+\Delta\boldsymbol{x}^{(i)})=\boldsymbol{p}(\boldsymbol{x}^{(i)})+\boldsymbol{J}^{\mathrm{T}}(\boldsymbol{x}^{(i)})\Delta\boldsymbol{x}^{(i)} \tag{10.14}$$

记测量偏移矢量定义为从点 $\boldsymbol{x}^{(i)}$ 开始的预期 AOA 向量与(噪声)测量 AOA 向量 $\boldsymbol{\psi}$ 之间的差：

$$\boldsymbol{y}(\boldsymbol{x}^{(i)})=\boldsymbol{\psi}-\boldsymbol{p}(\boldsymbol{x}^{(i)}+\Delta\boldsymbol{x}^{(i)}) \tag{10.15}$$

则有线性方程：

$$\boldsymbol{y}(\boldsymbol{x}^{(i)})=\boldsymbol{J}^{\mathrm{T}}(\boldsymbol{x}^{(i)})\Delta\boldsymbol{x}^{(i)}+\boldsymbol{n} \tag{10.16}$$

其中，$\boldsymbol{n}$ 是方程(10.2)中相同角度测量噪声向量。这种情况下，$\boldsymbol{y}(\boldsymbol{x}^{(i)})$ 表示从当前位置估计值预测的 AOA 测量值与实际观察到的值之间的残差。对该线性方程式求解将得出当前估计值与辐射源真实位置之间的偏移量 $\Delta\boldsymbol{x}$ 的估计值。

在求逆方程(10.16)之前，我们先对误差项 $\boldsymbol{n}$ 进行白化，①这是通过将 $\boldsymbol{y}(\boldsymbol{x}^{(i)})$ 与 $\boldsymbol{C}_{\boldsymbol{\psi}}^{-1/2}$ 左乘来完成的，其中 $\boldsymbol{C}_{\boldsymbol{\psi}}^{-1/2}$ 满足

$$\boldsymbol{C}_{\boldsymbol{\psi}}^{-1/2}\boldsymbol{C}_{\boldsymbol{\psi}}\boldsymbol{C}_{\boldsymbol{\psi}}^{-1/2}=\boldsymbol{I}_N \tag{10.17}$$

得出白化残差

$$\tilde{\boldsymbol{y}}(\boldsymbol{x}^{(i)})=\boldsymbol{C}_{\boldsymbol{\psi}}^{-1/2}\ [\boldsymbol{\psi}-\boldsymbol{p}(\boldsymbol{x}^{(i)})] \tag{10.18}$$

$$=\boldsymbol{C}_{\boldsymbol{\psi}}^{-1/2}\boldsymbol{J}^{\mathrm{T}}(\boldsymbol{x}^{(i)})\Delta_{\boldsymbol{x}}^{(i)}+\tilde{\boldsymbol{n}} \tag{10.19}$$

为了求解，我们采用著名的最小二乘解[7]：

$$\Delta\boldsymbol{x}^{(i)}=[\boldsymbol{J}(\boldsymbol{x}^{(i)})\boldsymbol{C}_{\boldsymbol{\psi}}^{-1}\boldsymbol{J}^{\mathrm{T}}(\boldsymbol{x}^{(i)})]^{-1}\boldsymbol{J}(\boldsymbol{x}^{(i)})\boldsymbol{C}_{\boldsymbol{\psi}}^{-1}\boldsymbol{y}(\boldsymbol{x}^{(i)}) \tag{10.20}$$

这个结果由 Torrieri 提出用于 AOA 三角测量[8-9]，相比雅可比矩阵 $\boldsymbol{J}$ 略有变化。

为了保证该解被充分定义，雅可比矩阵 $\boldsymbol{J}$ 的列数不得超过行数。换句话说，AOA 测量次数必须大于或等于空间维度数量(在这种情况下为 2)。

方程(10.20)中的最小二乘解无法保证是最优的，只是在($\boldsymbol{x}^{(i)}$)非常接近问题确实在局凸的真实位置的假设下才比初始估计值($\boldsymbol{x}^{(i)}$)更接近。为了得出准确的解，必须以迭代方式重复该过程。该算法的实施包含在随附的 MATLAB® 代码的 triang. lsSoln 函数下。

该方法的主要局限性是需要重复计算以达到收敛，并且需要足够准确的初始位置估计。非常重要的一点是，必须理解“足够准确”的定义是错误的，因此很难保证用来播种此方法的初始位置估计值满足局凸要求。

---

① 使噪声项白化是信号处理(尤其是检测和估计理论)中的一种常见技术，因为它是在存在相关噪声或非均匀噪声的情况下最大化 SNR 的解。这种情况下，它被用来折算具有更大误差方差的角度估计的误差，并强调具有更小方差的角度估计的误差。

此外，该技术还存在稳健性问题，即估算值可能与实际辐射源位置大相径庭。因此有必要进行约束和其他优化以提高准确性。

10.3.5 梯度下降

梯度下降算法计算每个步骤中最陡峭的梯度方向，并由此确定调整估计解的方向。它们是凸应用的简单公式，并提供比迭代最小二乘更快的收敛性[7]。

一般下降解通过方程(10.21)更新 $\boldsymbol{x}$：

$$\boldsymbol{x}^{(i+1)} = \boldsymbol{x}^{(i)} + t\Delta\boldsymbol{x}^{(i)} \tag{10.21}$$

其中，t 是适当选择的步长；$\Delta\boldsymbol{x}^{(i)}$ 是下降方向。在梯度下降算法中，对于某些目标函数 $f(\boldsymbol{x})$，将下降方向选择为梯度的负方向($\Delta\boldsymbol{x}^{(i)} = -\nabla_x f(\boldsymbol{x}^{(i)})$)。将目标函数 $f(\boldsymbol{x})$最小化为方程(10.18)中白化残差$\tilde{\boldsymbol{y}}(\boldsymbol{x})$的范数：

$$f(\boldsymbol{x}) = \|\tilde{\boldsymbol{y}}(\boldsymbol{x})\|_2^2 = [\boldsymbol{\psi} - \boldsymbol{p}(\boldsymbol{x})]^{\mathrm{T}}\boldsymbol{C}_{\boldsymbol{\psi}}^{-1}[\boldsymbol{\psi} - \boldsymbol{p}(\boldsymbol{x})] \tag{10.22}$$

这等同于对数似然函数 $l(\boldsymbol{\psi}|\boldsymbol{x})$的负数。因此，得出梯度如下：

$$\nabla_x f(\boldsymbol{x}) = -\nabla_x l(\boldsymbol{\psi} \mid \boldsymbol{x}) = -\boldsymbol{J}(\boldsymbol{x})\boldsymbol{C}_{\boldsymbol{\psi}}^{-1}[\boldsymbol{\psi} - \boldsymbol{p}(\boldsymbol{x})] \tag{10.23}$$

可以从文献[7]中讨论的几种方法中选择步长。精确线搜索涉及梯度下降算法每次迭代内的优化，其中步长 t 选择为沿梯度 $\Delta\boldsymbol{x}$(使目标函数 $f(\boldsymbol{x})$最小化)的点：

$$t = \underset{s\geqslant 0}{\operatorname{argmin}} f(\boldsymbol{x} + s\Delta\boldsymbol{x}) \tag{10.24}$$

在 MATLAB® 软件包中的 triang.gdSoln 函数下，提供了三角测量梯度下降解的代码，该代码依赖一种称为回溯线搜索的线搜索变体。

函数 triang.gdSoln 包含参数 α 和 β，用于梯度下降更新步骤中的回溯线搜索。①

所提供的梯度下降算法进行了一项修改，以提高数值稳定性。下降方向定义如下单位范数：

$$\Delta\boldsymbol{x} = -\frac{\nabla_x f(\boldsymbol{x})}{|\nabla_x f(\boldsymbol{x})|} \tag{10.25}$$

可通过提供的实用程序直接进入回溯线搜索：

```
> t = utils.backtrackingLineSearch(f, x_prev, grad, delta_x, alpha, beta);
```

其中，f 是最小化目标函数的函数句柄；x_prev 是起始位置；grad 是在 x_prev 处求值的梯度；delta_x 是预期行进方向。α 和 β 是上述线搜索的系数。②

---

① 根据文献[7]，α 有效值为 0.01～0.3，而 β 有效值为 0.5～0.8。

② 在随附的 MATLAB® 代码中，我们修改了文献[7]中的回溯线搜索，以确保线搜索的起始条件足够大。

梯度下降算法的最重要特征可能是更新方程(10.21)不包含必须在每次迭代中都更新的矩阵求逆,①因此计算速度比迭代最小二乘解(见方程(10.20))要快得多。

梯度下降法的主要缺点仍然是需要适当准确的初始估计值,以便可以假设目标函数的凸性。

示例 10.1 AOA 三角测量

假设 3 个测向接收机,它们以 30 km 的距离隔开,且一个辐射源位于 45 km 下降距离,位于两个接收机之间的中间位置。假定 AOA 测量值是独立的并且具有 5°的标准偏差($\sigma_\psi=5°\pi/180\approx 87$ mrad),请分别使用上述 4 种技术确定估计的辐射源位置。②

使用蒙特卡罗试验来计算每种技术的预期均方根误差,哪个方法最快逼近 CRLB?

首先,我们确定辐射源和传感器的位置,并生成 AOA 向量$\boldsymbol{\psi}$的 1000 个随机样本。

```
x_source = [15;45] * 1e3;                        % source position
x_sensor = [-30, 0, 30; 0, 0, 0] * 1e3;          % sensor positions
C_psi = (5 * pi/180)^2 * eye(3);                 % covariance matrix
num_MC = 1000;
p = triang.measurement(x_sensor, x_source);
psi = p + C_psi.^(1/2) * randn(3,num_MC);        % noisy measurements
```

接下来,我们逐步完成每个蒙特卡罗试验,并分别使用 4 种方法通过噪声测量来计算三角测量解。然后我们存储实际错误并计算 RMSE。

```
for ii=1:num_MC
    this_psi = psi(:,ii);

    % Compute solutions using each of the four methods
    x_ls = triang.lsSoln(x0,psi(:,ii),C_psi,x_init);
    x_grad = triang.gdSoln(x0,psi(:,ii),C_psi,x_init);
    x_ctr = triang.centroid(x,psi(:,ii));
    x_inc = triang.angle_bisector(x,psi(:,ii));

    % Compute error for each solution
    err_ls(:,ii) = x_src - x_ls;
```

① 迭代过程之前,可计算一次导数 $\boldsymbol{C}_{\boldsymbol{\phi}}^{-1}$ 。

② 1 mrad 表示 1 毫弧度或 0.001 弧度,大约等于度的 1/20。

```
        err_grad(:,ii) = x_src - x_grad;
        err_ctr(:,ii) = x_src - x_ctr;
        err_inc(:,ii) = x_src - x_inc;
    end
```

然后，我们计算协方差矩阵，并使用 utils.computeCEP50 计算每个解的 CEP50。

图 10.5(a)绘制了该示例的几何图形，三传感器的 AOA 估计值中每一个的 1-σ

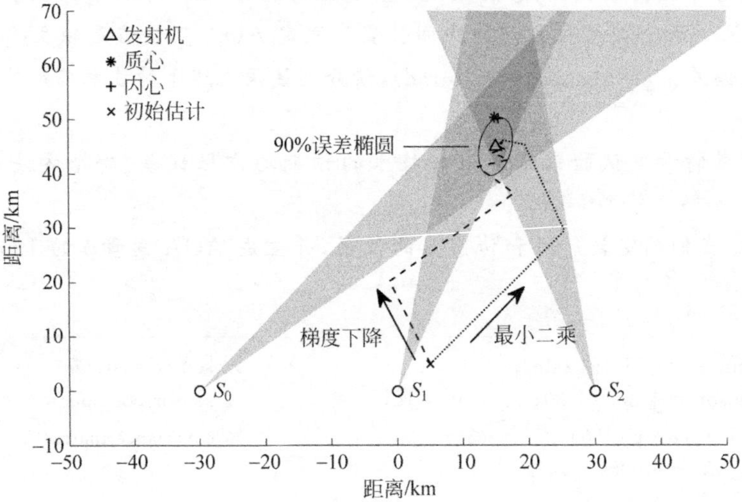

(a)

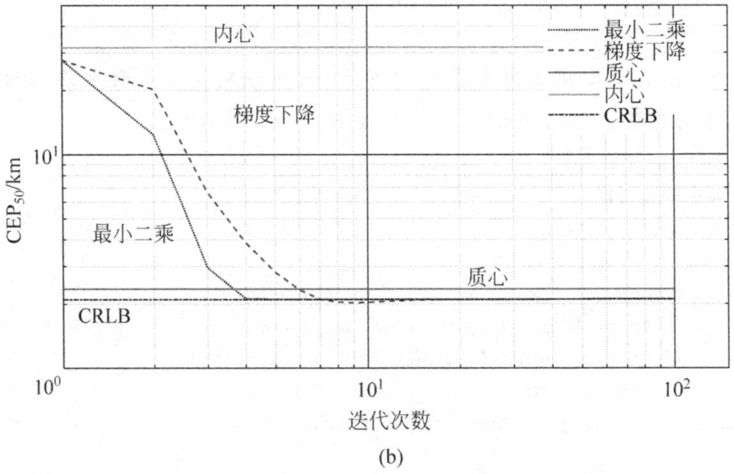

(b)

图 10.5 误差与示例 10.1 中迭代次数的函数关系

(a) 设置 3 个 AOA 传感器，其噪声估计以及几何解和迭代解。还绘制了 90%误差椭圆(基于 CRLB)和真实辐射源位置，以供参考；(b) 针对 CRLB 的 CEP$_{50}$，绘制了 1000 个蒙特卡罗试验的内心、质心、最小二乘和梯度下降的 CEP$_{50}$。

内心和质心是非迭代的，因此它们的误差是恒定的。对于最小二乘解和梯度下降解，我们实际上绘制 CEP$_{50}$ 加上偏差的平方，因为早期迭代围绕种子位置 $\boldsymbol{x}^{(0)}$ 紧密聚集。

置信区间，以及以真实位置为中心的预期 90%误差椭圆(基于在 10.4 节中导出的 CRLB)。此外，我们对一次蒙特卡罗试验绘制了估计解的示例。对于迭代解，将前 100 个步骤绘制为虚线，指示估计随着算法迭代的变化。

图 10.5(b)绘制了针对每种所讨论的方法在 1000 项蒙特卡罗试验中计算出的 CEP_{50} 以及 CRLB。对于该示例，质心解远远超过了内心解，但比迭代方法稍差，对迭代最小二乘解仅进行了 4 次迭代，对梯度下降进行了 40 次迭代，这两种迭代都非常接近实现 CRLB。在这两种迭代方法之间，最小二乘算法开始更快地逼近并且更加精确。梯度下降算法的 CEP_{50} 下降是几何图形的假象，并且它在到达收敛点的途中经过了真解。

10.4 其他解法

除了此处介绍的解法之外，还有许多可利用的解法，包括基于最小化每个 LOB 与估计辐射源位置之间距离的方法，基于辐射源占据各种坐标概率的网格计算的解，以及用于迭代解的其他技术(包括其他公式和替代的数值算法)。有关三角测量算法的详情，可参阅文献[3]的第 2 章，有关数值技术的讨论，可参阅文献[7]。

10.5 性能分析

为了分析性能，我们再来关注 CRLB。我们从方程(6.53)的费歇尔信息矩阵开始，并注意到协方差矩阵 $\boldsymbol{C}_{\boldsymbol{\psi}}$ 被假定为与目标位置 $\boldsymbol{x}$ 无关，因此可忽略第一项。

$$\boldsymbol{F}_{\boldsymbol{x}}(\boldsymbol{\psi}) = \boldsymbol{J}(\boldsymbol{x})\boldsymbol{C}_{\boldsymbol{\psi}}^{-1}\boldsymbol{J}^{\mathrm{T}}(\boldsymbol{x}) \tag{10.26}$$

其中，方程(10.10)中给出了雅可比行列式 $\boldsymbol{J}(\boldsymbol{x})$，CRLB 指明误差协方差的下界为 $\boldsymbol{F}_{\boldsymbol{x}}(\boldsymbol{\psi})$的倒数：

$$\boldsymbol{C}_{\boldsymbol{x}} \geqslant [\boldsymbol{J}(\boldsymbol{x})\boldsymbol{C}_{\boldsymbol{\psi}}^{-1}\boldsymbol{J}^{\mathrm{T}}(\boldsymbol{x})]^{-1} \tag{10.27}$$

示例 10.2 双传感器测向系统的性能

假设一个基线为 20 km 的双传感器测向系统，以及具有 2.5°标准偏差的角度测量，它们代表了第 7 章中讨论的许多传统测向系统。最大横向距离偏移量 $\boldsymbol{x}$ 是多少才能使位于 $y=100$ km 下降距离处的辐射源 $CEP_{50} \leqslant 2.5$ km。为此，我们在下降距离为 100 km 的一系列点上计算 CRLB。首先，我们定义传感器和辐射源位置。

```
x0 = [-10, 10; 0, 0];                      % Define sensor positions [km]
x_src = [-100:100; 100 * ones(1,201)];     % Define source positions [km]
```

下一步是定义传感器误差并调用 CRLB。最后，对于每个 CRLB 估计值，使用第 9 章中定义的实用程序来计算 CEP_{50}。

```
sigma_psi = 2.5 * pi/180;                    % 2.5 degrees standard deviation
C_psi = sigma_psi^2 * eye(2);                % Error covariance matrix

% Compute the CRLB [m^2] and CEP50 [m]
CRLB = triang.crlb(x0 * 1e3,x_src * 1e3,C_psi);
CEP50 = reshape(utils.computeCEP50(CRLB),size(x_src));
```

此时，我们只需搜索计算出的 CEP_{50} 值，找到所有与预期性能(小于 25 km)相匹配的值，然后计算最大离轴辐射源位置。

```
good_points = CEP50 <= 25e3;                          % binary mask
max_cross_range = max(abs(x_src(1,good_points)));
```

该计算得出的值为 35 km。如果下降距离位置为 100 km，则任何横向距离位置小于 35 km 的辐射源都将达到预期性能(CEP_{50} <25 km)。为了便于说明，我们在图 10.6 中的等高线处绘制了这些点和其他下降距离位置(−100～100 km)的 CEP_{50}。如图 10.6 所示，25 km 等高线(以及其他等高线)的形状随下降距离位置出现很大变化。在指定的 100 km 距离，它会随着下降距离的减小而扩展，当下降距离位置大约为 50 km 时，最大横向距离将达到近 70 km。但是对于小于 50 km

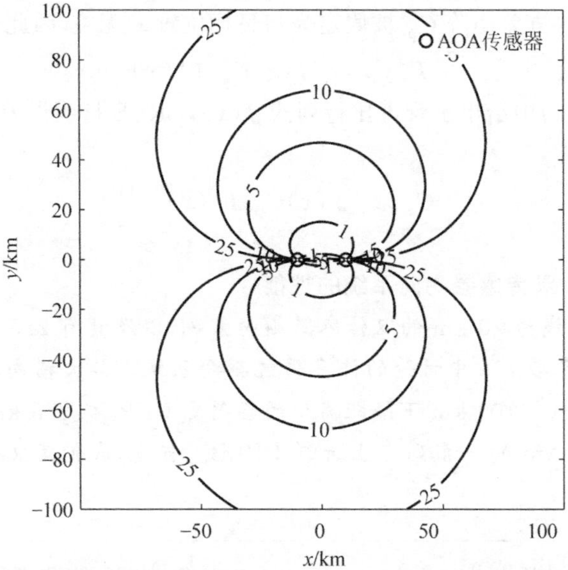

图 10.6　基于双传感器测向三角测量系统(参见示例 10.2)的 CRLB 的 CEP_{50}

的距离,它会迅速崩塌。其原因是,横向距离比下降距离大得多的所有辐射源位置都具有来自两个辐射源的非常相似的AOA估计值。这导致了一种几何结构,其中两个估计值几乎没有关于目标距离的信息。这种效应称为几何精度因子[3,8]。

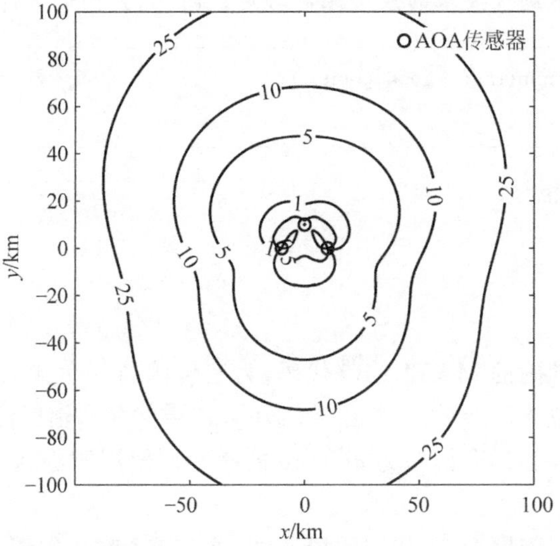

图 10.7 基于三传感器测向三角测量系统(参见示例 10.3)的 CRLB 的 CEP_{50}

示例 10.3 多基线 AOA 性能

重复示例 10.2 中的分析,但是在这种情况下,请考虑第 3 个测向站距离下界 10 km,并且位于两个现有传感器之间的中间位置。这种情况下,无论方向如何,辐射源必须距离测向系统的原点多大距离才能支持 $CEP_{50} \leqslant 25$ km?

我们先看一下上文中的相同方法,定义传感器位置以及一组可能的辐射源位置。这种情况下,我们将两个维度上的 500 m 间距用于潜在的辐射源位置,并针对每个点计算 CRLB 和 CEP_{50}。

```
x0 = [-10, 10; 0, 0];                   % Sensor positions [km]
src_vec = -100:.5:100;                  % Source position sweep [km]
[X_src,Y_src] = ndgrid(src_vec);        % Interleave sweep for x and y dims
x_src = [X_src(:),Y_src(:)]';           % Source positions [km]

% Compute CRLB [m^2] and CEP50 [m]
CRLB = triang.CRLB(xs * 1e3,x_src * 1e3,C_psi);
CEP50 = utils.computeCEP50(CRLB);
```

再次找到满足条件的所有点的掩模,并计算从原点到每个测试点的距离。

```
good_points = CEP50 <= 25e3;                    % binary mask
rng = sqrt(sum(abs(x_src).^2,1));               % range from origin
```

最后，我们注意到，所需的答案($CEP_{50} \leqslant 25$ km 的最大距离，无论 AOA 如何)由至少一个角度不满足要求的最小距离给定。因此，我们如下计算：

```
max_range = min(rng(~good_points));                    % max range when mask
is false
```

得出答案 80.6 km。

10.6 问题集

10.1 使用随附的 MATLAB® 代码，为三传感器三角测量系统生成测量值，该系统的接收机位于 $x_0=[3,5]$，$x_1=[2,6]$，$x_2=[0,0]$，辐射源位于 $x_s=[4,7]$。向每个测量结果添加标准偏差为 $\sigma_\psi=40$ 的噪声。使用质心和平分线方法生成目标位置的估计值。

10.2 针对与问题 10.1 相同的场景，生成 100 个唯一的随机测量值。在每个方法上运行质心和平分线方法，并针对每种方法计算 RMSE。

10.3 对于与问题 10.2 相同的一组 100 次随机测量，使用随附 MATLAB® 中的函数 triang.mlSoln，通过原点[0,0]和点[10,10]之间的强力搜索计算最大似然估计值，预期网格间距为 0.2。计算 CEP_{50}。

10.4 针对问题 10.1 中的测量系统计算 CRLB。

10.5 对于与上文相同的测量系统，计算迭代最小二乘和梯度下降估计值，最多进行 10 000 次迭代。绘制每次迭代中间估计值的完整集合，并覆盖真实目标位置以及从 CRLB 得出的 90%误差椭圆。

10.6 考虑一个具有 10 km 基线的双传感器测向系统，以及具有 1.5°标准偏差的角度测量。最大横向距离偏移量 x 是多少才能使位于 $y=25$ km 下降距离处的辐射源 $CEP_{50} \leqslant 10$ km。

10.7 当误差测量的标准偏差为 2.5°时，重复问题 10.6。

参考文献

[1] D. Adamy, *EW 103: Tactical battlefield communications electronic warfare*. Norwood, MA: Artech House, 2008.

[2] A. Graham, *Communications, Radar and Electronic Warfare*. Hoboken, NJ: John Wiley & Sons, 2011.

[3] R. Poisel, *Electronic warfare target location methods*. Norwood, MA: Artech House, 2012.

[4] F. Guo, Y. Fan, Y. Zhou, C. Xhou, and Q. Li, *Space electronic reconnaissance: localization theories and methods*. Hoboken, NJ: John Wiley & Sons, 2014.

[5] R. Stansfield, "Statistical theory of df fixing," *Journal of the Institution of Electrical Engineers-Part IIIA: Radiocommunication*, vol. 94, no. 15, pp. 762–770, 1947.

[6] M. Gimond. Intro to GIS and Spatial Analysis. [Online]. Available: https://mgimond.githaub.io/Spatial/index.html.

[7] S. Boyd and L. Vandenberghe, *Convex optimization*. Cambridge, UK: Cambridge University Press, 2004.

[8] D. J. Torrieri, "Statistical theory of passive location systems," *IEEE Transactions on Aerospace and Electronic Systems*, vol. AES-20, no. 2, pp. 183–198, March 1984.

[9] D. Torrieri, "Statistical theory of passive location systems," Army Materiel Development and Readiness Command, Countermeasures/Counter-Countermeasures Office, Tech. Rep. ADA128346, 1983.

第11章 TDOA

TDOA是一种高精度的辐射源定位技术,经常用于随时间生成非协作辐射目标的轨迹。由于其极高的精确度和完全被动的特性,TDOA是现代防空系统的基石。

TDOA的基本前提是测量脉冲在多个传感器位置的到达时间差,并使用该测量值来计算辐射源的位置。尽管其他公式存在并被讨论,但大多数算法都解决了跟踪恒定到达时间差的成对双曲线问题,并寻求整套计算双曲线的交集。因此,这些技术属于一类定位算法,有时称为双曲线定位算法。

本章讨论了TDOA定位的动机和几何公式,提出了几种求解TDOA方程组的算法,并推导了定位误差性能。

11.1 背景

人们对无源定位技术的兴趣像电子战领域一样历史悠久。TDOA辐射源定位的早期解决方案可以追溯到20世纪40年代[1-5];但是其首次文献记载被使用是在第一次世界大战中,当时使用麦克风通过TDOA方法记录炮击并追踪隐藏的火炮位置[1]。TDOA和其他双曲线定位方案有可能在长距离内提供高精度的潜力。当到达时间精度约为1 μs时,基线为10 km① 的TDOA系统可以提供50～300 km的定位精度,足以进行预警或提示更精确的传感器系统。实现此类高精度TDOA测量并非易事,但该示例说明了双曲线定位系统的巨大潜力,尤其是当人们考虑TDOA的完全被动特性时,因此与大功率雷达系统相比,TDOA星座的相对成本更低。

① 系统基线是指接收机之间的最大间隔。

TDOA 处理的过程与 GPS 位置估计的过程基本相同；两者都依赖电磁波以光速传播。区别主要在于发射机和接收机是反向布置的：在 GPS 中，有多个辐射源，而传感器试图估计其自身的位置。GPS 的主要优点是辐射源正在发射已知信号和参考时钟(可用于到达时间的计算)，而 TDOA 系统通常用于对抗使用未知波形并在未知时间发射的非协作系统。

11.2 公式

信号按照某种速度传播(对于电磁波，以光速传播)，并以一定的时间延迟到达接收站，该时间延迟与辐射源和接收机之间的距离成正比。如果发送的信号是 $s(t)$，则第 i 个传感器处接收到的信号定义为

$$y_i(t)=\alpha_i s(t-\tau_i)+n_i(t) \tag{11.1}$$

其中，(对于电磁波)时延 τ_i 定义为 $\tau_i=R_i/c$，R_i 是辐射源与第 i 个传感器之间的距离。求解 R_i 很简单，通过找出满足至该传感器测得距离要求的所有点的所有传感器的交叉点，可以计算出辐射源的位置，如图 11.1(a)所示。这种方法的主要局限性在于它需要知道何时发送信号，而电子战中很少需要此类信息。

为了弥补这种信息缺失，可以使用时间 TDOA 计算。对于每对传感器，满足测得 TDOA 的点集合是双曲线，通常称为等时线。与到达时间解一样，通过找到每个 TDOA 双曲线的交叉点来计算传感器的位置，如图 11.1(b)所示。

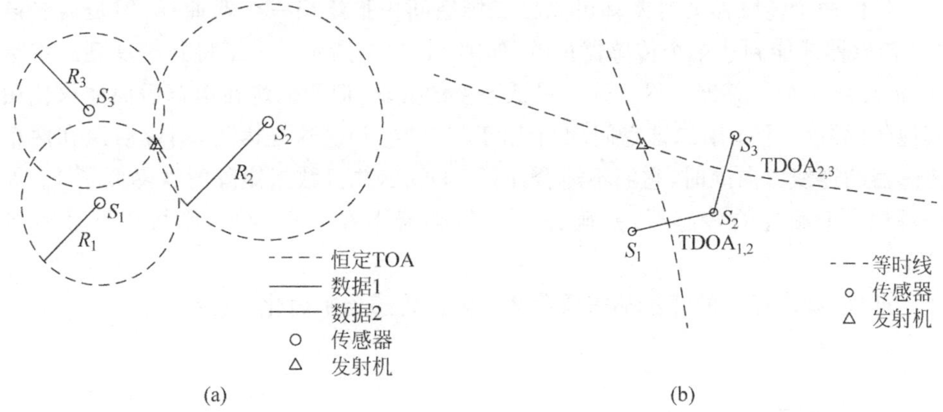

图 11.1 根据到达时间(a)和 TDOA(b)确定辐射源位置的几何图形

11.2.1 等时线

考虑任意两个传感器，S_m 和 S_n。我们将它们之间的时间差测量定义为 $t_{m,n}=\tau_m-\tau_n$。如 11.2 节所述，直接进行从时差到距离差的转换是很容易的：$R_{m,n}=ct_{m,n}$。两个信号之间的时间差勾勒出方程(11.2)定义的双曲线：

$$R_{m,n}(x,y)=\sqrt{(x-x_m)^2+(y-y_m)^2}-\sqrt{(x-x_n)^2+(y-y_n)^2} \tag{11.2}$$

图 11.2 显示了两个传感器之间的几个 TDOA 双曲线的轨迹，称为等时线。每个等时线代表两个传感器之间的恒定 TDOA。

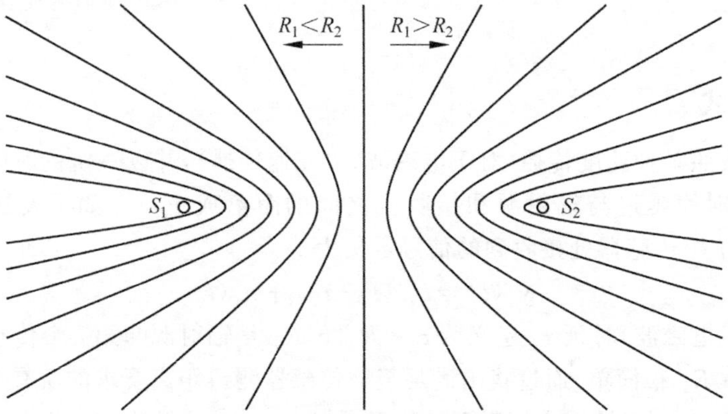

图 11.2 一对传感器的等时线示意图

等高线是恒定到达时间差的线

11.2.2 传感器数量

任何两个传感器的时差都可以在二维空间中描绘出一个双曲线，但是需要第 3 个传感器才能到达单个传感器位置，如图 11.1(b)所示。为了将其扩展到三维空间，需要第 4 个传感器。尽管这是最低限度的要求，但我们将在本章后面建议使用其他传感器(3 个用于二维空间，4 个用于三维空间)。这是因为，当辐射源在两个传感器的连线方向上时，它们不适合计算 TDOA，并且数据矩阵的秩降低了 1。如果添加一个额外的传感器，并确保 3 个传感器不在一条线上，则可以防止这种情况。

此外，许多提出的算法都需要第 2 个附加传感器来简化方程组。

11.3 求解方法

方程(11.2)中的等时线方程显然是非线性的。这将为 TDOA 定位算法带来挑战，我们会发现确实没有解析解。然而，几种算法已经被提出来求解辐射源定位，并且具有不同程度的精确性和复杂性。在定义任何算法之前，本书首先提出一个解决问题的通用框架。

为简单起见，我们使用 ℓ_2(欧几里得)范数以矢量形式重新编写方程(11.2)：

$$R_{m,n}(\boldsymbol{x})=\|\boldsymbol{x}-\boldsymbol{x}_m\|_2-\|\boldsymbol{x}-\boldsymbol{x}_n\|_2 \tag{11.3}$$

其中，$\boldsymbol{x}$ 是辐射源位置(既可以是二维坐标，也可以是三维坐标)；$\boldsymbol{x}_m$ 是第 m 个传感器的位置。$R_{m,n}(x)$是第 m 个和第 n 个传感器观测到的到位置 $\boldsymbol{x}$ 处辐射源的距离差，这是根据两个传感器到达时间的比较得出的。据此，我们可构建相对传感器 N 的距离矢量 $\boldsymbol{r}(\boldsymbol{x})$，所有距离差：

$$\boldsymbol{r}(\boldsymbol{x})=[R_{1,N}(\boldsymbol{x}),R_{2,N}(\boldsymbol{x}),\cdots,R_{N-1,N}(\boldsymbol{x})]^{\mathrm{T}} \tag{11.4}$$

该矢量有 $N-1$ 个元素，每个元素均为相对传感器 N 的值。尽管可以为所有传感器对计算时差测量值，但这些测量值是多余的；只有 $N-1$ 个唯一的 TDOA 测量值。为简单起见，我们假设将第 N 个传感器用作参考传感器，并与所有其他传感器进行比较。

这时，我们使用测量矢量$\boldsymbol{\rho}$ 表示真实距离差矢量 $\boldsymbol{r}$ 的噪声形式：

$$\boldsymbol{\rho}=\boldsymbol{r}(\boldsymbol{x})+\boldsymbol{n} \tag{11.5}$$

回顾第 6 章，最大似然估计依赖确定未知参数 $\boldsymbol{x}$，该参数将观测到所测得数据 ρ 的概率最大化。因此，我们需要计算$\boldsymbol{\rho}$ 的概率密度函数。已经表明，TDOA 估计近似为高斯[6-7]。因此，我们假设 $\boldsymbol{n}$ 是协方差矩阵为 $\boldsymbol{C}_{\boldsymbol{\rho}}$ 的零均值高斯随机矢量。如果测量值不相关，则协方差矩阵为对角矩阵：$\boldsymbol{C}_{\boldsymbol{\rho}}=\mathrm{diag}\{\sigma_1^2,\sigma_2^2,\cdots,\sigma_{N-1}^2\}$。

这就要求 TDOA 测量值应取自 $N/2$ 个独特的对。不能将传感器用于 1 个以上的测量，因为这会在某些 TDOA 估计值(来自其共同辐射源)之间招致相关性。该方法不是最优的，因为它需要更多的传感器才能达到所需的 TDOA 测量次数($2N_{\mathrm{dim}}$ vs. $N_{\mathrm{dim}}+1$)。在只有 N 个传感器的极限情况下(其中一个用作共同参考)，协方差矩阵将采用以下形式：

$$\boldsymbol{C}_{\boldsymbol{\rho}}=c^2\begin{bmatrix}\sigma_1^2+\sigma_N^2 & \sigma_N^2 & \cdots & \sigma_N^2\\ \sigma_N^2 & \sigma_2^2+\sigma_N^2 & \cdots & \\ \vdots & & & \vdots\\ \sigma_1^2 & & \cdots & \sigma_{N-1}^2+\sigma_N^2\end{bmatrix} \tag{11.6}$$

其中，σ_i^2 是第 i 个传感器到达时间测量值的方差；c 是光速。据此，我们可以如下编写概率密度函数：

$$f_{\boldsymbol{x}}(\boldsymbol{\rho})=(2\pi)^{-\frac{(N-1)}{2}}\mid\boldsymbol{C}_{\boldsymbol{\rho}}\mid^{-1/2}\mathrm{e}^{-\frac{1}{2}[\boldsymbol{\rho}-\boldsymbol{r}(\boldsymbol{x})]^{\mathrm{T}}\boldsymbol{C}_{\boldsymbol{\rho}}^{-1}[\boldsymbol{\rho}-\boldsymbol{r}(\boldsymbol{x})]} \tag{11.7}$$

并如下编写对数似然函数：

$$l(x\mid\boldsymbol{\rho})=-\frac{1}{2}[\boldsymbol{\rho}-\boldsymbol{r}(\boldsymbol{x})]^{\mathrm{T}}\boldsymbol{C}_{\boldsymbol{\rho}}^{-1}[\boldsymbol{\rho}-\boldsymbol{r}(\boldsymbol{x})] \tag{11.8}$$

可以使用随附的 MATLAB® 软件包中的函数 tdoa. loglikelihood 评估对数似然，并可以使用函数 tdoa. measurement 快速生成无噪声的测量结果。

11.3.1 最大似然估计

在给定未知辐射源位置 $\boldsymbol{x}$ 的情况下，通过最大化$\boldsymbol{\rho}$ 的对数似然来确定最大似

然估计。我们采用相对于未知传感器位置 $\boldsymbol{x}$ 的对数似然的导数，给定为

$$\nabla_{\boldsymbol{x}} l(\boldsymbol{x} \mid \boldsymbol{\rho}) = \boldsymbol{J}(\boldsymbol{x})\boldsymbol{C}_{\boldsymbol{\rho}}^{-1}[\boldsymbol{\rho} - \boldsymbol{r}(\boldsymbol{x})] \tag{11.9}$$

其中，$\boldsymbol{J}(\boldsymbol{x})$是 $\boldsymbol{r}(\boldsymbol{x})$的雅可比矩阵：

$$\boldsymbol{J}(\boldsymbol{x}) = [\nabla_{\boldsymbol{x}} R_{1,N}, \nabla_{\boldsymbol{x}} R_{2,N}, \cdots, \nabla_{\boldsymbol{x}} R_{N-1,N}] \tag{11.10}$$

$\nabla_{\boldsymbol{x}} R_{i,N}$ 是到第 i 个传感器和参考传感器之间辐射源的距离差的梯度：

$$\nabla_{\boldsymbol{x}} R_{i,N} = \frac{\boldsymbol{x} - \boldsymbol{x}_i}{|\boldsymbol{x} - \boldsymbol{x}_i|_2} - \frac{\boldsymbol{x} - \boldsymbol{x}_N}{|\boldsymbol{x} - \boldsymbol{x}_N|_2} \tag{11.11}$$

可使用随附的 MATLAB® 软件包中的 tdoa. jacobian 直接计算雅可比行列式，并且可通过 tdoa. mlSoln 借助强力搜索求出最大似然估计近似值。

$\boldsymbol{x}$ 处的梯度不是线性的，其结果是既没有针对该优化问题的解析解，也不是凸形的，这不利于产生方便、有效的数值解[8]。尽管如此，许多算法已经被相继提出，我们将在下文中总结。

11.3.2 迭代最小二乘解

最简单的求解方法(见方程(11.8))是假定一个估计位置，然后使用泰勒级数逼近对其进行更新。这与第 10 章中描述的最小二乘迭代法相同，主要区别在于 AOA 估计值 ψ 被到达估计的距离差$\boldsymbol{\rho}$ 所代替，而 AOA 系统矢量 $\boldsymbol{f}(\boldsymbol{x})$被真实 RDOA $\boldsymbol{r}(\boldsymbol{x})$所代替。文献[9]中讨论了该方法在 TDOA 中的应用。

每个距离差的梯度都收集在雅可比矩阵 $\boldsymbol{J}(\boldsymbol{x})$(见方程(11.10))中。使用该函数可给出关于 $\boldsymbol{x}^{(i)}$ 的近似线性方程(11.4)，并且具有偏移 $\Delta\boldsymbol{x}^{(i)}$：

$$\boldsymbol{r}(\boldsymbol{x}^{(i)} + \Delta\boldsymbol{x}^{(i)}) = \boldsymbol{r}(\boldsymbol{x}^{(i)}) + \boldsymbol{J}^{\mathrm{T}}(\boldsymbol{x}^{(i)})\Delta\boldsymbol{x}^{(i)} \tag{11.12}$$

我们如下定义测量偏移矢量：

$$\boldsymbol{y}(\boldsymbol{x}^{(i)}) = \boldsymbol{\rho} - \boldsymbol{r}(\boldsymbol{x}^{(i)} + \Delta\boldsymbol{x}^{(i)}) \tag{11.13}$$

得出以下线性方程：

$$\boldsymbol{y}(\boldsymbol{x}^{(i)}) = \boldsymbol{J}^{\mathrm{T}}(\boldsymbol{x}^{(i)})\Delta\boldsymbol{x}^{(i)} + \boldsymbol{n} \tag{11.14}$$

其中，$\boldsymbol{n}$ 是方程(11.5)中的距离差测量噪声矢量。这种情况下，$\boldsymbol{y}(\boldsymbol{x}^{(i)})$ 表示根据当前位置估计值预测的距离差测量值与实际观察到的距离差测量值之间的残留误差。

回顾一下，$\boldsymbol{y}(\boldsymbol{x}^{(i)})$具有协方差矩阵 $\boldsymbol{C}_{\boldsymbol{\rho}}$，并且如果可以通过与 $\boldsymbol{C}_{\boldsymbol{\rho}}^{-1/2}$ 前乘以使误差协方差白化，则可以优化性能。

$$\tilde{\boldsymbol{y}}(\boldsymbol{x}^{(i)}) = \boldsymbol{C}_{\boldsymbol{\rho}}^{-1/2}\boldsymbol{J}^{\mathrm{T}}(\boldsymbol{x}^{(i)})\Delta\boldsymbol{x}^{(i)} + \boldsymbol{C}_{\boldsymbol{\rho}}^{-1/2}\boldsymbol{n} \tag{11.15}$$

对该线性方程式的求解将得出当前估算值与辐射源真实位置之间的偏移量 $\Delta\boldsymbol{x}$ 估计值。为了求解，我们采用著名的最小二乘解[9]：

$$\Delta\boldsymbol{x}^{(i)} = [\boldsymbol{J}(\boldsymbol{x}^{(i)})\boldsymbol{C}_{\boldsymbol{\rho}}^{-1}\boldsymbol{J}^{\mathrm{T}}(\boldsymbol{x}^{(i)})]^{-1}\boldsymbol{J}(\boldsymbol{x}^{(i)})\boldsymbol{C}_{\boldsymbol{\rho}}^{-1}\boldsymbol{y}(\boldsymbol{x}^{(i)}) \tag{11.16}$$

为了保证该解不是定义不足的，雅可比矩阵 $\boldsymbol{J}$ 的列数不得超过行数。换句话说，唯一 TDOA 对的数量$(N-1)$必须不小于空间维度数量。

方程(11.16)中的最小二乘解不能保证是最优的,只是比初始估计值 $\boldsymbol{x}^{(i)}$ 更接近(假设 $x^{(i)}$ 足够接近问题确实局凸的真实位置)最优解。为了获得准确的解,必须以迭代方式重新进行该过程。该算法的实施包含在 tdoa. lsSoln 下随附的 MATLAB® 代码中。

该方法的主要局限性是需要重新计算以达到收敛,并且需要足够准确的初始位置估计。非常重要的一点是,必须理解"足够准确"的定义是错误的,因此几乎不能保证用来播种这种方法的初始位置估计值满足局凸要求。

此外,该技术还存在鲁棒性问题,即估算值可能与实际辐射源位置大相径庭。为了提高数值稳定性,我们建议仅向算法提供 $\boldsymbol{C}_\rho$ 的对角单元,而不要提供全协方差矩阵:

```
C_ls = diag(diag(Cr));
```

通常情况下,我们有必要给出约束和其他优化以提高准确性。有很多研究领域正在为 TDOA 问题开发基于最小二乘法的新解[10-11]。

11.3.3 梯度下降算法

梯度下降算法计算每个步骤中最陡峭的梯度方向,并由此确定调整估计解的方向。它们是凸应用的便捷求解方法,并提供比迭代最小二乘更快的收敛性[8]。梯度下降算法可应用于 TDOA 定位的线性最小二乘近似[12],如在第 10 章中梯度下降算法应用在三角测量方面。

考虑方程(11.14)中的矩阵形式;一般下降解通过以下方程更新 $\boldsymbol{x}$:

$$\boldsymbol{x}^{(i+1)} = \boldsymbol{x}^{(i)} + t\Delta\boldsymbol{x}^{(i)} \tag{11.17}$$

其中,$\Delta\boldsymbol{x}^{(i)}$ 是下降方向;t 是适当选择的步长。在梯度下降算法中,将下降方向选择为梯度的负方向($\Delta\boldsymbol{x}^{(i)} = -\nabla_{\boldsymbol{x}} f(\boldsymbol{x}^{(i)})$)。给定方程(11.14)中的系统矩阵,我们定义目标函数 $f(\boldsymbol{x})$ 以使其最小化为偏移 $\boldsymbol{y}(\boldsymbol{x})$ 的范数。并以这种方式计算梯度:

$$f(\boldsymbol{x}) = \| \boldsymbol{y}(\boldsymbol{x}) \|_2^2 \tag{11.18}$$

$$\nabla_{\boldsymbol{x}} f(\boldsymbol{x}) = -2\boldsymbol{J}(\boldsymbol{x})\boldsymbol{y}(\boldsymbol{x}) \tag{11.19}$$

为了提高性能,可将残差 $\boldsymbol{y}(\boldsymbol{x})$ 替换为白化残差 $\tilde{\boldsymbol{y}}(\boldsymbol{x})$。这种情况下,$f(\boldsymbol{x})$ 是对数似然函数 $\ell(\boldsymbol{x}|\boldsymbol{\rho})$ 负值的缩小形式:

$$f(\boldsymbol{x}) = \| \tilde{\boldsymbol{y}}(\boldsymbol{x}) \|_2^2 = -2\ell(\boldsymbol{x} \mid \boldsymbol{\rho}) \tag{11.20}$$

$$\nabla_{\boldsymbol{x}} f(\boldsymbol{x}) = -2\boldsymbol{J}(\boldsymbol{x})\boldsymbol{C}_\rho^{-1}\boldsymbol{y}(\boldsymbol{x}) \tag{11.21}$$

其中,梯度包含对原始(未白化)残差 $\boldsymbol{y}(\boldsymbol{x})$ 的参考。式(11.20)和式(11.21)可以视为最大似然估计的迭代近似值,因为在每个阶段,我们都基于对数似然的梯度来选择下降方向。

如第 10 章所述,步长 t 是通过线搜索方法(如精确线搜索或回溯线搜索)构建的,并且下降方向被限制为单位范数。可以使用函数 tdoa. gdSoln 调用 TDOA 的梯度下降解。

梯度下降算法的最重要特征可能是更新方程(11. 17)不包含矩阵求逆,因此其计算比迭代最小二乘解(11. 16)快得多。

该算法的主要缺点仍然是需要适当准确的初始估计,以便可以假设目标函数的凸性。

11. 3. 4 Chan-Ho 方法

Chan 和 Ho 在 1994 年提出了 TDOA 定位的解析解[9]。基本方法是首先需要一个额外的传感器。传统的 TDOA 定位使用 $N_{\text{dim}}+1$ 个传感器即可完成(3 个传感器用于二维空间,4 个传感器用于三维空间),而 Chan-Ho 方法则需要 $N_{\text{dim}}+2$ 个传感器。使用额外传感器的原因是 Chan 和 Ho 定义了一个辅助参数,即参考传感器与辐射源之间的距离,并使用该参数来线性化方程组;增加一个辅助参数意味着需要一个额外的传感器来求解新的(更大)线性方程组。

将扩展参数矢量定义为

$$\boldsymbol{\theta}=\begin{bmatrix}\boldsymbol{x}\\ R_N(\boldsymbol{x})\end{bmatrix} \tag{11.22}$$

可以看出,TDOA 方程组可以表示为以下线性方程[9]:

$$\boldsymbol{y}=\boldsymbol{G}\boldsymbol{\theta}+\boldsymbol{n} \tag{11.23}$$

其中,偏移测量矢量 $\boldsymbol{y}$ 和系统矩阵 $\boldsymbol{G}$ 定义为

$$\boldsymbol{G}=-\begin{bmatrix}\boldsymbol{x}_1^{\mathrm{T}}-\boldsymbol{x}_N^{\mathrm{T}}\\ \vdots\\ \boldsymbol{x}_{N-1}^{\mathrm{T}}-\boldsymbol{x}_N^{\mathrm{T}}\end{bmatrix} \tag{11.24}$$

$$\boldsymbol{y}=\frac{1}{2}\begin{bmatrix}R_{1,N}^2-\|\boldsymbol{x}_1\|+\|\boldsymbol{x}_N\|\\ \vdots\\ R_{N-1,N}^2-\|\boldsymbol{x}_{N-1}\|+\|\boldsymbol{x}_N\|\end{bmatrix} \tag{11.25}$$

遗憾的是,由于 θ 的单元由非线性方程关联,因此无法直接求解该方程组。提出的解忽略了这一事实,并先求解线性方程组,就好像$\boldsymbol{\theta}$ 的单元不相关一样,然后回过头来将它们的关系应用于估计的解。产生这种差异的原因是,$\bar{\boldsymbol{n}}$ 的误差协方差矩阵取决于从辐射源到 $N-1$ 个非参考传感器中每个传感器的距离。在辐射源较远的情况下,可以将其假定为缩小的单位矩阵,但在辐射源较近的情况下,也必须对其进行估计。

无论哪种情况,首先根据方程(11. 26)估计参数矢量:

$$\hat{\boldsymbol{\theta}}=[\boldsymbol{G}^{\mathrm{T}}\boldsymbol{C}^{-1}\boldsymbol{G}]^{-1}\boldsymbol{G}^{\mathrm{T}}\boldsymbol{C}^{-1}\boldsymbol{y} \tag{11.26}$$

若是近场辐射源，则使用$\boldsymbol{\theta}$ 的估计值构建距离矩阵$\boldsymbol{B}$，并使用定位误差协方差矩阵$\hat{\boldsymbol{C}}$：

$$\boldsymbol{B}=2\operatorname{diag}\{\boldsymbol{R}(\hat{\boldsymbol{x}})\} \tag{11.27}$$

$$\hat{\boldsymbol{C}}=\boldsymbol{B}\boldsymbol{C}\boldsymbol{B}^{\mathrm{T}} \tag{11.28}$$

其中，$\hat{\boldsymbol{x}}$是$\hat{\boldsymbol{\theta}}$ 的前 N_{dim} 个单元。然后，通过将方程(11.26)中的$\boldsymbol{C}$ 替换为$\hat{\boldsymbol{C}}$，可以使用新的估计协方差矩阵$\hat{\boldsymbol{C}}$ 来更新$\hat{\boldsymbol{\theta}}$。①

第二步是利用参数单元之间的关系来更新参数估计值。为此，我们使用距估计位置$\hat{\boldsymbol{x}}$的偏移量重新定义系统矩阵。算法第二阶段使用的新参数矢量$\boldsymbol{\theta}_1$ 为

$$\boldsymbol{\theta}_1=\hat{\boldsymbol{\theta}}-\begin{bmatrix}\boldsymbol{x}_N\\0\end{bmatrix} \tag{11.29}$$

更新后的方程组写为

$$\boldsymbol{y}_1=\boldsymbol{G}_1\boldsymbol{\theta}_1+\boldsymbol{n}_1 \tag{11.30}$$

其中，$\boldsymbol{n}_1$ 的协方差矩阵为

$$\boldsymbol{C}_1=\boldsymbol{B}_1(\boldsymbol{G}^{\mathrm{T}}\hat{\boldsymbol{C}}^{-1}\boldsymbol{G})^{-1}\boldsymbol{B}_1^{\mathrm{T}} \tag{11.31}$$

更新后的系统矩阵为

$$[\boldsymbol{y}_1]_i=[\boldsymbol{\theta}_1]_i^2 \tag{11.32}$$

$$\boldsymbol{G}_1=\begin{bmatrix}\boldsymbol{I}_N\\0_{1xN}\end{bmatrix} \tag{11.33}$$

$$\boldsymbol{B}_1=2\operatorname{diag}\{\boldsymbol{\theta}_1\} \tag{11.34}$$

请注意，参数矢量现在在每个维度上都具有参考传感器和辐射源之间的平方距离。该方程组的解将为我们提供距参考传感器的偏移的平方；初始解$\hat{\boldsymbol{x}}$可用于确定应在哪个方向上应用偏移。

根据方程(11.35)～方程(11.37)求解偏移量：

$$\boldsymbol{A}=\boldsymbol{G}_1^{\mathrm{T}}\boldsymbol{B}_1^{-1}\boldsymbol{G}^{\mathrm{T}}\boldsymbol{C}_1^{-1}\boldsymbol{G}\boldsymbol{B}_1^{-1} \tag{11.35}$$

$$\hat{\boldsymbol{\theta}}_1=[\boldsymbol{A}\boldsymbol{G}_1]^{-1}\boldsymbol{A}\boldsymbol{y}_1 \tag{11.36}$$

$$\hat{\boldsymbol{x}}_1=\pm\sqrt{\hat{\boldsymbol{\theta}}_1}+\boldsymbol{x}_N \tag{11.37}$$

根据提供与初始位置估算值$\hat{\boldsymbol{x}}$位于同一象限的估算值$\hat{\boldsymbol{x}}_1$ 的值来选择平方根的正解。

该算法包含在随附的 MATLAB®代码中，位于函数 tdoa. chanHoSoln 下。为了提高估计偏差的性能并在特殊情况下提高鲁棒性，本书提出了改进方案。感兴趣的读者可以参考文献[13]。

① 尽管未在论文中提及，但文献[9]的作者发布的源代码建议完成该调整 3 次，而不管估计是否在近场中。

11.3.5 球面法

与本章前面介绍的双曲线定位公式相反,球面定位法是另一种求解 TDOA 定位问题的方法。主要区别在于,任意两个接收机处的 TDOA 定义了一条双曲线,任意 3 个接收机处的 TDOA 定义了一条直线,这条直线是与 3 个传感器相交并具有真实辐射源位置的球体的主轴,真实辐射源位置是其两个焦点之一。

基于这种几何形状,有两种著名的方法,即球面相交法(S-X)[14]和球面插值法(SI)[15-16],尽管已证明它们在代数上是等效的[14]。这些算法的基本方法是使用到达平方差重新推导 TDOA 公式,并执行在其零空间中具有数据矢量$\boldsymbol{\rho}$的矩阵投影,从而简化方程组。尽管球面解是封闭式的,但比之前介绍的迭代方法要快得多,它们并不提供渐近有效的解,这意味着它们无法在高 SNR 时收敛于理论性能阈值[9]。

为简单起见,我们在这里不采用这些技术。感兴趣的读者可以参考文献[14]和文献[15]。

11.4 TDOA 估计

到目前为止,我们认为在每个传感器和参考传感器之间都存在 TDOA 估计是理所当然的。如果发送的信号是已知的,则这是一个任意步骤,因为即使在低 SNR 的情况下,每个接收机都可以利用匹配的滤波器来获得对信号 TOA 的良好估计。如果发送的信号是未知的,则会更困难。

对于未知辐射源的 TDOA 估计,有两种主要方法:①检测脉冲到达时间(time of arrival,TOA)的前沿或峰值,所有传感器中心融合处理 TOA 结果的比较;②接收信号在中心融合处求互相关函数。前者的估计要简单得多,并且通信开销要低得多,而后者则要稳健和准确得多。本书将分别讨论这两种技术。

无论哪种情况,都已经证明 TDOA 估计中的误差项 $\boldsymbol{n}$ 近似为高斯[6-7]。方差取决于下面使用的形式,但是协方差矩阵的结构取决于 TDOA 估计的计算方式。如本章前面所述,在使用单个参考传感器的情况下,协方差矩阵的形式为每个唯一传感器误差项的单位矩阵,并根据方程(11.6)定义来自共同参考所有估计值中的共有误差项。

另一个常见方案是定义唯一的 TDOA 传感器对。其优点是提供对角协方差矩阵,但是要求传感器的数量是维度数量的两倍,并且不能有效地使用给定的所有信息。在这种情况下,协方差矩阵给定为

$$\boldsymbol{C}=c^2\operatorname{diag}\{\bar{\sigma}_1^2,\bar{\sigma}_2^2,\cdots,\bar{\sigma}_{\mathrm{n}}^2\} \tag{11.38}$$

其中,方差 $\bar{\sigma}_{\mathrm{n}}^2$ 是对于测量值 n 的两个传感器的方差之和,再乘以光速平方就转化

为距离差。现在本书讨论如何获得到达时间估计。

11.4.1 到达时间检测

TDOA 的第一种方法是独立测量到达每个传感器的时间，然后仅将时间戳和脉冲描述字发送到中央处理站进行比较和 TDOA 处理。① 如果发射信号是已知的，则可以通过匹配的滤波器运行接收到的信号，并分析其峰值[17]。TDOA 中不太可能出现这种情况。因此，我们必须依靠能量检测方案。文献[18]～文献[20]中提出了多种技术。最简单的例子是带有阈值的前缘检测(见图 11.3)，但是其很容易受到噪声的影响。

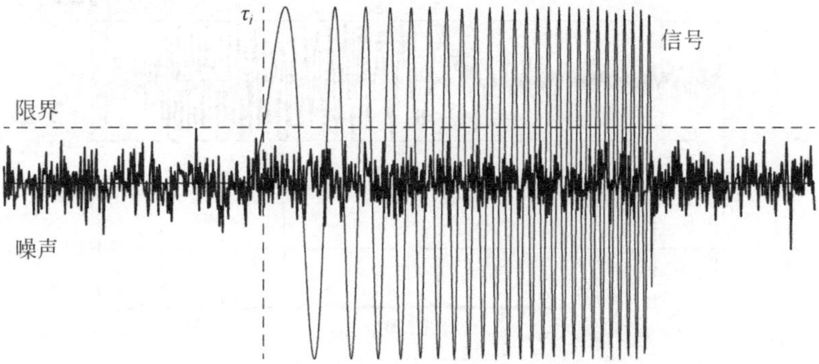

图 11.3 到达时间估计的前缘检测示意图

文献[20]中分析了一种改进的边缘检测器，它基于估计输入信号自相关前缘的形状。改进的 TOA 检测器具有误差方差，根据方程(11.39)给出：

$$\sigma^2_{\text{TOA,Edge}} = \frac{1}{\xi}\left[1 + 2\frac{\alpha}{\tau} + 2\left(\frac{\alpha}{\tau}\right)^2\right] \tag{11.39}$$

其中，ξ 是 SNR；α 是阈值参数；τ 是用于估计前缘形状的连续点之间的时延(以码片为单位)。文献[20]中研究的另一种技术是峰值检测，它基于对接收信号的自相关函数的峰值的估计，从而得出误差方差，给定为

$$\sigma^2_{\text{TOA,Peak}} = \frac{1}{\sqrt{2\xi}} \tag{11.40}$$

峰值检测提供了更简单的误差估计，并且对于阈值 α 和延迟 τ 的最合理值，其性能优于边缘检测。函数 tdoa.peakDetectionError 中提供了该方程式。图 11.5 给出了一个示例。

---

① 脉冲描述字是接收脉冲中估计参数的集合，并且可以包括诸如中心频率、带宽、调制方案、脉冲重复间隔和到达角(如果测量)的特征。这是在视野内有多个辐射源情况下用于数据融合的主要方法。

11.4.2 互相关处理

互相关 TDOA 估计要求在每个传感器处采样复杂的采样信号，并将其传输到中心融合进行处理。在中心融合处，各对接收信号相互关联，并且定位峰值以确定两个传感器之间的 TDOA，如图 11.4 所示。

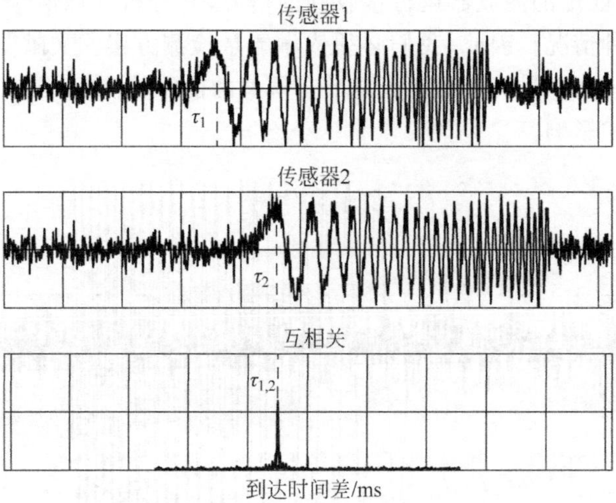

图 11.4 互相关 TDOA 处理的示意图

传感器 1 和 2 的接收信号相互关联；峰值的位置指示两个信号之间的 TDOA

互相关处理的性能由辐射源信号的带宽给定。具有更宽带宽的信号将表现出更窄的互相关峰值。这与前缘检测情况类似，具体可参考文献[6]和文献[21]

$$\sigma^2_{\text{TDOA,xc}} \geqslant \frac{1}{8\pi B_{\text{RMS}} B T \xi_{\text{eff}}} \tag{11.41}$$

其中，ξ_{eff} 是有效 SNR，根据方程(11.42)计算：

$$\xi_{\text{eff}} = \frac{1}{\frac{1}{\xi_1}+\frac{1}{\xi_2}+\frac{1}{\xi_1\xi_2}} \approx \min(\xi_1, \xi_2) \tag{11.42}$$

B 是信号的通带带宽；T 是脉冲持续时间；B_{RMS} 是发送信号 $S(f)$的 RMS 带宽：

$$B_{\text{RMS}} = \sqrt{\frac{\int_{-\infty}^{\infty} |S(f)|^2 f^2 \mathrm{d}f}{\int_{-\infty}^{\infty} |S(f)|^2 \mathrm{d}f}} \tag{11.43}$$

注意，对于频谱平坦的信号，该方程简化为 $B_{\text{RMS}} = B/\sqrt{3}$。当使用互相关处理时，这些项会增大有效 SNR。与前缘情况不同，互相关处理受益于使用大量脉冲压缩的信号，如 LPI 雷达。

该方程包含在随附的 MATLAB® 代码中，在函数 tdoa.crossCorrError 下。

图 11.5 绘制了标准偏差 σ_{TDOA} 与有效 SNR 的函数关系图，用于小带宽信号（带宽为 5 MHz，脉冲持续时间为 6 μs 的 Link-16 型脉冲，[①]得出时间带宽积 $BT=32$）和大带宽信号（超高分辨率成像雷达的 1 GHz 带宽脉冲，脉冲长度为 10 μs，得出时间带宽积 $BT=10\,000$）的峰值检测和互相关。这两种情况下，均假设信号在频谱上是平坦的，因此 RMS 带宽为 $B_{RMS}=B_s/\sqrt{3}$。注意，两条互相关方差曲线都比峰值检测要胜出几个数量级。

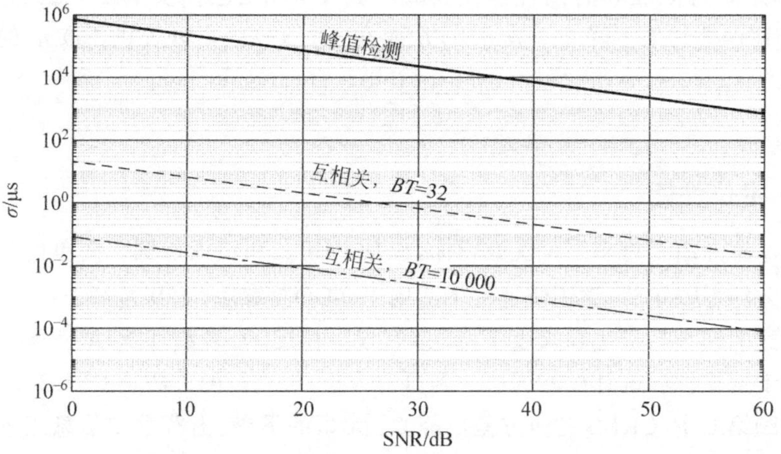

图 11.5　TDOA 误差标准偏差与 SNR 的函数关系图，用于峰值检测(a)，类似于 Link-16 脉冲的窄带宽信号的互相关(b)，以及代表高分辨率成像脉冲的宽带宽的互相关(c)

如果两个互相关的 TDOA 测量结果共享一个公共参考，就像本章中的设置一样，则它们的误差也将被相关，如方程(11.6)中所述。如果两个相关测量结果具有相同的误差方差，则我们可以将互相关项近似为每个误差项方差的一半。但是，相对于两个独立的传感器，精确的计算取决于参考传感器的 SNR。

11.4.3 时钟同步

本书已经讨论了由接收机噪声引起的 TDOA 估计误差，但没有讨论由接收机同步引起的误差。系统变得更加精确，导致了更高的 SNR 水平和更小的单传感器 TOA 估计值，传感器之间的时钟漂移开始占主导地位。我们可以合理地假设接收机噪声与时钟漂移无关，因此，TDOA 的总误差可认为是所有辐射源影响的总和。

给定 GPS 的全球可用性和易于实施性，它已成为事实上的时间同步标准，无需在传感器之间进行协调，只需为每个传感器配备 GPS 接收机并依赖其时间信号

① 有关 Link-16 脉冲结构详情，参见文献[22]。

即可。对于非键控接收机，这会导致 100～500 ns 的时间同步误差[23]。① 美国海军天文台的最近测试表明，该技术能够将分布在 2.5 km 区域内的传感器网络无线同步至 200 ps 以内[24]。

尽管将其扩展到更大的网络，尤其是在许多战场 TDOA 系统中使用的 10～40 km 基准线，可能会导致误差增大，但是这表明了时间同步的可能状态。我们将在下文的图 11.6(b)中说明，对于合理的几何形状，100 ns 的定时精度可保证 100 km 距离内 10 km 的位置误差。减小到 1 ns(比已证实的 200 ps 下界增大 5 倍)会使误差结果下降 3 个数量级，从而在 100 km 距离处提供 100 m 的定位误差(CEP_{50})。

11.5 定位性能

第 9 章介绍了许多定位性能指标，包括 CEP_{50} 和错误椭圆。简单的计算要求使用误差协方差矩阵，该矩阵通常不适用于 TDOA 算法，尤其是对于迭代方法(如文中所述的最小二乘法和梯度下降法)而言。相反，大多数 TDOA 性能分析都依赖蒙特卡罗模拟和统计性能阈值。到目前为止，最流行的方法是 CRLB。

回顾第 6 章，CRLB 是协方差矩阵 $\boldsymbol{C}_{\hat{x}}$ 元素的下界，由费歇尔信息矩阵的逆矩阵给出。在一般高斯情况下，对于测量协方差矩阵 $\boldsymbol{C}_{\rho}$，费歇尔信息矩阵给定为

$$\boldsymbol{F}(\boldsymbol{x})=\boldsymbol{J}(\boldsymbol{x})\boldsymbol{C}_{\rho}^{-1}\boldsymbol{J}^{\mathrm{T}}(\boldsymbol{x}) \tag{11.44}$$

其中，$\boldsymbol{J}(\boldsymbol{x})$ 是对数似然函数的雅可比矩阵(对于 TDOA，$\boldsymbol{J}(\boldsymbol{x})$ 定义参见方程(11.10))，因此，辐射源估计位置 $\hat{\boldsymbol{x}}$ 的协方差矩阵 $\boldsymbol{C}_{\hat{x}}$(为辐射源真实位置 $\boldsymbol{x}$ 的函数)的阈值为

$$\boldsymbol{C}_{\hat{x}}\geqslant[\boldsymbol{J}(\boldsymbol{x})\boldsymbol{C}_{\rho}^{-1}\boldsymbol{J}^{\mathrm{T}}(\boldsymbol{x})]^{-1} \tag{11.45}$$

该边界必须以数值方式求解。图 11.6 中给出了一个示例，假设每个传感器 TDOA 测量值的标准偏差为 100 ns。绘制值是根据 CRLB 计算得出的 CEP_{50}。在这种情况下，将 3 个传感器沿直径为 10 km 的圆以均匀间隔布置，并针对 300 km×300 km 的网格计算 CRLB。绘制的等高线以 km 为单位显示 CEP_{50}。请注意，对于这种几何形状，存在距离传感器中心 100 km 的位置，且位置误差小于 10 km。这证明了通过 TDOA 定位可以实现定位精度达到 100 ns 定时精度。当然，由于几何形状不佳，还有一些误差超过 100 km 的位置距离，这些位置距离其中一个传感器仅几千米。对于这些位置，其中两个传感器位于一条直线上，几乎平行于渐近线的等时线。解决这种限制的方法是添加第 4 个传感器。

在图 11.6(b)中重复同一场景，在原点处添加了第 4 个传感器，说明了几何形

① 能够处理加密 $P(Y)$代码或即将到来的 M 代码的军用接收机可能会具有更好的性能。

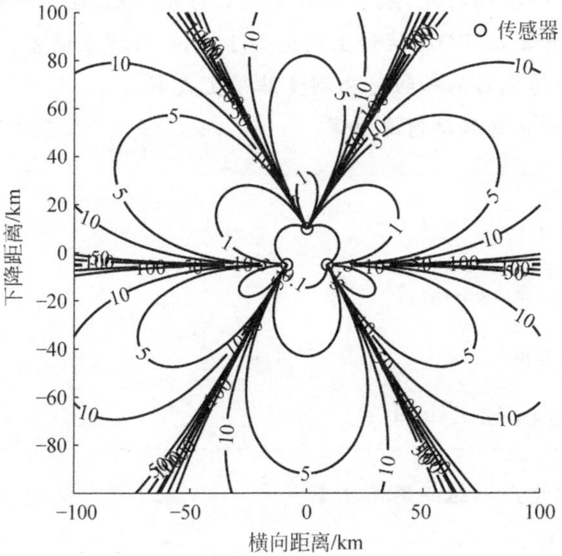

(a)

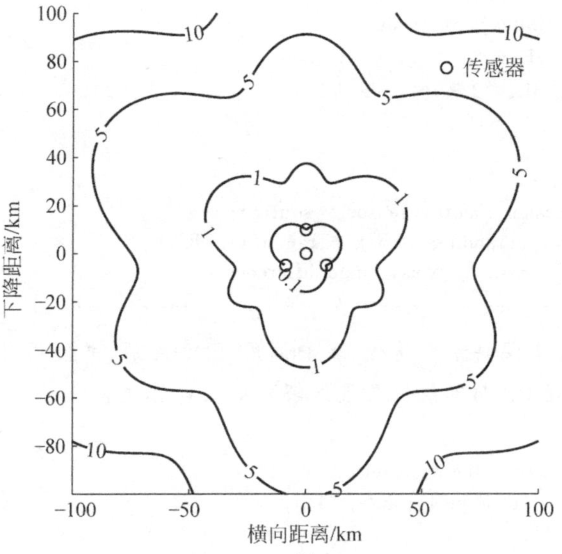

(b)

图 11.6　在给定传感器位置和所有 TDOA 测量值的假定标准偏差为 100 ns 的情况下，根据给定的 CRLB，在任意给定点的辐射源的 RMSE 计算

(a) 三传感器配置；(b) 四传感器配置

状的影响，并且需要提供 $N_{\mathrm{dim}}+2$ 个传感器（而不是 $N_{\mathrm{dim}}+1$ 个）以保持稳定性。

示例 11.1　四信道 TDOA 解

考虑一个示例性的四信道 TDOA 系统，该系统具有 3 个传感器，这些传感器沿一个 10 km 半径的圆等间隔布置，并以参考传感器为中心。位置如图 11.7 所示，在该示例中有一个辐射源，距中央参考中心约 50 km，在图中使用三角形表示。我们假设每个传感器在 TOA 估计上均达到 100 ns 的标准偏差。采用本章讨论的每种方法，从 4 个传感器的一组时序测量结果生成解。

我们先定义传感器和辐射源位置：

```
% Sensor positions
r = 10e3 * [1 1 1 0];
th = pi/2 + (0:3) * 2 * pi/3;
x0 = r. * [cos(th);sin(th)];

% Source position
th_s = 293.3;
xs = 50e3 * [cos(th_s);sin(th_s)];
```

接下来，我们生成一组距离差测量：

```
% Error
timingError = 1e-7;
rngStdDev = timingError * 3e8;
Ctdoa = timingError^2 * (1 + eye(3));
Crdoa = rngStdDev^2 * (1 + eye(3));

% Measurements
nMC = 1000;
dR = tdoa.measurement(x_sensor, x_source);
n = rngStdDev * (randn(3,nMC) + randn(1,nMC));
rho_MC = dR + n; % Noisy range difference
```

然后，对于每个蒙特卡罗迭代，我们调用 TDOA 解，并使用可选的第二个输出来收集解的每个迭代(而不仅仅是最终解)，从而计算误差。

```
% Initial estimate in the right quadrant
x_init = 10e3 * [cos(-pi/4);sin(-pi/4)];
for idx = 1:nMC
        rho = rho_MC(:,idx);
    [~,x_ls] = tdoa.lsSoln(x0,rho,diag(diag(Crdoa)),x_init,,numIters);
    [~,x_grad] = tdoa.gdSoln(x0,rho,Crdoa,x_init,alpha,beta,,numIters);
    x_chanHo = tdoa.chanHoSoln(x0,rho,Crdoa);

    % Compute Error
    thisErr_ls = xs-x_ls;                    % [m]
    thisErr_grad = xs-x_grad;                % [m]
    thisErr_chanHo = xs-x_chanHo;            % [m]
end
```

图 11.7 中绘制了传感器和辐射源的位置，使用最小二乘法和梯度下降算法的迭代位置估计，以及上述 Chan-Ho 算法的解。

请注意，在该示例中，最小二乘解很快收敛到 CRLB 计算的 50%误差椭圆附近的估计值，且迭代次数少于 10 次，而梯度下降法则需要进行 1000 次以上的迭代。Chan-Ho 方法类似地接近误差椭圆。图 11.8 绘制了每种方法在 10^4 次蒙特卡罗试验中平均每次迭代的 CEP_{50}，以及这种情况下的 CRLB 迭代。

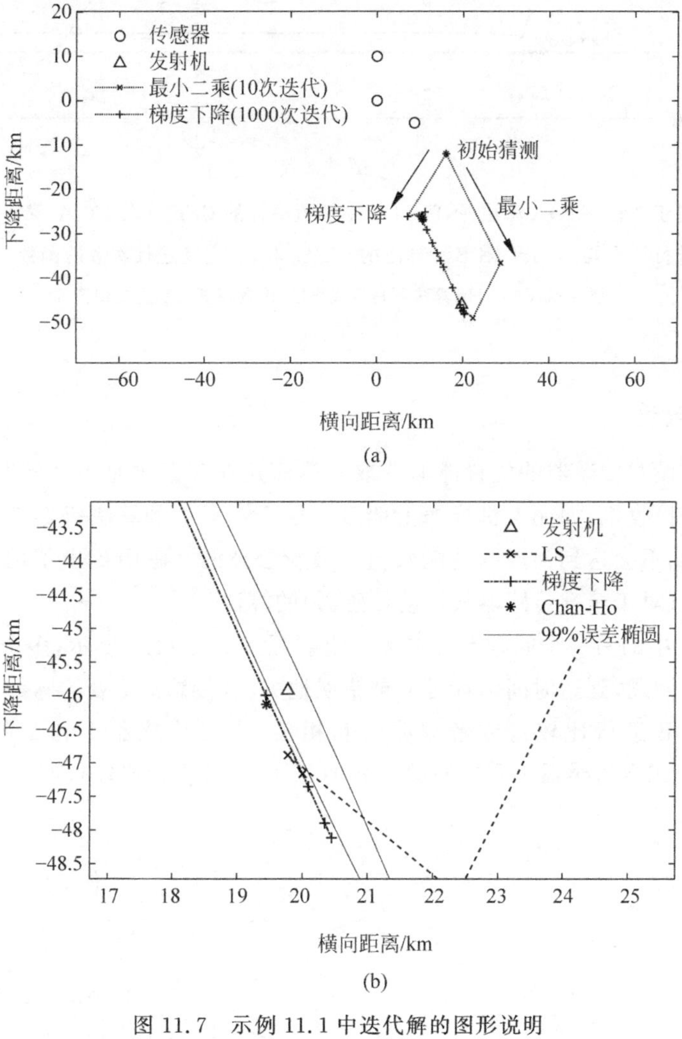

图 11.7 示例 11.1 中迭代解的图形说明

(a) 迭代解显示了最小二乘和梯度下降算法所采用的不同路径；(b) 辐射源位置的特写显示了 3 种建模方法的 90%误差椭圆和最终解

① 在计算该示例的 CEP_{50} 时，我们输入了误差协方差矩阵 $\boldsymbol{C}_{\hat{x}}$ 和偏差项 $\boldsymbol{bb}^{\mathrm{T}}$ 的总和。这是因为起始点没有变化，所以迭代解的早期阶段非常相似。仅基于估计的协方差来计算 CEP_{50} 会产生错误小的误差计算。

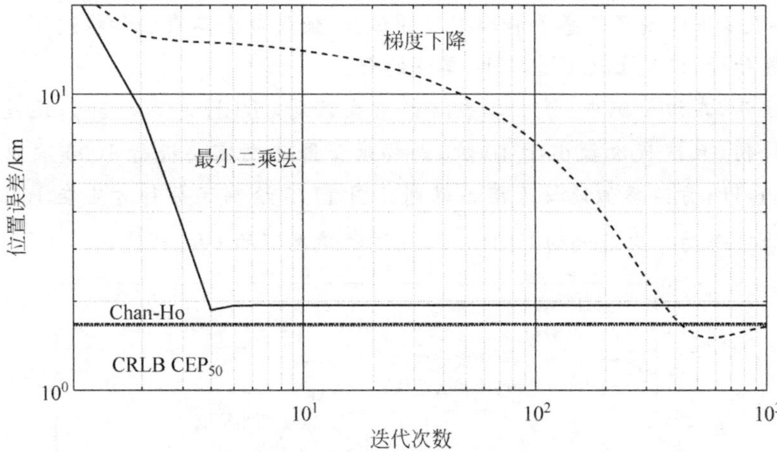

图 11.8　对于 3 种 TDOA 算法，示例 11.1 中位置估计的 CEP_{50}（在 10^4 个蒙特卡罗试验中进行了平均）与从 CRLB 计算出的 CEP_{50} 相比，它是迭代次数的函数

请注意，Chan-Ho 算法不是迭代算法，因此将其绘制为恒定值

11.6　局限性

本章假设对传感器的位置能够获取。然而这在实践中是不切实际的，尤其是对于移动的接收机，如无人机或海上船舰。尽管本章中的算法仍会产生中等精度的解，但它们不会达到预期的性能阈值。最新公开的文献中提出了用于考虑传感器位置误差（对于精准传感器或运动传感器）的算法[25]。

TDOA 中的另一个问题是存在多个辐射源。如图 11.9 所示，多个辐射源会导致数据融合问题，到达时间估计可能被错误地关联（传感器 1 处的脉冲 A 与传感器 2 处的脉冲 B 进行比较），或者双曲线互相关（来自传感器 1 和 2 的脉冲 A 的 TDOA 解与来自传感器 1 和 3 的脉冲 B 的 TDOA 解进行比较），如图 11.10 所示。

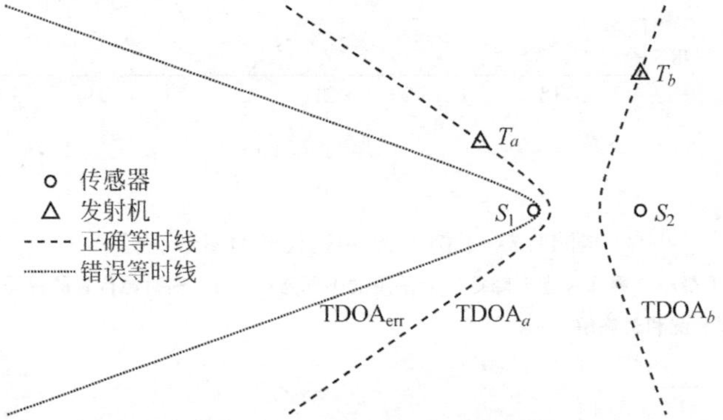

图 11.9　多个辐射源问题示意图

当脉冲不相关时，会得出错误的等时线（虚线）

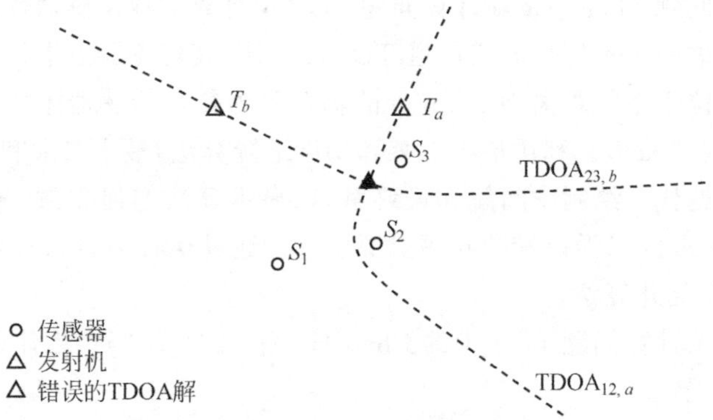

图 11.10 多个辐射源问题的示意图

当等时线未正确关联时，将得出错误的位置估计

通常，通过提供辅助信息以及到达时间统计信息（如脉冲描述字）来解决此问题，该信息包括接收信号的各种参数，如脉冲宽度、中心频率、带宽、调制类型，甚至可能是 AOA（如果传感器具备执行该测量的能力）。所有这些辅助信息都有助于融合处理中心消除脉冲到达时间的歧义。与峰值检测 TOA 的前缘相反，通过为融合中心提供完整的采样信号（而不是一些估计参数），相关 TDOA 的实施大大改善了排序问题。然而，即使不添加侧信道信息或互相关接收机，本书也提出了通过 TDOA 对多个辐射源进行定位的算法。感兴趣的读者可以参考文献[26]和文献[27]。

最后，但也许最重要的是，TDOA 依靠目标来发射信号，并且受到 EMCON 隐患的影响。更简单的系统（如在各个位置基于脉冲的边缘/峰值检测的系统）也无法处理连续波信号，更无法处理具有很大扩展带宽和低能谱密度（W/Hz 频谱）的 LPI 类型信号。互相关接收机可以弥补这些辐射源的部分性能损耗，但仍然容易受到目标无线电静默的影响。如果目标未发射或未在 TDOA 系统覆盖的频段内发射，则将不会检测到目标或对其进行处理。

11.7 问题集

11.1 每个传感器生成的到达时间测量的标准偏差为 10 ns。计算位于下降距离 75 km，横向距离 10 km 的辐射源的 CRLB，根据该 CRLB 计算出 RMSE。

11.2 计算峰值检测 TOA 传感器的标准偏差，给定辐射源位于 75 km 距离内，ERP 为 30 dBW，载波频率 $f_0=9.5$ GHz。假设接收机在传输方向上具有适当的 3 dBi 阵列增益，并且接收带宽为 $B_r=100$ MHz，噪声因数为 NF=2 dB，接收损耗为 $L_r=4$ dB。发射机高度为 $h_t=10$ m，接收机高度为 $h_r=9$ km。如果发射脉冲的 RMS 带宽为 $B_{rms}=60$ MHz，脉冲持续时间为 $T=100$ ms，那么互相关接收机的标准偏差是多少？

11.3 在问题 11.1 中重新计算问题 11.2 中计算的双传感器性能。

11.4 考虑一个示例性的三信道 TDOA 系统，其传感器沿半径 25 km 的圆周均匀分布。从位于下降距离 100 km 处的辐射源为每个传感器生成一组标准差为 $\sigma_t=150$ 的定时测量值。利用最小二乘和梯度下降算法，最小二乘和梯度下降最多可进行 100 次迭代。绘制中间解和最终解，以显示算法如何收敛。叠加辐射源真实位置，CRLB 的 90% 误差椭圆和辐射源位置。通过 0 km 横向距离，2 km 下降距离($+y$)的解初始化算法。

11.5 尝试计算问题 11.4 中的 Chan-Ho 解；成功了吗？为什么成功了，又为什么没有成功呢？

11.6 在问题 11.4 中的原点添加一个传感器，然后再做一次。

11.7 在问题 11.4 中添加 $x=[50,0]$ km 处的偏移传感器，再次重复求解。

11.8 问题 11.4、11.6 和 11.7 中的 CRLB 的 CEP_{50} 是多少？

参考文献

[1] Jansky and Bailey, “The LORAN-C system of navigation,” Atlantic Research Corporation, Tech. Rep., February 1962.

[2] W. R. Hahn, “Optimum signal processing for passive sonar range and bearing estimation,” *The Journal of the Acoustical Society of America*, vol. 58, no. 1, pp. 201–207, 1975.

[3] J. Buisson and T. McCaskill, “Timation navigation satellite system constellation study,” Naval Research Laboratory, Tech. Rep., 1972.

[4] N. Marchand, “Error distributions of best estimate of position from multiple time difference hyperbolic networks,” *IEEE Transactions on Aerospace and Navigational Electronics*, no. 2, 1964.

[5] W. Crichlow, J. Herbstreit, E. Johnson, K. Norton, and C. Smith, “The Range Reliability and Accuracy of a Low Frequency Loran System,” *Office of the Chief Signal Officer, The Pentagon, Washington, DC, Rept. ORS-P23, ASTIA Doc. AD*, vol. 52, p. 265, 1946.

[6] W. Hahn and S. Tretter, “Optimum processing for delay-vector estimation in passive signal arrays,” *IEEE Transactions on Information Theory*, vol. 19, no. 5, pp. 608–614, 1973.

[7] W. J.E. Kaufmann, “Emitter Location with LES-8/9 Using Differential Time-of-Arrival and Differential Doppler Shift,” MIT Lincoln Laboratory, Tech. Rep. TR-698 (Rev. 1), 2000.

[8] S. Boyd and L. Vandenberghe, *Convex optimization*. Cambridge, UK: Cambridge University Press, 2004.

[9] Y.-T. Chan and K. Ho, “A simple and efficient estimator for hyperbolic location,” *IEEE Transactions on signal processing*, vol. 42, no. 8, pp. 1905–1915, 1994.

[10] Y. Zhou and L. Lamont, “Constrained linear least squares approach for TDOA localization: A global optimum solution,” in *2008 IEEE International Conference on Acoustics, Speech and Signal Processing*, March 2008, pp. 2577–2580.

[11] L. Lin, H. So, F. K. Chan, Y. Chan, and K. Ho, “A new constrained weighted least squares algorithm for TDOA-based localization,” *Signal Processing*, vol. 93, no. 11, pp. 2872 – 2878, 2013.

[12] F. Gustafsson and F. Gunnarsson, "Positioning using time-difference of arrival measurements," in *Acoustics, Speech, and Signal Processing, 2003. Proceedings.(ICASSP'03). 2003 IEEE International Conference on*, vol. 6. IEEE, 2003, pp. VI–553.

[13] K. C. Ho, "Bias reduction for an explicit solution of source localization using TDOA," *IEEE Transactions on Signal Processing*, vol. 60, no. 5, pp. 2101–2114, May 2012.

[14] B. Friedlander, "A passive localization algorithm and its accuracy analysis," *IEEE Journal of Oceanic engineering*, vol. 12, no. 1, pp. 234–245, 1987.

[15] J. Smith and J. Abel, "The spherical interpolation method of source localization," *IEEE Journal of Oceanic Engineering*, vol. 12, no. 1, pp. 246–252, 1987.

[16] J. Abel and J. Smith, "The spherical interpolation method for closed-form passive source localization using range difference measurements," in *ICASSP '87. IEEE International Conference on Acoustics, Speech, and Signal Processing*, vol. 12, Apr 1987, pp. 471–474.

[17] H. Boujemaa and M. Siala, "On a maximum likelihood delay acquisition algorithm," in *Communications, 2001. ICC 2001. IEEE International Conference on*, vol. 8. IEEE, 2001, pp. 2510–2514.

[18] V. Dizdarevic and K. Witrisal, "Statistical uwb range error model for the threshold leading edge detector," in *Information, Communications & Signal Processing, 2007 6th International Conference on*. IEEE, 2007, pp. 1–5.

[19] C. Steiner and A. Wittneben, "Robust time-of-arrival estimation with an energy detection receiver," in *Ultra-Wideband, 2009. ICUWB 2009. IEEE International Conference on*. IEEE, 2009.

[20] I. Sharp, K. Yu, and Y. J. Guo, "Peak and leading edge detection for time-of-arrival estimation in band-limited positioning systems," *IET Communications*, vol. 3, no. 10, pp. 1616–1627, October 2009.

[21] W. R. Hahn, "Optimum passive signal processing for array delay vector estimation," Naval Ordnance Laboratory, Tech. Rep., 1972.

[22] C.-H. Kao, "Performance analysis of a JTIDS/Link-16-type waveform transmitted over slow, flat Nakagami fading channels in the presence of narrowband interference," Ph.D. dissertation, Naval Postgraduate School, 2008.

[23] P. H. Dana and B. M. Penrod, "The role of GPS in precise time and frequency dissemination," *GPS World*, vol. 1, no. 4, pp. 38–43, 1990.

[24] E. Powers, A. Colina, and E. D. Powers, "Wide area wireless network synchronization using locata," *ION Publication*, pp. 9–20, 2015.

[25] K. C. Ho, X. Lu, and L. Kovavisaruch, "Source localization using TDOA and FDOA measurements in the presence of receiver location errors: Analysis and solution," *IEEE Transactions on Signal Processing*, vol. 55, no. 2, pp. 684–696, Feb 2007.

[26] L. Yang and K. C. Ho, "An approximately efficient TDOA localization algorithm in closed-form for locating multiple disjoint sources with erroneous sensor positions," *IEEE Transactions on Signal Processing*, vol. 57, no. 12, pp. 4598–4615, Dec 2009.

[27] M. Sun and K. C. Ho, "An asymptotically efficient estimator for TDOA and FDOA positioning of multiple disjoint sources in the presence of sensor location uncertainties," *IEEE Transactions on Signal Processing*, vol. 59, no. 7, pp. 3434–3440, July 2011.

第12章 FDOA

FDOA是类似于TDOA的高精度辐射源定位技术,用于随时间生成非协作辐射目标的轨迹。与TDOA不同,FDOA要求辐射源或更普遍的传感器移动,并且依赖辐射源与每个目标之间相对速度的差异,这会导致每个接收机处的多普勒频移略有不同。[①] 测量并处理此差异以估计辐射源的位置。要获得精确的FDOA频率测量值更加困难,尤其是在速度不确定性、信号幅度以及传感器运动方向的情况下。由于这些原因,FDOA的使用频率要低于TDOA。然而,FDOA同样是一种容易理解并且经常被研究的技术。

本章将讨论在许多运动的接收机站使用频率测量以估计辐射源的位置。该方法与第11章中讨论的TDOA方法非常相似,但是有几个重要区别,本书将予以说明。学术文献中的大多数方法都是将FDOA与TDOA结合使用,而不是孤立地考虑FDOA,主要是因为这减少了所需平台的数量,并且可减小估计误差。本书将在第13章中讨论TDOA和FDOA的联合使用方法。

本章首先介绍FDOA背景并从地理角度表述问题,提出了几种求解未知辐射源位置的算法,给定一组FDOA测量值,然后讨论了FDOA测量值和辐射源定位的预期误差。

12.1 背景

与TDOA相似,FDOA依赖一组传感器,每个传感器估计未知辐射源辐射入射信号的参数。主要区别在于,当使用FDOA时,每个接收机需准确测量接收信号的频率。如果接收机(或辐射源)正在移动,则每个接收机将测量略有不同的信

---

① 更正式地说,相对速度会导致时间轴膨胀或压缩。对于窄带信号,这近似为频移。

号频率，辐射源的载波频率由多普勒频移调制，代表每个传感器看到的辐射源相对速度。两个接收器之间的频率差可用于生成部分解，即辐射源所在的曲线。通过与其他传感器的频率进行比较，可以形成位置估计。图 12.1 描绘了这种场景的图形。

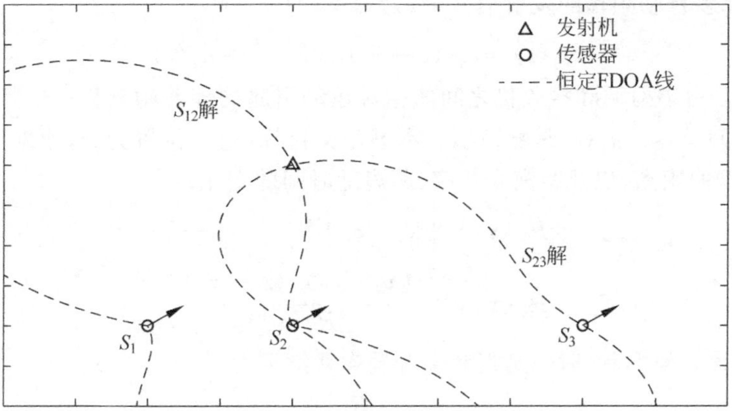

图 12.1 FDOA 场景示例，显示了 3 个运动传感器以及用于两对传感器的 FDOA 解

在 TDOA 情况下，基本时延是未知的，无法直接进行估计，但是通过在一组传感器上比较 TDOA，可以估计未知的批量延迟。同理，对于 FDOA，我们无法直接估计实际载波频率 f_0，但通过比较每个传感器的 FDOA，可以估计每个传感器的多普勒频移，并最终估计辐射源的位置。

由于其额外的复杂性，以及产生足够准确频率测量方面的问题，FDOA 在文献中没有像 TDOA 那样被广泛采用或研究。尽管如此，可以在文献[1]中找到 FDOA 的几何公式，可以在文献[2]中找到有关卫星星座应用的讨论。关于估计频率差(通常称为差分多普勒)基础精度和可实现辐射源位置精度的讨论可以追溯到 20 世纪 70 年代，大部分早期著作着重于声呐应用研究[3-8]。由于 FDOA 依靠速度已知的运动传感器，因此最容易应用于卫星 ELINT 星座。① 本章不讨论任何轨道力学的复杂性，也不讨论天基传感器精度的细节。感兴趣的读者可以参阅文献[2]和文献[11]。相反，本书将重点讨论使用二维坐标和频率测量的一般问题。

另外，类似于 TDOA 和三角测量，通过应用跟踪方法可以大大改善辐射源位置的估计。为简单起见，本书考虑单个目标的位置估计。关于这个话题的大多数现有文献都采用多种形式(如 TDOA/FDOA 或 TDOA/FDOA/AOA)。感兴趣的读者可以参阅文献[10]、文献[12]和文献[13]。

---

① 对于静止的接收机和移动的发射机，很容易用公式表示这个问题，但是估计辐射源的速度会更加复杂。这种情况下通常将 TDOA 和 FDOA 结合利用以补偿额外的未知数[9-10]。

12.2 公式

本书的公式大致基于文献[14]～文献[16]中的信号模型,我们先讨论涉及衰减、延迟和多普勒频移的发射信号 $s(t)$。

$$y_i(t)=\alpha_i s(t-\tau_i)\mathrm{e}^{\mathrm{j}f_i(t-\tau_i)}+n_i(t) \tag{12.1}$$

其中,f_i 是由辐射源和接收机之间的相对运动引起的多普勒频移;τ_i 是第 i 个接收机的时间延迟。$n_i(t)$是噪声项。本书定义目标(目标位置为 x,速度为 v)与第 i 个传感器的距离,以及距离变化率(距离随时间的变化):

$$R_i(\boldsymbol{x})\triangleq|\boldsymbol{x}-\boldsymbol{x}_i| \tag{12.2}$$

$$\dot{R}_i(\boldsymbol{x},\boldsymbol{v})\triangleq\frac{(\boldsymbol{v}_i-\boldsymbol{v})^{\mathrm{T}}(\boldsymbol{x}-\boldsymbol{x}_i)}{R_i(\boldsymbol{x})} \tag{12.3}$$

根据该几何形状,时间延迟和多普勒频移给定为

$$\tau_i=\frac{R_i}{c} \tag{12.4}$$

$$f_i=\frac{f_0}{c}\dot{R}_i \tag{12.5}$$

就像在 TDOA 中每对传感器产生一组等时线一样,FDOA 中的每对传感器也具有一组 isoDoppler 等高线或恒定多普勒差的线。图 12.2 说明了一种测试情况。可根据方程(12.6)和方程(12.7)定义两个传感器之间的频率差:

$$f_{m,n}(\boldsymbol{x},\boldsymbol{v})=f_m(\boldsymbol{x},\boldsymbol{v})-f_n(\boldsymbol{x},\boldsymbol{v}) \tag{12.6}$$

$$=\frac{f_0}{c}\left[\frac{(\boldsymbol{v}_m-\boldsymbol{v})^{\mathrm{T}}(\boldsymbol{x}-\boldsymbol{x}_m)}{\|\boldsymbol{x}-\boldsymbol{x}_m\|_2}-\frac{(\boldsymbol{v}_n-\boldsymbol{v})^{\mathrm{T}}(\boldsymbol{x}-\boldsymbol{x}_n)}{\|\boldsymbol{x}-\boldsymbol{x}_n\|_2}\right] \tag{12.7}$$

为简单起见,本书假设$\boldsymbol{v}=0$。如果$\boldsymbol{v}$ 不为 0,则$\boldsymbol{v}$ 表示另一个未知数(实际上,每个空间维度有一个未知数)。为了估计除位置 $\boldsymbol{x}$ 以外的速度$\boldsymbol{v}$,必须通过第 13 章中讨论的额外传感器或额外形式(如 TDOA 或 AOA)收集额外信息。

图 12.2 中绘制了两个简单场景的 isoDoppler 等高线。在第一种情况下,速度与两个传感器的轴对齐,并且该等高线类似于磁场的等高线。传感器之间存在峰值频率差(一个为正,另一个为负),等高线在两个传感器左、右两侧的区域中逐渐向相等点发展。在第二种情况下,速度垂直于中心轴。该等高线更加复杂,但是相对容易理解。在每个象限中,都有一个离轴且多普勒频移更小的传感器(第一和第四传感器为 S_0,第二和第三传感器为 S_1)。在上象限中,排列更紧密的等高线具有更大的正移,而在下象限中,具有更大的负移。在其他更真实的场景中,等高线会更加复杂并且难以直观地解释,但是它们遵循相同的原理。

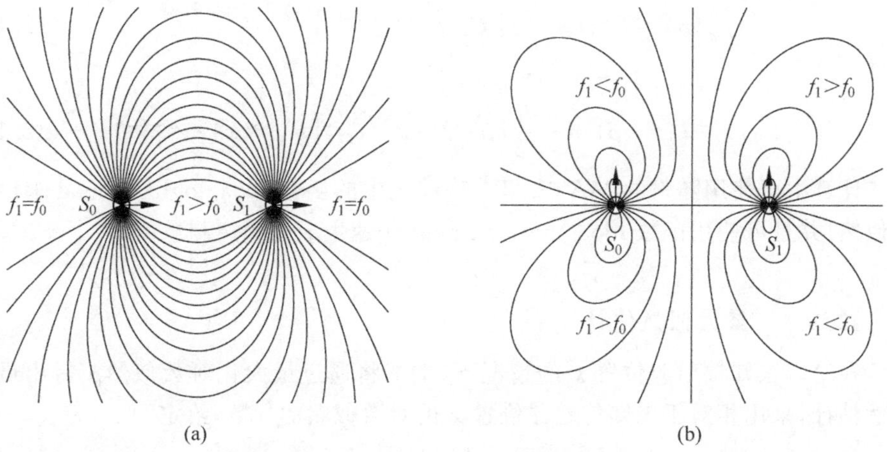

图 12.2 Iso-Doppler 等高线描绘了静止辐射源在不同位置的两个接收机之间恒定频率差的迹线
(a) 两个传感器都沿 $+x$ 方向移动；(b) 两个传感器都沿 $+y$ 方向移动

12.3 求解方法

考虑与公共参考(传感器 N)相比,传感器 1 到传感器 $N-1$ 的频率差测量结果。本书通过第 m 个传感器与第 n 个传感器之间的这些多普勒频移计算距离变化率差 $\dot{R}_{m,n}(x)$:

$$\dot{R}_{m,n}(\boldsymbol{x})=\frac{c}{f_0}f_{m,n}(\boldsymbol{x})=\left[\frac{\boldsymbol{v}_m^{\mathrm{T}}(\boldsymbol{x}-\boldsymbol{x}_m)}{\|\boldsymbol{x}-\boldsymbol{x}_m\|_2}-\frac{\boldsymbol{v}_n^{\mathrm{T}}(\boldsymbol{x}-\boldsymbol{x}_n)}{\|\boldsymbol{x}-\boldsymbol{x}_n\|_2}\right] \tag{12.8}$$

收集全矢量:

$$\dot{\boldsymbol{r}}(\boldsymbol{x})=[\dot{R}_{1,N}(\boldsymbol{x}),\dot{R}_{2,N}(\boldsymbol{x}),\cdots,\dot{R}_{N-1,N}(\boldsymbol{x})]^{\mathrm{T}} \tag{12.9}$$

距离变化率差分矢量的噪声测量给定为

$$\dot{\boldsymbol{\rho}}=\dot{\boldsymbol{r}}(\boldsymbol{x})+\boldsymbol{n} \tag{12.10}$$

其中,$\boldsymbol{n}$ 是具有协方差 $\boldsymbol{C}_{\dot{r}}$ 的高斯随机矢量。假设所有频率测量值都是独立的,且方差为 σ_m^2(单位: Hz^2)。因此,可以将多普勒频率差转换为距离差变化率,协方差矩阵可写为

$$\boldsymbol{C}_{\dot{r}}=\frac{c^2}{f_0^2}\begin{bmatrix}\sigma_1^2+\sigma_N^2 & \sigma_N^2 & \cdots & \sigma_N^2\\ \sigma_N^2 & \sigma_2^2+\sigma_N^2 & \cdots & \\ \vdots & & \ddots & \vdots\\ \sigma_1^2 & \cdots & & \sigma_{N-1}^2+\sigma_N^2\end{bmatrix} \tag{12.11}$$

其中,$\boldsymbol{C}_{\dot{r}}$ 以 $\mathrm{m}^2/\mathrm{s}^2$ 为单位。这与我们从距离差分矢量 $\dot{\boldsymbol{r}}(\boldsymbol{x})$中测量 $\dot{\boldsymbol{\rho}}$ 具有相同的形式。因此,概率密度函数和对数似然函数可分别类似得到,即

$$f_x(\dot{\rho}) = (2\pi)^{-\frac{(N-1)}{2}} \mid \boldsymbol{C}_{\dot{r}} \mid^{-1/2} \mathrm{e}^{-\frac{1}{2}[\dot{\boldsymbol{\rho}}-\dot{\boldsymbol{r}}(\boldsymbol{x})]^{\mathrm{T}}\boldsymbol{C}_{\dot{r}}^{-1}[\dot{\boldsymbol{\rho}}-\dot{\boldsymbol{r}}(\boldsymbol{x})]} \tag{12.12}$$

并且

$$l(\boldsymbol{x} \mid \dot{\boldsymbol{\rho}}) = -\frac{1}{2}[\dot{\boldsymbol{\rho}} - \dot{\boldsymbol{r}}(\boldsymbol{x})]^{\mathrm{T}}\boldsymbol{C}_{\dot{r}}^{-1}[\dot{\boldsymbol{\rho}} - \dot{\boldsymbol{r}}(\boldsymbol{x})] \tag{12.13}$$

计算中可使用随附的 MATLAB® 软件包中的函数 fdoa. loglikelihood 求出对数似然，并且可使用函数 fdoa. measurement 快速生成无噪声测量值。

12.3.1 最大似然估计

在给定未知辐射源位置 $\boldsymbol{x}$ 的情况下，本书将通过最大化对数似然 $\dot{\boldsymbol{\rho}}$ 得出最大似然估计，采用相对于未知传感器位置 $\boldsymbol{x}$ 的对数似然的导数，给定为

$$\nabla_{\boldsymbol{x}} l(\boldsymbol{x} \mid \dot{\boldsymbol{\rho}}) = \boldsymbol{J}(\boldsymbol{x})\boldsymbol{C}_{\dot{r}}^{-1}[\dot{\boldsymbol{\rho}} - \dot{\boldsymbol{r}}(\boldsymbol{x})] \tag{12.14}$$

其中，$\boldsymbol{J}(\boldsymbol{x})$是 $\dot{\boldsymbol{r}}(\boldsymbol{x})$的雅可比矩阵：

$$\boldsymbol{J}(\boldsymbol{x}) = [\nabla_{\boldsymbol{x}}\dot{R}_{1,N}, \nabla_{\boldsymbol{x}}\dot{R}_{2,N}, \cdots, \nabla_{\boldsymbol{x}}\dot{R}_{N-1,N}] \tag{12.15}$$

$\nabla_{\boldsymbol{x}}\dot{R}_{n,N}^{\mathrm{T}}$ 是距离差变化率对辐射源(第 n 个传感器和参考传感器之间)的梯度矩阵：

$$\nabla_{\boldsymbol{x}}\dot{R}_{n,N} = [\boldsymbol{I} - \boldsymbol{P}_n(\boldsymbol{x})]\frac{\boldsymbol{v}_n}{\|\boldsymbol{x}_n - \boldsymbol{x}\|_2} - [\boldsymbol{I} - \boldsymbol{P}_N(\boldsymbol{x})]\frac{\boldsymbol{v}_N}{\|\boldsymbol{x}_N - \boldsymbol{x}\|_2} \tag{12.16}$$

其中

$$\boldsymbol{P}_n(\boldsymbol{x}) = \frac{(\boldsymbol{x} - \boldsymbol{x}_n)(\boldsymbol{x} - \boldsymbol{x}_n)^{\mathrm{T}}}{\|\boldsymbol{x} - \boldsymbol{x}_n\|_2^2} \tag{12.17}$$

是在第 n 个传感器和辐射源之间视距上的投影矩阵。直观地讲，这表明传感器 n 和参考传感器 N 之间距离差变化率主要对与该传感器的视距正交的每个传感器的速度分量以及该传感器与辐射源之间的距离敏感。同时表明，当 $\boldsymbol{v}_n$ 正交于 $\boldsymbol{x}-\boldsymbol{x}_n$ 和(或) $\boldsymbol{v}_N$ 正交于 $\boldsymbol{x}-\boldsymbol{x}_N$ 时，性能将最大化(梯度对 $\boldsymbol{x}$ 的变化最敏感)，因为这些导向将导致 $\dot{R}_{n,N}$ 的最大变化(对于 $\boldsymbol{x}$ 的给定变化)。

我们可使用随附的 MATLAB® 软件包中的 fdoa. jacobian 直接计算雅可比行列式，并可通过 fdoa. mlSoln 借助强力搜索求出最大似然估计的近似值。

图 12.3 中绘制了一个无噪声测试情况的强力最大似然估计示例。图示首先显示来自各个传感器对的解，然后显示完整的解。在所有图中，传感器均标有"×"，辐射源标有"○"。在等高线的交点处给出最大似然估计值。

12.3.2 迭代最小二乘解

求解方程(12.13)的最直接方法是假定一个估计位置，然后使用泰勒级数逼近

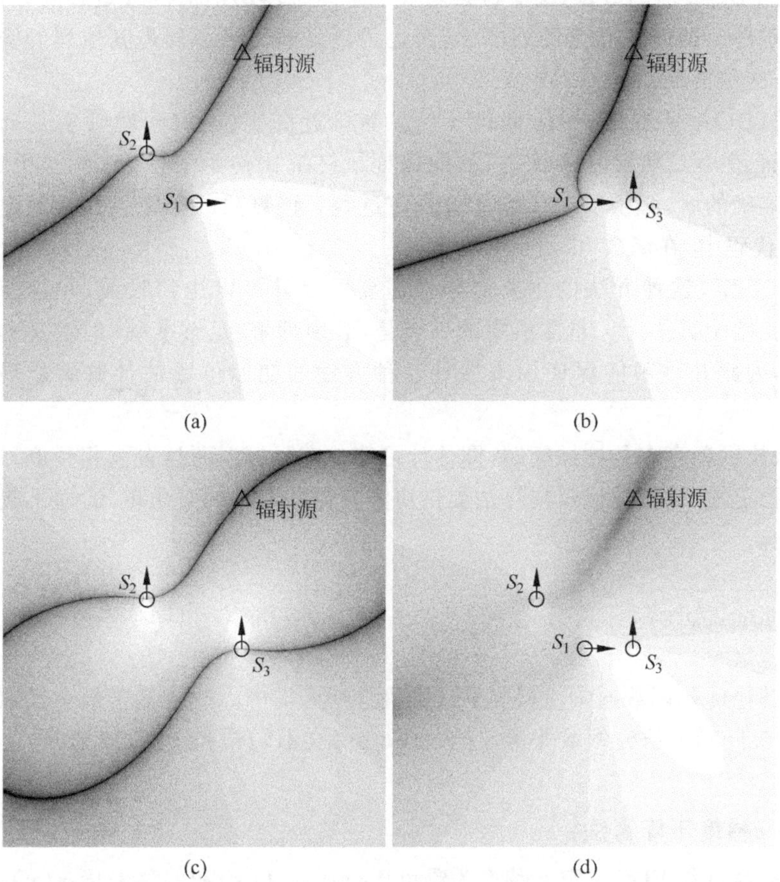

图 12.3 正如在 FDOA 传感器(标记为○)处看到的,假设在标记位置(标记为△)处有辐射源,每个位置的对数似然图

所有曲线均在对数分度上,对比度为 80 dB

(a) 传感器 1 和传感器 2; (b) 传感器 1 和传感器 3; (c) 传感器 2 和传感器 3; (d) 全部 3 个传感器

对其进行更新。这与第 10 章和第 11 章中描述的最小二乘迭代法相同。

每个距离差变化率的梯度都收集在雅可比矩阵 $\boldsymbol{J}(\boldsymbol{x})$(见方程(12.15))中。由此,我们可以表示近似于方程(12.9)的某些位置估计 $\boldsymbol{x}^{(i)}$ 的线性近似,并且具有偏移 $\Delta\boldsymbol{x}^{(i)}$:

$$\dot{\boldsymbol{r}}(\boldsymbol{x}^{(i)}+\Delta\boldsymbol{x}^{(i)})=\dot{\boldsymbol{r}}(\boldsymbol{x}^{(i)})+\boldsymbol{J}^{\mathrm{T}}(\boldsymbol{x}^{(i)})\Delta\boldsymbol{x}^{(i)} \tag{12.18}$$

其余推导与 11.3.2 节中的推导相同,只是将几个变量替换为其 FDOA 等效项。值得注意的是,距离差矢量 $\dot{\boldsymbol{r}}$ 替换为距离差变化率 $\boldsymbol{r}$、对应的测量矢量、协方差矩阵和雅可比矩阵。

回顾前文,为了保证有解,雅可比矩阵 $\boldsymbol{J}$ 的列数不得超过行数。换言之,唯一 FDOA 对的数量($N-1$)必须不小于空间维度的数量。如果辐射源的速度也是未知的，则唯一 FDOA 对的数量($N-1$)必须大于空间维度的两倍。这是必要条件，但不是充分条件。即使 $\boldsymbol{J}$ 包含的列多于行，也可能无解。当一列是其他列的线性组合时，就是这种情况。

就像在 TDOA 情况下一样，假设 $\boldsymbol{x}^{(i)}$ 足够接近真实位置(问题确实是局凸的)，不能保证最小二乘解是最优的，只能保证最终解比初始估计值($\boldsymbol{x}^{(i)}$)更近。为了获得更准确的解，必须以迭代方式重复该过程。该算法的实施包含在随附的 MATLAB® 代码中，在函数 fdoa.lsSoln 下。

回顾第 10 章，这种方法的主要局限性需要重复计算以达到收敛，并且需要足够准确的初始位置估计。非常重要的一点是，必须理解"足够准确"的定义本身就是病态的，因此几乎不能保证用来播种这种方法的初始位置估计值满足局凸要求。

此外，该技术还存在鲁棒性问题，即估计可能与实际辐射源位置大相径庭。为了提高数值稳定性，我们建议仅向算法提供协方差矩阵 $\boldsymbol{C}_{\dot{\rho}}$ 的对角单元，而不提供全协方差矩阵：

```
C_ls = diag(diag(C));
```

约束和其他优化函数通常是提高估计准确性所必需的。改进基于最小二乘法新求解 FDOA 问题的研究领域非常广泛，可以参考文献[17]和文献[18]。

12.3.3 梯度下降算法

我们可以通过将 FDOA 定义替换为雅可比行列式 $\boldsymbol{J}(\boldsymbol{x})$ 和偏移矢量 $\boldsymbol{y}(\boldsymbol{x})$，将 11.3.3 节中的梯度下降算法直接应用于 FDOA 定位。为简单起见，本书在这里省略了公式，但是请注意，可以在随附的 MATLAB® 软件包中找到带有 fdoa.gdSoln 函数的实施。

梯度下降算法的最重要特征也许是更新方程不包含矩阵求逆，因此其计算比迭代最小二乘解更快。

该算法的主要缺点仍然是需要适当准确的初始估计，以便可以假设目标函数的凸性。

12.3.4 其他方法

最近，Cameron 针对两个 FDOA 接收机推导出了一种特殊解法，该算法利用了随着时间变化的样本(假设是静止接收机)，并随机采样了 3 组测量，从每组形成了一个定位，然后在解中达成一致[19-20]。这是 RANSAC(随机抽样一致性)算法[21]在 FDOA 的应用，它依赖 FDOA 方程组的多项式表示，类似于文献[9]、文献[14]和文献[22]中所述。

利用两个传感器重复测量这一更广泛方法可令静止辐射源假设在 n 个不同时间点生成 n 个 FDOA 测量，如图 12.4 所示。这种方法对于 FDOA 定位非常有用，因为已经假设辐射源是静止的，并且使所需的传感器平台数量最少(从三维 FDOA 的 4 个传感器平台减少到两个)。该方法的唯一缺点是需要辐射源在更长的观测间隔内处于活动状态，以允许运动传感器越过更大的基线(对于远距离定位，理想情况下基线一般大于 10 km)，并且带来在稠密环境情况下的融合测量挑战。

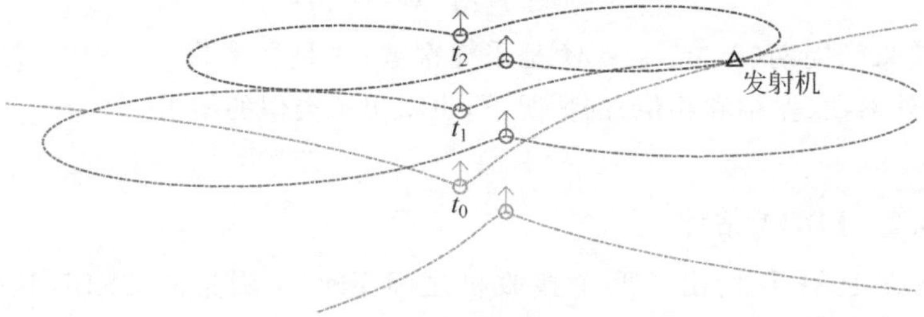

图 12.4 运动平台上两传感器 FDOA 示意图，在不同时间点进行了多次测量

Mušicki 和 Koch[16] 指出，虽然 FDOA 测量值是高斯的，但当将它们投影到空间坐标上时，它们显然是非高斯的(因为 $\dot{\boldsymbol{r}}(\boldsymbol{x})$ 是非线性的)。因此利用高斯假设来推导最大似然估计和 CRLB 虽然相对便捷，但并不严谨。他们认为，在观测空间内进行正确的估计需要对各种 FDOA 测量进行非线性信息融合，FDOA 的测量通过高斯测量混合(Gaussian of mixture models，GMM)算法实现。对此感兴趣的读者可参考文献[16]。尽管有上述观点，但鉴于高斯假设推导和计算的简便性，本书将继续基于该假设进行 CRLB 分析。但是我们必须承认此做法存在缺陷。

12.4 FDOA 估计

FDOA 的关键分量是估计每对传感器之间的频率差。与 TDOA 相似，可以通过首先估计每个传感器的频率，随后比较这些估计值，或通过直接比较接收信号来实现。后者估计精度较高，但是会带来传输原始传感器数据的额外负担。① 本节主要简单回顾每种方法，并提供相应参考文献。

12.4.1 到达频率估计

信号频率的估计是电子战相关文献中广泛提及的问题，并且具有多种多样的解法。Adamy 在文献[24]的第 6 章中给出了几种解法，同时在第 5 章中简要讨论了某些接收机类型的频率精度。感兴趣的读者可以参阅文献[25]，回顾一下瞬时频率测量技术的历史和发展，也可以参阅文献[26]和文献[27]了解有关一般信号

① 有关如何压缩这些信号以最小化通信需求的讨论，参阅文献[23]。

的全面讨论。通常,频率分辨率取决于奈奎斯特采样极限。

$$\sigma_{\mathrm{f}} \geqslant 1/T_{\mathrm{s}} \tag{12.19}$$

其中,T_{s} 是观测间隔。尽管奈奎斯特定理限定了近距离信号的可分辨性,但这不会限定估计精度,CRLB 可以更好地对此进行限定。可根据方程(12.20)确定未知正弦波频率估计的 CRLB[28]①。

$$\sigma_{\mathrm{f}}^{2} \geqslant \frac{3}{\pi^{2} t_{\mathrm{s}}^{2} M(M^{2}-1)\xi} \tag{12.20}$$

其中,t_{s} 是采样周期(单位: s); M 是采样次数; ξ 是每个采样 SNR。文献[29]中在考虑额外参数(振幅和相位)的情况下,也得出了类似的结果。

12.4.2 FDOA 估计

Stein 在 1981 年给出了两个接收机之间 FDOA 测量的 CRLB 这一经典结论[4]。如果我们假设时间延迟可以忽略不计,则可根据方程(12.21)确定频率差估计值[4,10,15-16]:

$$\sigma_{\mathrm{fd}}^{2} \geqslant \frac{1}{4\pi^{2} T_{\mathrm{rms}}^{2} B_{\mathrm{r}} T_{\mathrm{s}} \xi_{\mathrm{eff}}} \tag{12.21}$$

其中,T_{rms} 是 RMS 信号持续时间(类似于第 11 章中使用的 RMS 带宽); $B_{\mathrm{r}} T_{\mathrm{s}}$ 是发送信号的时间带宽乘积(分别取决于接收机带宽和观测间隔):

$$T_{\mathrm{rms}}^{2} = \frac{\int_{-\infty}^{\infty} t^{2} \mid s(t) \mid^{2} \mathrm{d}t}{\int_{-\infty}^{\infty} \mid s(t) \mid \mathrm{d}t} \tag{12.22}$$

在第 11 章中将 ξ_{eff} 定义为结合两次测量 ξ_{eff} 得到的有效 SNR:

$$\xi_{\mathrm{eff}} = 2\left[\frac{1}{\xi_{1}} + \frac{1}{\xi_{2}} + \frac{1}{\xi_{1}\xi_{2}}\right]^{-1} \tag{12.23}$$

对于持续时间为 T_{s} 的恒定包络信号,RMS 持续时间简化为

$$T_{\mathrm{rms}}^{2} = \frac{\int_{0}^{T_{\mathrm{s}}} t^{2} \mathrm{d}t}{\int_{0}^{T_{\mathrm{s}}} 1 \mathrm{d}t} = \frac{T_{\mathrm{s}}^{2}}{3} \tag{12.24}$$

因此,FDOA 估计的 CRLB 可以重新写为

$$\sigma_{\mathrm{fd}}^{2} \geqslant \frac{3}{4\pi^{2} B_{\mathrm{r}} T_{\mathrm{s}}^{3} \xi_{\mathrm{eff}}} \tag{12.25}$$

为了比较这两种方法,本书针对两个信号(未调制脉冲($B_{\mathrm{r}} T_{\mathrm{s}}=1$)和已调制脉冲($B_{\mathrm{r}} T_{\mathrm{s}}=1000$))分别绘制估计精度与 SNR($\xi_{\mathrm{eff}}$)的函数关系。这两种情况下,频

---

① 读者将注意到,文献[28]中的公式不包含项 t_{s}。这是因为其中的频率以数字频率(1/样本)为单位,而我们寻求的频率精度以 Hz(1/s)为单位。

率差估计精度均比原始频率估计精度高出约 6 dB。对于调制脉冲，频率差估计精度显然更好。

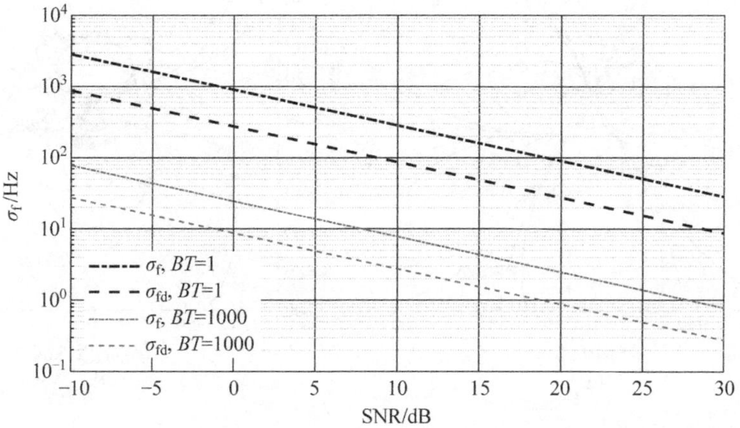

图 12.5 比较两个单独信号的频率估计(σ_f)和频率差估计(σ_{fd})精度，未调制脉冲($BT=1$)和已调制脉冲($BT=1000$)

在每种情况下，观测间隔和脉冲长度均为 1 ms，带宽是变化的

12.4.3 频率估计的局限性

需要注意的是，对于某些波形，时延和多普勒之间存在固有的模糊性。因此，如果没有假设延迟可以忽略(或通过其他方式已知)，则无法可靠地估计频率差。对于线性调频脉冲(linear frequency modulation，LFM)信号，这种情况更值得注意，线性调频脉冲在脉冲期间扫过整个频率，并在雷达系统中广泛使用[30]。如果目标信号是线性调频信号，则将很难准确测量时延和多普勒。同理，对于更普遍的宽带系统，多普勒频移不是简单的频移，而是时间轴的延伸，并且需要更复杂的算法来准确地进行估计。感兴趣的读者可以参阅文献[31]和文献[32]。

12.5 定位性能

类似 TDOA 的情况，我们使用 CRLB 将定位性能设定为几何和单个传感器性能的函数。可以直接采用方程(11.45)中的 CRLB，只需替换可比较的变量即可。将协方差矩阵 $\boldsymbol{C}_{\boldsymbol{\rho}}$ 替换为 $\boldsymbol{C}_{\dot{\boldsymbol{\rho}}}$，并将方程(11.10)中的雅各布行列式 $\boldsymbol{J}$ 替换为其对应的 FDOA(见方程(12.15))：

$$\boldsymbol{C}_{\hat{\boldsymbol{x}}} \geqslant \left[\boldsymbol{J}(\boldsymbol{x})\boldsymbol{C}_{\dot{\boldsymbol{\rho}}}^{-1}\boldsymbol{J}^{\mathrm{T}}(\boldsymbol{x})\right]^{-1} \tag{12.26}$$

该解必须以数值形式求解。图 12.6(a)给出了一个示例，其中假设每个传感器 FDOA 测量值的标准偏差为 10 Hz。图中的值是根据 CRLB 计算得出的 CEP_{50}。

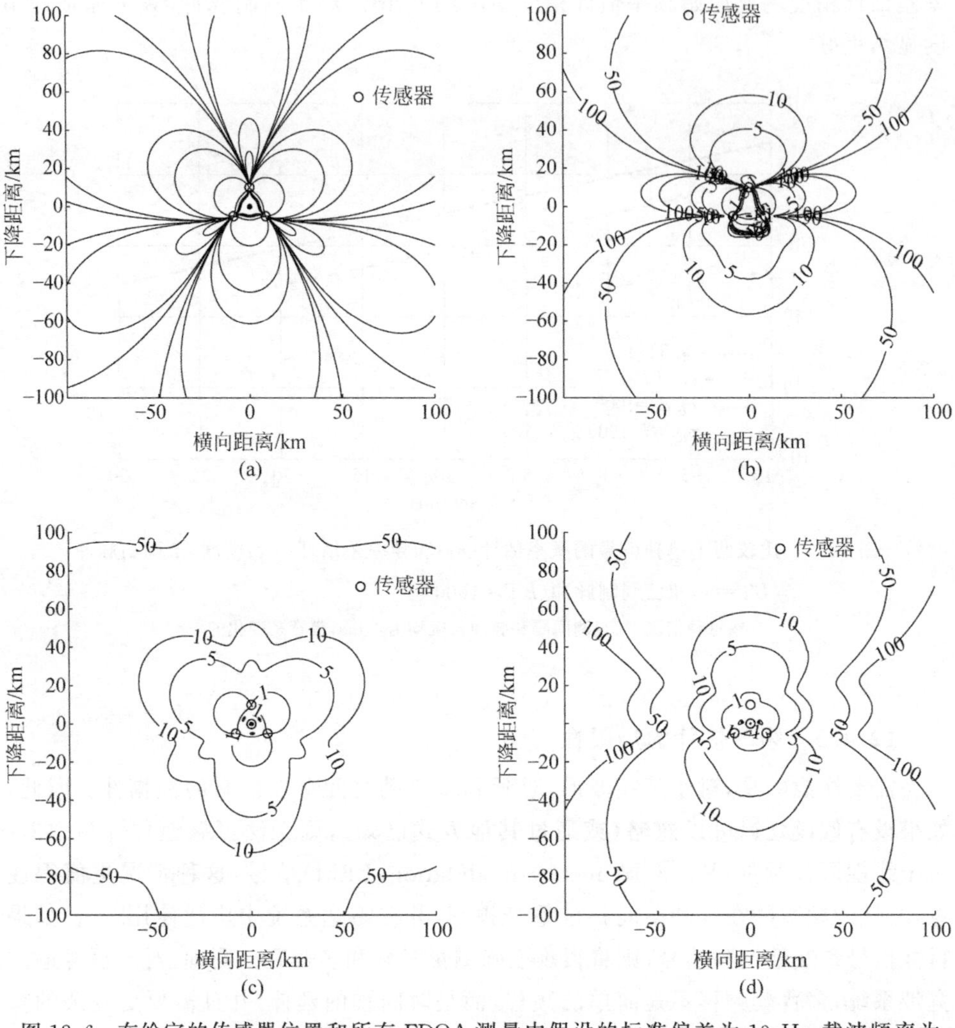

图 12.6 在给定的传感器位置和所有 FDOA 测量中假设的标准偏差为 10 Hz，载波频率为 1 GHz，传感器速度为 100 m/s 的情况下，根据给定的 CRLB，计算任意给定位置处辐射源的 RMSE

(a) 三传感器配置，传感器沿径向移出；(b) 三传感器配置，所有传感器沿 $+x$ 方向移动；(c) 四传感器配置，传感器沿径向移出；(d) 四传感器配置，传感器沿 $+x$ 方向移动

在这种情况下，将 3 个传感器沿直径为 10 km 的圆以 100 m/s 的速度均匀间隔布置，并计算 300 km×300 km 网格的 CRLB。图中的等高线以 km 为单位描绘 CEP_{50}。注意，对于这种几何形状，存在距离传感器中心 100 km 的位置，其位置误差低于 50 km。注意，等高线的波瓣结构与图 11.6(a)中的 TDOA 相似，但总体精度却差很多。这表明，对于所示的几何形状和传感器速度，即使是高达 10 Hz 的频率估计精度也没有 TDOA 中 100 ns 时间估计精度强大。如果辐射源处于更高的频率(如 10 GHz 或更高)，则可以改善这种情况，但是传感器无法控制辐射源使用

何种波段的频率。另外，可以通过提高传感器速度来提升估计性能，这种方法主要增加了感应的多普勒频移，但这受限于搭载传感器的主机。通常，TDOA 技术更为准确。

图 12.6(b)中的传感器速度发生了变化，重复了相同的情况，这些速度现在沿 $+x$ 方向对齐，而不是彼此远离时的辐射源位置估计的 CEP_{50} 性能。在这种情况下，位置估计性能没有得到很大提升，但是波瓣结构完全不同。CEP_{50} 性能在更大的范围内(在成形一侧，在 $+y$ 和 $-y$ 方向上)得到了保证，而很难准确定位前方或后方(在 $+x$ 和 $-x$ 方向上)的目标。这是由于 isoDoppler 等高线的形状(在所有传感器具有相同的行进方向时)在成形前面和后面相当平坦，并受完全对齐的传感器速度的影响。

图 12.6(c)、(d)展示了在原点处添加第 4 个传感器时辐射源位置的估计效果。说明 $N_{\text{dim}}+2$ 个传感器(而不是 $N_{\text{dim}}+1$ 个)可使估计性能的几何形状保持良好的稳定性。

示例 12.1　四信道 FDOA 解

考虑一个示例性的四信道 FDOA 系统，该系统具有 3 个传感器，这些传感器沿着 10 km 半径的圆等距分布，并以参考传感器为中心。每个传感器都以 100 m/s 的速度离开原点(中央参考中心沿 $+x$ 方向移动)。位置绘制在图 12.7 中。在该示例中，有一个辐射源，距中心参考中心约 50 km，并用三角形进行标注。我们假设每个传感器在频率估计的标准偏差为 3 Hz。使用本章讨论的每种方法，通过 4 个传感器的一组时序测量结果生成解。

先定义传感器和辐射源位置：

```
% Sensor positions
r = 10e3 * [1 1 1 0];
th = pi/2 + (0:3) * 2 * pi/3;
x0 = r. * [cos(th);sin(th)];
v0 = 100. * [cos(th);sin(th)]; v0(:,end) = 100 * [1;0];

% Source position
th_s = 4.9363;
xs = 50e3 * [cos(th_s);sin(th_s)];
```

接下来，生成一组距离差变化率测量结果：

```
% Error
freqError = 3;
f0 = 1e9;
rngRtStdDev = freqError * 3e8/f0;
```

```
Cfdoa = freqError^2 * (1 + eye(3));
Crrdoa = rngRateStdDev^2 * (1 + eye(3));

% Measurements
nMC = 10000;
r = fdoa.measurement(x0,v0,xs);
n = rngStdDev * (randn(3,nMC) + randn(3,nMC)); % Noisy range difference
rho_dot_mc = dR + n;
```

然后，对于每个蒙特卡罗迭代，我们调用 FDOA 解，并使用可选的第二个输出来收集解的每次的迭代解(而不仅仅是最终解)，从而计算误差：

```
x_init = 10e3 * [cos(th_s); sin(th_s)]; % Initial estimate
for idx = 1:nMC
    rho_dot = rho_dot_mc(:,idx);
    [~,x_ls] = fdoa.lsSoln(x0,rho_dot,diag(diag(Crrdoa)),x_init,[], numIters);
    [~,x_grad] = fdoa.gdSoln(x0,v0,rho_dot,Crrdoa,x_init,alpha,beta,[], numIters);

    % Compute Error
    thisErr_ls = xs-x_ls;          % [m]
    thisErr_grad = xs-x_grad;      % [m]
end
```

图 12.7 绘制了传感器和辐射源的位置，以及使用最小二乘法和梯度下降算法的迭代位置估计解。

对图 12.7 的分析表明，基于实验设置的辐射源位置和初始估计，梯度下降算法围绕着通向目标的 isoDoppler 等高线振荡，直到它落入对应波谷并沿着等高线平稳地移动。

图 12.8 绘制了每种方法在 10^4 次蒙特卡罗试验中平均迭代得出的 CEP_{50}，以及在这种情况下的 CRLB。

请注意，在该示例中，最小二乘解很快收敛到由 CRLB 计算的 50%误差椭圆附近的估计值，且迭代次数少于 10 次，而梯度下降法则需要进行 1000 次以上迭代。同样，梯度下降法似乎稳定在接近 CRLB 的稳态误差上，最小二乘解法的性能优于梯度下降法。一种可能的解释是，由于 $\dot{\boldsymbol{r}}(\boldsymbol{x})$的非线性，$\hat{\boldsymbol{x}}$ 中的误差项是非高斯的，因此 CRLB 不再是严格界限。也可能是因为这种较优的性能对初始位置估计和传感器布置方式很敏感。

---

① 在计算该示例的 CEP_{50} 时，我们输入了误差协方差矩阵 $\boldsymbol{C}_{\hat{x}}$ 和偏差项 $\boldsymbol{bb}^{\mathrm{T}}$ 的总和。这是因为起始点没有变化，所以迭代解的早期阶段非常相似。仅基于估计协方差来计算 CEP_{50} 会产生错误小的误差计算。

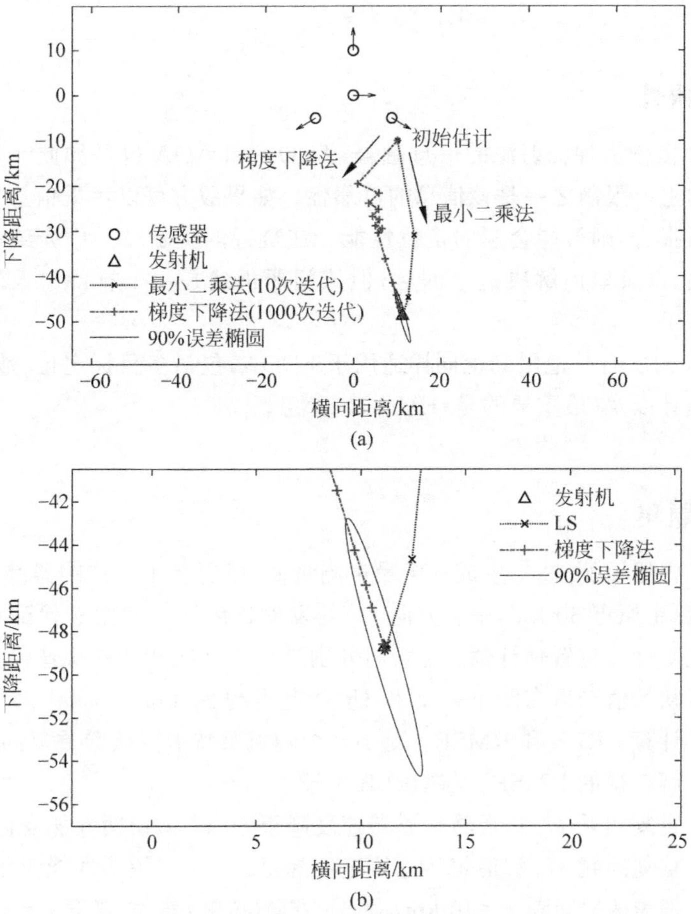

图 12.7 示例 12.1 中迭代解的图形解释

(a) 迭代解显示了最小二乘和梯度下降算法所采用的不同路径；(b) 辐射源位置的特写显示了 90% 的误差椭圆，并对这两种方法的最终解进行了建模

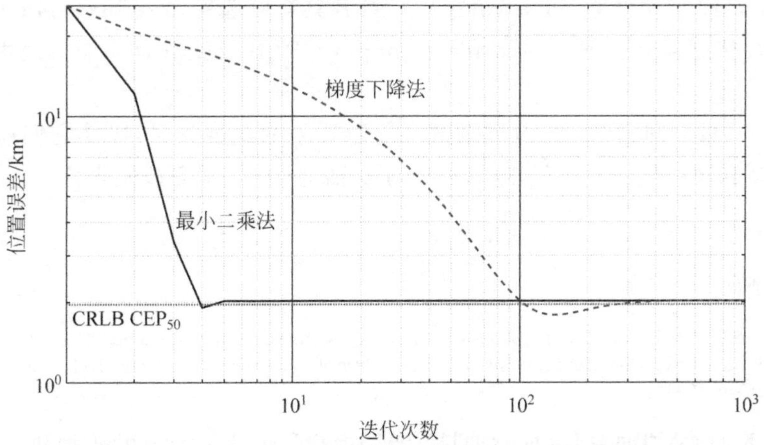

图 12.8 对于两种 FDOA 定位算法，示例 12.1 中位置估计的 CEP_{50}（在 10^4 个蒙特卡罗试验中平均）与迭代次数的函数关系，与通过 CRLB 计算出的 CEP_{50} 进行比较

12.6 局限性

FDOA 依赖多种辐射源的信息融合，TDOA 和 AOA 也是如此。多个传感器信息融合的主要限制之一是该信息的可靠性。如果敌方可以污染信息或向数据流中注入虚假报告，则可能会削弱定位性能。在最近的文献[33]中介绍了这个问题的某些方面，以及如何解决这个问题，但该问题仍然是一个有待深入研究的开放领域。

TDOA 的所有其他限制也同样适用于 FDOA，包括多目标定位、数据关联、错误的位置估计以及(最重要的是)EMCON 隐患。

12.7 问题集

12.1 根据示例 12.1 生成一组噪声测量值，但所有 4 个传感器都沿 $+y$ 方向移动，辐射源距原点 50 km，$+y$ 方向 45°处发射连续波。使用迭代最小二乘和梯度下降算法来计算位置估计值；使它们分别进行 100 次和 300 次迭代并给出性能分析。位置初始值选取在距 $+y$ 轴 20°处，距起点约 20 km。

12.2 计算 CRLB 和 RMSE。对 100 个随机蒙特卡罗试验重复问题 12.1，并计算从每个解获得的 RMSE。与 CRLB 比较。

12.3 重复问题 12.1，但将传感器速度降至 50 m/s，说明性能变化。

12.4 重复问题 12.2，但将传感器速度降至 50 m/s，说明性能变化。

12.5 考虑两船间隔 $x=10$ km，沿 $+y$ 方向(单侧)移动，速度 $v=500$ m/s。每 10 s 进行一组 FDOA 测量，总共进行 $N=7$ 次测量。在首次距两个传感器中心 250 km 处绘制辐射源的 CRLB 等高线，信号中心频率 $f_0=3$ GHz；假设传感器精度为 $\delta_f=5$ Hz。请注意，fdoa.computeCRLB 具有可选变元 refIdx，可用于定义单个 FDOA 传感器对。键入 help fdoa.computeCRLB 以获取有关如何使用它的详细信息。

12.6 重复问题 12.5，但更改两个传感器上的速度矢量，以使它们航向之间的角度为 10°(一个与 y 轴呈 $+5°$，一个与 y 轴呈 $-5°$)，对更改发表评论。

参考文献

[1] D. Torrieri, "Statistical theory of passive location systems," Army Materiel Development and Readiness Command, Countermeasures/Counter-Countermeasures Office, Tech. Rep. ADA128346, 1983.

[2] W. J.E. Kaufmann, "Emitter Location with LES-8/9 Using Differential Time-of-Arrival and Differential Doppler Shift," MIT Lincoln Laboratory, Tech. Rep. TR-698 (Rev. 1), 2000.

[3] P. M. Schultheiss and E. Weinstein, "Estimation of differential doppler shifts," *The Journal of the Acoustical Society of America*, vol. 66, no. 5, pp. 1412–1419, 1979.

[4] S. Stein, "Algorithms for ambiguity function processing," *IEEE Transactions on Acoustics, Speech, and Signal Processing*, vol. 29, no. 3, pp. 588–599, June 1981.

[5] P. C. Chestnut, "Emitter location accuracy using TDOA and differential Doppler," *IEEE Transactions on Aerospace and Electronic Systems*, no. 2, pp. 214–218, 1982.

[6] S. Stein, "Differential delay/doppler ml estimation with unknown signals," *IEEE Transactions on Signal Processing*, vol. 41, no. 8, pp. 2717–2719, 1993.

[7] B. Friedlander, "On the cramer-rao bound for time delay and doppler estimation (corresp.)," *IEEE Transactions on Information Theory*, vol. 30, no. 3, pp. 575–580, 1984.

[8] M. Wax, "The joint estimation of differential delay, doppler, and phase (corresp.)," *IEEE Transactions on Information Theory*, vol. 28, no. 5, pp. 817–820, Sep. 1982.

[9] K. Ho and W. Xu, "An accurate algebraic solution for moving source location using TDOA and FDOA measurements," *IEEE Transactions on Signal Processing*, vol. 52, no. 9, pp. 2453–2463, 2004.

[10] D. Mušicki, R. Kaune, and W. Koch, "Mobile emitter geolocation and tracking using TDOA and FDOA measurements," *IEEE transactions on signal processing*, vol. 58, no. 3, pp. 1863–1874, 2010.

[11] F. Guo, Y. Fan, Y. Zhou, C. Xhou, and Q. Li, *Space electronic reconnaissance: localization theories and methods*. Hoboken, NJ: John Wiley & Sons, 2014.

[12] Y. Takabayashi, T. Matsuzaki, H. Kameda, and M. Ito, "Target tracking using TDOA/FDOA measurements in the distributed sensor network," in *2008 SICE Annual Conference*, Aug 2008, pp. 3441–3446.

[13] R. Kaune, "Performance analysis of passive emitter tracking using TDOA, AOA and FDOA measurements," *INFORMATIK 2010. Service Science–Neue Perspektiven für die Informatik. Band 2*, 2010.

[14] K. C. Ho and Y. T. Chan, "Geolocation of a known altitude object from TDOA and FDOA measurements," *IEEE Transactions on Aerospace and Electronic Systems*, vol. 33, no. 3, pp. 770–783, July 1997.

[15] M. L. Fowler and X. Hu, "Signal models for TDOA/FDOA estimation," *IEEE Transactions on Aerospace and Electronic Systems*, vol. 44, no. 4, pp. 1543–1550, Oct 2008.

[16] D. Mušicki and W. Koch, "Geolocation using TDOA and FDOA measurements," in *2008 11th International Conference on Information Fusion*, June 2008, pp. 1–8.

[17] H. Yu, G. Huang, J. Gao, and B. Liu, "An efficient constrained weighted least squares algorithm for moving source location using TDOA and FDOA measurements," *IEEE transactions on wireless communications*, vol. 11, no. 1, pp. 44–47, 2012.

[18] X. Qu, L. Xie, and W. Tan, "Iterative constrained weighted least squares source localization using TDOA and FDOA measurements," *IEEE Transactions on Signal Processing*, vol. 65, no. 15, pp. 3990–4003, 2017.

[19] K. J. Cameron, "FDOA-Based Passive Source Localization: A Geometric Perspective," Ph.D. dissertation, Colorado State University, 2018.

[20] K. J. Cameron and D. J. Bates, "Geolocation with fdoa measurements via polynomial systems and ransac," in *2018 IEEE Radar Conference (RadarConf18)*. IEEE, 2018, pp. 0676–0681.

[21] M. A. Fischler and R. C. Bolles, "Random sample consensus: A paradigm for model fitting with applications to image analysis and automated cartography," *Commun. ACM*, vol. 24, no. 6, Jun. 1981.

[22] K. C. Ho, X. Lu, and L. Kovavisaruch, "Source Localization Using TDOA and FDOA Measurements in the Presence of Receiver Location Errors: Analysis and Solution," *IEEE Transactions on Signal Processing*, vol. 55, no. 2, pp. 684–696, Feb 2007.

[23] M. L. Fowler, , and S. Binghamton, "Fisher-information-based data compression for estimation using two sensors," *IEEE Transactions on Aerospace and Electronic Systems*, vol. 41, no. 3, pp. 1131–1137, July 2005.

[24] D. Adamy, *EW 103: Tactical battlefield communications electronic warfare*. Norwood, MA: Artech House, 2008.

[25] P. East, "Fifty years of instantaneous frequency measurement," *IET Radar, Sonar & Navigation*, vol. 6, pp. 112–122(10), February 2012.

[26] B. Boashash, "Estimating and interpreting the instantaneous frequency of a signal. I. Fundamentals," *Proceedings of the IEEE*, vol. 80, no. 4, pp. 520–538, April 1992.

[27] B. Boashash, "Estimating and interpreting the instantaneous frequency of a signal. II. Algorithms and applications," *Proceedings of the IEEE*, vol. 80, no. 4, pp. 540–568, April 1992.

[28] H. So, Y. Chan, Q. Ma, and P. Ching, "Comparison of various periodograms for sinusoid detection and frequency estimation," *IEEE Transactions on Aerospace and Electronic Systems*, vol. 35, no. 3, pp. 945–952, 1999.

[29] J. M. Skon, "Cramer-rao bound analysis for frequency estimation of sinusoids in noise," MIT Lincoln Laboratory, Tech. Rep. TR-727, 1986.

[30] M. A. Richards, *Fundamentals of Radar Signal Processing*. New York, NY: McGraw-Hill Education, 2014.

[31] P. M. Djuric and S. M. Kay, "Parameter estimation of chirp signals," *IEEE Transactions on Acoustics, Speech, and Signal Processing*, vol. 38, no. 12, pp. 2118–2126, Dec 1990.

[32] A. S. Kayhan, "Difference equation representation of chirp signals and instantaneous frequency/amplitude estimation," *IEEE Transactions on Signal Processing*, vol. 44, no. 12, pp. 2948–2958, Dec 1996.

[33] L. M. Huie and M. L. Fowler, "Emitter location in the presence of information injection," in *2010 44th Annual Conference on Information Sciences and Systems (CISS)*, March 2010, pp. 1–6.

第13章

TDOA/FDOA组合

前面的章节讨论了在多个传感器上使用角度、时间和频率估计来确定辐射源位置的方法，传感器间都是相互独立的。本章将考虑全部 3 个参数的结合使用。文献中讨论的最常见方式是 TDOA 和 FDOA 配对技术。通常这样做是因为这两者都可以在每个接收站使用简单的传感器完成，并且只需要传感器或辐射源运动（以生成 FDOA 所需的差分多普勒）即可。如在第 7 章和第 8 章中讨论的那样，将 AOA 与其他两种技术结合使用时，需要在每个观测站使用更复杂的接收机来确定信号的 AOA。本章将讨论这 3 种技术的联合公式，但是在必要时可以进行简单修改以忽略或删除一个传感器的模式，进而分析各种配对模式（AOA/TDOA，TDOA/FDOA 和 AOA/FDOA）。

13.1 背景

在信息理论中，有一个称为互信息的概念，该概念对测量值可以包含的有关未知变量（如传感器位置）的信息进行量化[1-2]。在这种情况下，额外的观测量不会损害估计性能，尽管它们有可能不添加任何新信息，并且对准确性没有任何贡献。当两个测量值完全相关或其中一个完全随机时，就是这种情况。基于上述理解，联合考虑尽可能多的传感器模式是一个显而易见的选择，因此可聚焦于根据 TDOA、FDOA 和 AOA 联合估计位置。但是，我们必须考虑以下可能性：额外测量值不会对估计性能产生任何影响，并且不会增加计算复杂性。

联合考虑 TDOA 和 FDOA 的常用参数是 iso-measurement 等高线（对于 TDOA 是等距，对于 FDOA 是等多普勒）。由于沿着这些等高线的定位误差最大，因此在通常情况下，TDOA 和 FDOA 的误差是互补的。因此，可以利用来自 TDOA 的信息在某一维度上给出准确测量，而在另一维度通过 FDOA 来测量。遗憾的是,FDOA 等高线的复杂性并不能保证这种做法总是如此。

图 13.1 显示了一个混合定位系统的简单示意图,该系统具有两个运动传感器,可提供 AOA、TDOA 和 FDOA 观测量。粗实线表示两个传感器的一对测向测量值,虚线表示根据 TDOA 解绘制的双曲线弧,而点划线表示两个传感器的等多普勒等高线。这个简单的例子表明,这些传感器模态中每一个的解都提供了接近垂直的一组测量值,这凸显了联合定位的实用性。在这种情况下,每次测量都将在稍微不同的方向上提供最佳定位精度,并且可能会在估算过程中添加大量信息。不同的传感器方向,尤其是传感器速度方向的变化,可能会对每个等高线的方向产生重大影响。

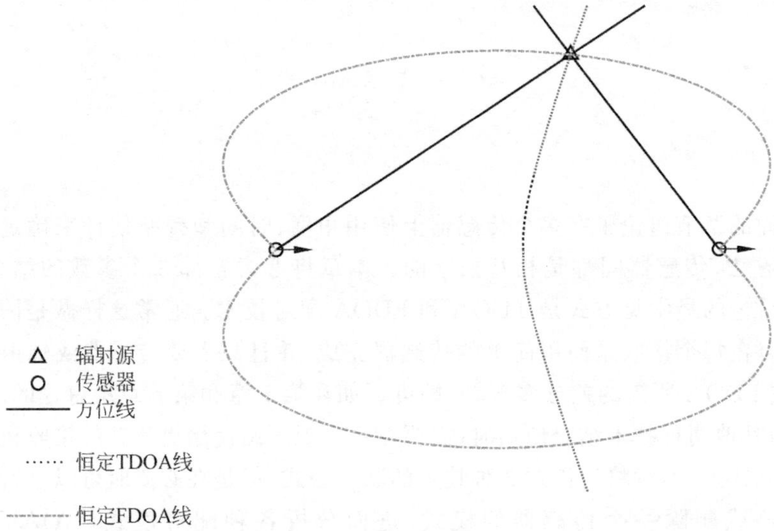

图 13.1 联合考虑 AOA、TDOA 和 FDOA 时,可以仅使用两个传感器进行定位

图 13.1 中有两个传感器,每个传感器提供角度、时间和频率测量。可以构建具有异类传感器组的系统结构,其中一些传感器提供角度信息,而另一些传感器提供时间和(或)频率信息。实际上,这样的系统与图 13.1 中的系统没有什么不同,但是考虑到传感器位置的额外多样性,这种系统在性能上可能会有很大差异。我们将在所有传感器都提供所有类型测量的假设条件下继续使用公式,但是这些原理同样适用于异构系统,我们还编写了 MATLAB® 软件来处理此类情况。

13.2 公式

可通过组件系统方程的组合形式构建 AOA、TDOA 和 FDOA 的等式方程,从而进行定位。

$$\boldsymbol{z}=\begin{bmatrix}\boldsymbol{p}(\boldsymbol{x})\\ \boldsymbol{r}(\boldsymbol{x})\\ \dot{\boldsymbol{r}}(\boldsymbol{x})\end{bmatrix}\tag{13.1}$$

其中，$\boldsymbol{p}(\boldsymbol{x})$定义参见第 10 章；$\boldsymbol{r}(\boldsymbol{x})$定义参见第 11 章；$\dot{\boldsymbol{r}}(\boldsymbol{x})$定义参见第 12 章。

如果我们扩展前面章节中的假设，即每次测量均以高斯随机矢量分布，则总测量值的概率分布为

$$\boldsymbol{\zeta} \sim \mathcal{N}(\boldsymbol{z}, \boldsymbol{C}_z) \tag{13.2}$$

其中，$\boldsymbol{\zeta}=[\boldsymbol{\psi}^{\mathrm{T}}, \boldsymbol{\rho}^{\mathrm{T}}, \dot{\boldsymbol{\rho}}^{\mathrm{T}}]^{\mathrm{T}}$ 是测量噪声矢量；$\boldsymbol{C}_z$ 是其协方差矩阵。该协方差矩阵可以采用多种形式。例如，如果我们有 N 个能够测量角度、时间和频率的传感器，并且各个传感器之间的测量误差是独立且相同的，则联合协方差矩阵将采用以下形式：

$$\boldsymbol{C}_z=\begin{bmatrix} \boldsymbol{C}_\psi & \mathbf{0}_{N,N-1} & \mathbf{0}_{N,N-1} \\ \mathbf{0}_{N-1,N} & \boldsymbol{C}_\rho & \boldsymbol{C}_{\rho,\dot{\rho}} \\ \mathbf{0}_{N-1,N} & \boldsymbol{C}_{\rho,\dot{\rho}}^{\mathrm{T}} & \boldsymbol{C}_{\dot{\rho}} \end{bmatrix} \tag{13.3}$$

其中，$\boldsymbol{C}_{\psi}$ 是所有 AOA 测量的误差 $N\times N$ 协方差矩阵；$\boldsymbol{C}_{\rho}$ 是 TDOA 测量误差的$(N-1)\times(N-1)$协方差矩阵（假设使用公共参考传感器）；$\boldsymbol{C}_{\dot{\rho}}$ 是 FDOA 测量误差的$(N-1)\times(N-1)$协方差矩阵（再次假设使用公共参考矩阵）；$\boldsymbol{C}_{\rho,\dot{\rho}}$ 是 TDOA 和 FDOA 测量之间的$(N-1)\times(N-1)$互协方差矩阵。如果传感器是单功能的（有 N_{a} 个 AOA 传感器，N_{t} 个 TDOA 传感器和 N_{f} 个 FDOA 传感器，没有一个是重叠的），则协方差矩阵 $\boldsymbol{C}_z$ 将是块对角线（$\boldsymbol{C}_{\rho,\dot{\rho}}$ 将是零的矩阵）。

本章稍后将详细讨论 $\boldsymbol{C}_z$ 的组件和结构。

由于测量矩阵$\boldsymbol{\zeta}$只是分量测量向量的堆叠形式（高斯联合），因此对数似然函数 $\ell(\boldsymbol{x}|\boldsymbol{\zeta})$给定为

$$\ell(\boldsymbol{x} \mid \boldsymbol{\zeta})=-\frac{1}{2}[\boldsymbol{\zeta}-\boldsymbol{z}(\boldsymbol{x})]^{\mathrm{H}}\boldsymbol{C}_z^{-1}[\boldsymbol{\zeta}-\boldsymbol{z}(\boldsymbol{x})] \tag{13.4}$$

可使用随附的 MATLAB® 软件包中的 hybrid. loglikelihood 函数求得对数似然，并可使用函数 hybrid. measurement 快速生成无噪声的真实测量值。

同理，可以使用最后 3 章中的分量来定义雅可比矩阵：

$$\boldsymbol{J}(\boldsymbol{x})=[\boldsymbol{J}_{p}(\boldsymbol{x}) \quad \boldsymbol{J}_{r}(\boldsymbol{x}) \quad \boldsymbol{J}_{\dot{r}}(\boldsymbol{x})] \tag{13.5}$$

在完整测量场景中（全部 N 个传感器都测量 TDOA、FDOA 和 AOA），$\boldsymbol{J}(\boldsymbol{x})$将有 $3N-2$ 列，每个空间维度一行。在减少测量值的情况下，将有 $N_{\mathrm{a}}+N_{\mathrm{t}}+N_{\mathrm{f}}$ 列（如果有 N_{a} 个 AOA 传感器，N_{t} 个 TDOA 传感器对，N_{f} 个 FDOA 传感器对）。若要生成雅可比矩阵，只需使用 MATLAB® 软件包中的 hybrid. jacobian 函数。该代码通过正确的输入调用 triang. jacobian、tdoa. jacobian 和 fdoa. jacobian，然后将结果联接起来。

13.3 求解方法

显然，第一个解是最大似然解，可以使用 MATLAB® 函数 hybrid. mlSoln 中的强力求解程序来估计。

图 13.2 中绘制了一系列场景的 $\ell(\boldsymbol{x})$。在每种情况下，都有两个多模态传感器以提供角度、时间和频率测量值，其精确度分别为 10°、1 μs 和 100 Hz。两个传感器标有“○”，并且真实辐射源位置标有△。图 13.2(a)显示了以 AOA 为主的情况(测向精度提高到 5°)。图 13.2(b)显示了以 TDOA 为主的情况(TDOA 精度为 100 ns)，图 13.2(c)显示了以 FDOA 为主的情况(FDOA 精度为 10 Hz)，图 13.2(d)显示了所有 3 种模式均为具有中等精度的情况(分别为 5°、100 ns 和 10 Hz)。

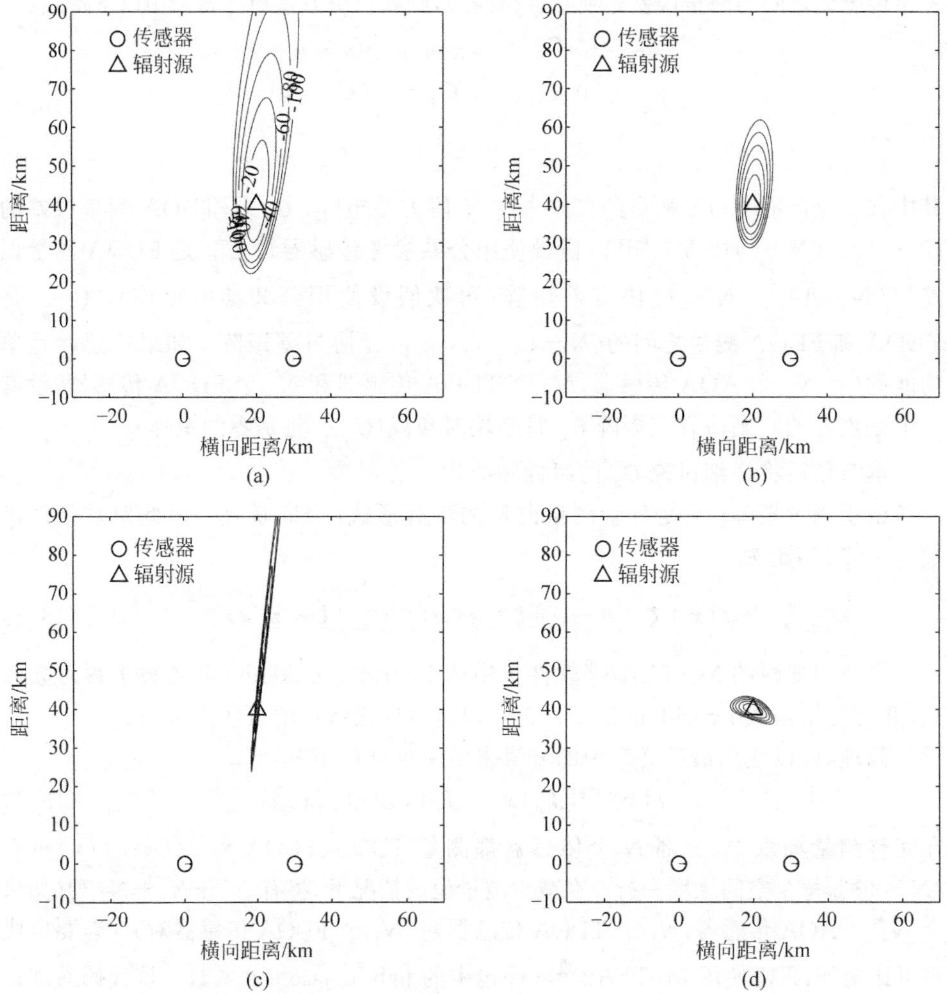

图 13.2 每个点的对数似然率，辐射源在图中用△标记，并用○标记一对多模态传感器

(a) 测向位置误差为 20°，TDOA 误差为 1 μs，并且 FDOA 误差为 100 Hz；(b) 测向精度提高到 1°；(c) TDOA 精度提高到 100 ns；(d) FDOA 精度提高到 10 Hz

图 13.2 说明了每种模式的相对贡献率。如果从基线提高测向精度(见图 13.2(b))，则可以降低超出目标距离的不确定性。如果提高 TDOA 精度(见图 13.2(c))，则几乎可以完全消除横向距离误差，但不影响下降距离的不确定性。

如果提高 FDOA 精度(见图 13.2(d)),则在目标之外和比目标更近的位置,下降距离精度都会有显著提高。

13.3.1　数值易处理解

前面的章节着重介绍了最小二乘和梯度下降方法在近似迭代解中的实用性。可以将相同的求解程序应用于混合定位,并且对散度和准确性也要做相同说明。MATLAB® 软件包中 hybrid. lsSoln 和 hybrid. gdSoln 下包含一对函数。

示例 13.1　三信道混合解

考虑一个三信道混合解,其传感器间隔 10 km 并排布置,并以 100 m/s 的速度行进。每个平台都包含一个测向传感器以及用于 TDOA 和 FDOA 估计的时间/频率测量值。假设所有测量值相互独立,精度分别为 $\sigma_\psi=200$ mrad,$\sigma_\tau=100$ ns 和 $\sigma_f=10$ Hz,并且 TDOA 和 FDOA 使用公共参考传感器。构建测量值,并估计辐射源的源位置,该辐射源位于中央传感器的前面 30 km,侧面 30 km,载波频率为 $f_0=1$ GHz。

首先,我们设置定位场景。

```
% Sensor and Source positions/velocities
x_sensor = 10e3 * [-1 0 1; 0 0 0];              % Spaced in x dimension
v_sensor = 100 * [0 0 0; 1 1 1];                % Moving in +y
n_sensor = size(x_sensor,2);

x_source = [1; 1] * 30e3;                       % Source position
x_init = [0;10e3];                              % Initial Solution
```

假设对 AOA 进行独立的测量,并且 TDOA 和 FDOA 利用公共参考传感器,因此前者是对角线,后者是对角矩阵加上公共误差项。我们将在本章后面讨论这种方法的可行性(TDOA 和 FDOA 测量是独立的)。

```
% Sensor Performance
c=3e8; f_0 = 1e9;
ang_err = .2;                          % rad
time_err = 100e-9;                     % sec
rng_err = c * time_err;                % m
freq_err = 3;                          % Hz
rng_rate_err = freq_err * c/f_0;       % m/s
C_psi = ang_err^2 * eye(n_sensor);
C_rdoa = rng_err^2 * (1 + eye(n_sensor-1));
C_rrdoa = rng_rate_err^2 * (1 + eye(n_sensor-1));
C_full = blkdiag(C_psi,C_rdoa,C_rrdoa);
```

接下来，基于协方差矩阵 C_full 生成存在噪声的测量值，并将求解程序应用于每个噪声数据集，即 hybrid. lsSoln 和 hybrid. gdSoln。在这里省略了代码，因为它的格式与第 10～12 章中的示例相同。最小二乘和梯度下降算法的迭代解说明如图 13.3 所示。图 13.4 中显示了 1000 个蒙特卡罗试验的平均定位误差，该误差是迭代步骤次数的函数。在图 13.3 和图 13.4 中，CRLB(在本章后面推导出)作为性能界限也进行绘制。类似第 10～12 章中的结果，我们看到最小二乘算法的收敛速度更快，尽管两者最终都接近 CRLB。值得注意的是，这些求解程序需要初始位置估计，并且对误差很敏感(如果距离辐射源太远，则算法可能会陷入局部最小值并收敛到错误的位置处)。收敛时的 RMSE 刚好超过 1 km。

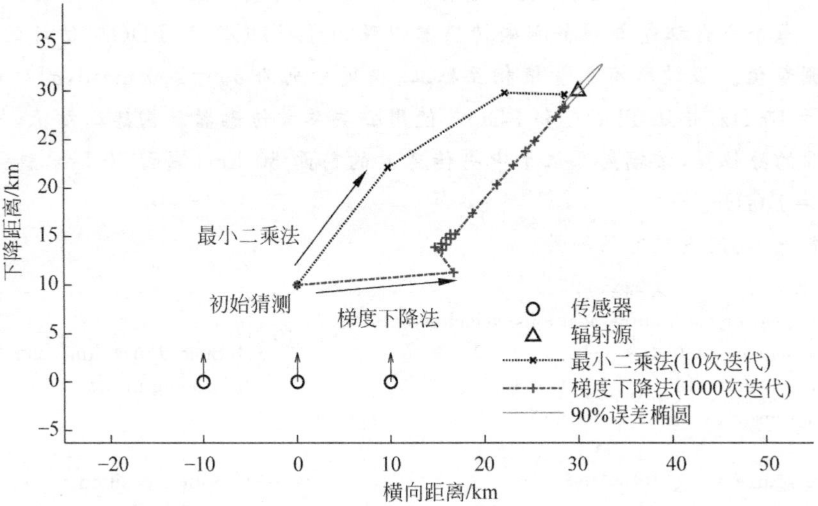

图 13.3　使用最小二乘法和梯度下降法求解程序对示例 13.1 进行迭代求解

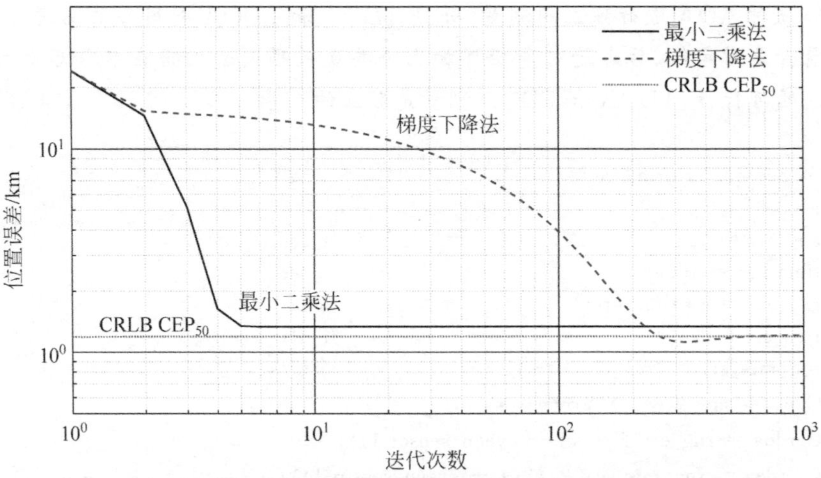

图 13.4　对于示例 13.1，迭代求解程序和 CRLB 的 RMSE 与迭代次数的函数关系，1000 多次蒙特卡罗试验的平均值

示例 13.2 异构传感器

考虑相同场景,但是在这种情况下,中央传感器向前移动 5 km,向左移动 5 km(−x 方向),并且仅是测向。其余传感器未移动,并正在生成 TDOA 和 FDOA 的时间/频率测量值。

此处的主要区别在于辐射源定义和噪声协方差矩阵的构建方式不同。

```
% Sensor and Source positions/velocities
x_aoa = 5e3 * [-1; 1];                    % DF sensor
n_aoa = 1;
x_tf = 10e3 * [-1 1; 0 0];                % TDOA/FDOA sensor pair
v_tf = 100 * [0 0; 1 1];
n_tf = 2;
```

由于每个模态(DF、TDOA 和 FDOA)都有一个测量值,因此噪声协方差矩阵的构建要简单得多。

```
C_full = diag((ang_err * pi/180)^2,2 * rng_err^2,2 * rng_rate_err^2);
```

我们以与先前示例相同的方式产生含有噪声的测量值和定位误差。一个随机试验的迭代解如图 13.5 所示,位置误差与迭代次数的函数关系如图 13.6 所示(1000 次蒙特卡罗试验的平均值)。我们再次注意到,最小二乘算法比梯度下降算法收敛更快。在这种情况下,观测量的减少(由于两个传感器不再具有 AOA 信息,而其中一个传感器不再具有 TDOA/FDOA 信息)导致误差相应增加,收敛时略小于 2 km。尽管测向传感器已经移动以提供偏置方位线,但误差椭圆的方向几乎没有变化。误差椭圆的这种缺乏变化表明,对于所给出的示例,测向传感器没有提供太

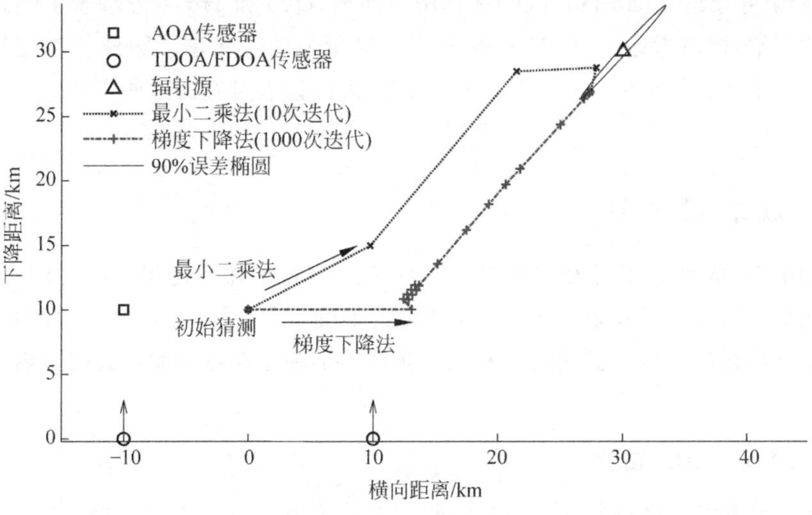

图 13.5 示例 13.2 的迭代解,使用最小二乘和梯度下降求解程序

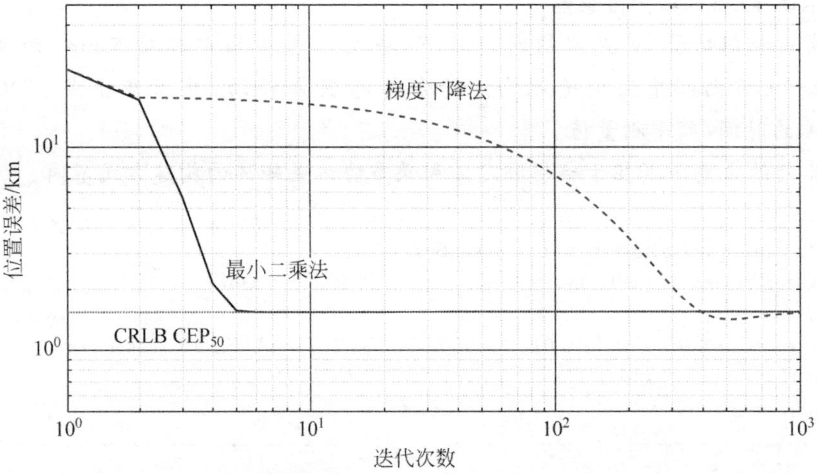

图 13.6　对于示例 13.2，迭代求解程序和 CRLB 的 RMSE 与迭代次数的函数关系，1000 多次蒙特卡罗试验的平均值

多信息。如果测向传感器的精度提高到 1°或更高，则情况可能会有所改变。

13.3.2　其他解法

这里介绍的算法均是通用解法，旨在为进一步的研究和分析提供依据。它们并未针对当前问题进行专门调整，通常可以通过针对特定应用的解法加以改进。系统通常不直接将测向传感器与 TDOA 和 FDOA 结合使用，但是经常将后者一起分析[3]。

Ho 和 Xu 提出了一种联合 TDOA/FDOA 算法，该算法引用额外参数，类似第 11 章[4]中介绍的 Chan-Ho TDOA 算法。同理，Quo 和 Ho 考虑基于牛顿迭代逼近的约束解，同时考虑了 TDOA 和 FDOA 测量值的变化率。额外状态变量允许同时估计未知辐射源的位置和速度[5]。感兴趣的读者可查阅这些资料。

13.4　联合参数估计

如第 12 章所述，由于信号的到达时间或到达频率并不是相互独立的，因此估计这两个参数变得很复杂。其中一个参数的不确定性会影响另一个参数的估计精度。本节将讨论 AOA、到达时间和到达频率的不确定性对其他参数的影响。

13.4.1　AOA 估计

第 7 章和第 8 章介绍了 AOA 估计。通常认为它独立于 TDOA 和 FDOA 测量。对于阵列处理尤其如此,在阵列处理中,首先可以针对一系列转向角处理信号,然后可以分析每个转向角的数据以检测信号并估计其时间和频率含量。

因此,可以安全地假设:①AOA 测量是高斯的并且彼此独立;②它们都独立于 TDOA 和 FDOA 测量。换句话说,$\boldsymbol{C}_{\phi}$ 是对角矩阵,并且交叉项 $\boldsymbol{C}_{\phi,\rho}$ 和 $\boldsymbol{C}_{\phi,\dot{\rho}}$ 为 0。关于适当的精度等级,读者可参考第 7 章和第 8 章。

13.4.2 时间/频率差的联合估计

频率差的直接估计在已知或未知多余参数(例如,两个信号之间的幅度、延迟和相位差)的各种条件和各种假设下,以及其中某个参数是否是无噪声的(已知参考信号或被视为参考的第二噪声接收信号)情况下,已经得到了广泛研究(窄带信号的多普勒补偿)。感兴趣的读者可以参考文献[6]~文献[12]。

通过交叉模糊函数[13-14]最容易计算时间和频率估计。给定来自传感器 n 和 m 的复杂数据,我们定义了交叉模糊函数(对于某些频移 ω 和延迟 τ):

$$\chi_{n,m}(\omega,\tau)=\int_0^T s_n(t)s_m^*(t+\tau)\mathrm{e}^{-\omega t}\mathrm{d}t \tag{13.6}$$

通过搜索 $\chi_{n,m}(\omega,\tau)$ 的峰值,可以估计时移和频移:

$$[\hat{\omega}_{n,m},\hat{\tau}_{n,m}]=\underset{\omega,\tau}{\operatorname{argmax}}\ |\chi_{n,m}(\omega,\tau)| \tag{13.7}$$

Stein 在 1981 年给出了两个接收机之间 TDOA 和 FDOA 克拉美罗界(Cramer-Rao bound)的经典结果[15],但它是针对声呐信号模型导出的,在该模型中,接收信号的方差取决于未知的相对速度。在正确的射频信号模型中,延迟和多普勒是确定性(但未知)参数,因此它们对信号方差没有影响,并且可以形成更严格的界限[13-16]。在下面的信号模型中,延迟(κ)是样本中的数字延迟(对于采样率 t_s,$\tau=\kappa t_s$),而多普勒(ν)以弧度/样本为单位($\omega=\nu/t_s$)。

$$\boldsymbol{s}_1=\boldsymbol{s}+\boldsymbol{n}_1 \tag{13.8}$$

$$\boldsymbol{s}_2=a\mathrm{e}^{\mathrm{j}\phi}\boldsymbol{D}_\nu[\boldsymbol{W}^{\mathrm{H}}\boldsymbol{D}_\kappa\boldsymbol{W}]\boldsymbol{s}+\boldsymbol{n}_2 \tag{13.9}$$

其中,$\boldsymbol{D}_\nu$ 是多普勒矩阵;$\boldsymbol{D}_\kappa$ 是延迟矩阵,定义为

$$\boldsymbol{W}=\frac{1}{\sqrt{M}}\exp\left(-\mathrm{j}\frac{2\pi}{M}\boldsymbol{m}\boldsymbol{m}^{\mathrm{T}}\right) \tag{13.10}$$

$$\boldsymbol{D}_\kappa=\operatorname{diag}\left\{\exp\left(-\mathrm{j}\frac{2\pi}{M}\kappa\boldsymbol{m}\right)\right\} \tag{13.11}$$

$$\boldsymbol{D}_\nu=\operatorname{diag}\{\exp(-\mathrm{j}v\boldsymbol{m})\} \tag{13.12}$$

$$\boldsymbol{m}=\left[-\frac{M}{2},-\frac{M}{2}+1,\cdots,\frac{M}{2}-1\right]^{\mathrm{T}} \tag{13.13}$$

全未知参数矢量为

$$\boldsymbol{\vartheta}=[\Re\{\boldsymbol{s}^{\mathrm{T}}\},\Im\{\boldsymbol{s}^{\mathrm{T}}\},a,\phi,\kappa,\nu]^{\mathrm{T}} \tag{13.14}$$

可以看出,FIM 是块对角线,上部的子块表示未知信号($\boldsymbol{s}$)和振幅差(a),下部

的子块表示相位(ϕ),延迟(κ)和多普勒(ν)。这些块之间的交叉项全为0,因此当求逆时,下部的对角线子块(对于 $\bar{\vartheta}=[\varphi,\kappa,\nu]^{\mathrm{T}}$)不受上部子块的影响。因此,我们可以忽略 $\boldsymbol{s}$ 和 a 的估计不确定性。第二个子块给定为[13]

$$\boldsymbol{F}_{\bar{\vartheta}}=\frac{2}{a^2\sigma_1^2+\sigma_2^2}\times \begin{bmatrix} \boldsymbol{E}_{\mathrm{s}} & -\boldsymbol{s}^{\mathrm{H}}\bar{\boldsymbol{s}} & \tilde{\boldsymbol{s}}^{\mathrm{H}}\boldsymbol{M}\tilde{\boldsymbol{s}} \\ -\boldsymbol{s}^{\mathrm{H}}\bar{\boldsymbol{s}} & \bar{\boldsymbol{s}}^{\mathrm{H}}\bar{\boldsymbol{s}} & -\Re\{\bar{\boldsymbol{s}}^{\mathrm{H}}\boldsymbol{Q}_{\kappa,\nu}^{\mathrm{H}}\boldsymbol{M}\tilde{\boldsymbol{s}}\} \\ \tilde{\boldsymbol{s}}^{\mathrm{H}}\boldsymbol{M}\tilde{\boldsymbol{s}} & -\Re\{\bar{\boldsymbol{s}}^{\mathrm{H}}\boldsymbol{Q}_{\kappa,\nu}^{\mathrm{H}}\boldsymbol{M}\tilde{\boldsymbol{s}}\} & \tilde{\boldsymbol{s}}^{\mathrm{H}}\boldsymbol{M}^2\tilde{\boldsymbol{s}} \end{bmatrix} \tag{13.15}$$

其中,$\boldsymbol{F}$ 是单个 DFT 矩阵;σ_1^2 和 σ_2^2 分别是 $\boldsymbol{s}_1(t)$ 和 $\boldsymbol{s}_2(t)$ 的噪声方差。修改后的信号矢量和辅助矩阵定义为

$$\bar{\boldsymbol{s}}=\frac{2\pi}{M}\boldsymbol{W}^{\mathrm{H}}\boldsymbol{M}\boldsymbol{W}\boldsymbol{s} \tag{13.16}$$

$$\tilde{\boldsymbol{s}}=\boldsymbol{Q}_{\kappa,\nu}\boldsymbol{s}=\boldsymbol{D}_{\nu}[\boldsymbol{W}^{\mathrm{H}}\boldsymbol{D}_{\kappa}\boldsymbol{W}]\boldsymbol{s} \tag{13.17}$$

$$\boldsymbol{M}=\mathrm{diag}\{\boldsymbol{m}\} \tag{13.18}$$

$$\boldsymbol{Q}_{\kappa,\nu}=\boldsymbol{D}_{\nu}[\boldsymbol{W}^{\mathrm{H}}\boldsymbol{D}_{\kappa}\boldsymbol{W}] \tag{13.19}$$

我们注意到,对角项是信号能量,即类似 RMS 带宽(乘以信号能量)的项。如果我们忽略非对角线项,则将剩余的矩阵求逆会得出 DF、TDOA 和 FDOA 精度的界限(参见第10～12章)。

我们希望用距离差和距离差变化率来表示 CRLB,因为它们是 $\boldsymbol{C}_{\zeta}$ 的分量。我们注意到,从$[\varphi,\kappa,\nu]$ 到$[\boldsymbol{r},\dot{\boldsymbol{r}}]$的转换为①

$$\begin{bmatrix} r_{n,m} \\ \dot{r}_{n,m} \end{bmatrix}=\begin{bmatrix} 0 & ct_{\mathrm{s}} & 0 \\ 0 & 0 & \dfrac{c}{2\pi f_0 t_{\mathrm{s}}} \end{bmatrix}\begin{bmatrix} \hat{\phi}_{n,m} \\ \kappa_{n,m} \\ \nu_{n,m} \end{bmatrix} \tag{13.20}$$

其中,t_{s} 是采样间隔;f_0 是信号的中心频率。

我们参考第6章中未知变量函数的 CRLB,得出 CRLB:

$$\boldsymbol{C}_{r,\dot{r}}=\begin{bmatrix} 0 & ct_{\mathrm{s}} & 0 \\ 0 & 0 & \dfrac{c}{2\pi f_0 t_{\mathrm{s}}} \end{bmatrix}\boldsymbol{F}_{\varphi,\kappa,\nu}^{-1}\begin{bmatrix} 0 & 0 \\ ct_{\mathrm{s}} & 0 \\ 0 & \dfrac{c}{2\pi f_0 t_{\mathrm{s}}} \end{bmatrix} \tag{13.21}$$

这是来自一组传感器的一组 TDOA/FDOA 测量的 CRLB。

---

① 将数字延迟 κ 转换为 $r_{n,m}=c\tau_{n,m}=ct_{\mathrm{s}}\kappa_{n,m}$ 的距离差,将数字频移 ν 转换为 $\dot{r}_{n,m}=cf_{m,n}/f_0=(c/2\pi f_0 t_{\mathrm{s}})\nu_{m,n}$ 的距离变化率差。

13.4.3 全协方差矩阵

全协方差 $\boldsymbol{C}_z$ 是每个测量值的方差及其每对测量值的交叉协方差的集合，并由块对角矩阵给定：

$$\boldsymbol{C}_z=\begin{bmatrix}\boldsymbol{C}_\phi & 0\\ 0 & \boldsymbol{C}_{r,\dot{r}}\end{bmatrix} \tag{13.22}$$

对于 N_a 个不同的测向传感器，$\boldsymbol{C}_\phi$ 的大小为 $N_a\times N_a$。如果我们假设有 N_0 个不同的 TDOA/FDOA 传感器对，则 $\boldsymbol{C}_{r,\dot{r}}$ 会有 N_0 行和 N_0 列，并且将由 4 个块对角矩阵组成：

$$\boldsymbol{C}_{r,\dot{r}}=\begin{bmatrix}\boldsymbol{C}_r & \boldsymbol{S}_{r,\dot{r}}\\ \boldsymbol{S}_{r,\dot{r}} & \boldsymbol{C}_{\dot{r}}\end{bmatrix} \tag{13.23}$$

其中，$\boldsymbol{C}_r$ 和 $\boldsymbol{C}_{\dot{r}}$ 是时间和频率估计的方差；对角矩阵 $\boldsymbol{S}_{r,\dot{r}}$ 是每个 TDOA 测量与其配对的 FDOA 测量之间的交叉项对角矩阵。

如果有参考传感器(如第 11～12 章中所述)，则误差协方差矩阵将采用与前几章相同的形式，并具有块对角矩阵和公共方差项：

$$\boldsymbol{C}_{r,\dot{r}}=\begin{bmatrix}\boldsymbol{C}_r+\sigma_{r_N}^2 & \boldsymbol{S}_{r,\dot{r}}+\sigma_{r_N,\dot{r}_N}\\ \boldsymbol{S}_{r,\dot{r}}+\sigma_{r_N,\dot{r}_N} & \boldsymbol{C}_{\dot{r}}\mid\sigma_{\dot{r}_N}^2\end{bmatrix} \tag{13.24}$$

其中，矩阵项由 $N-1$ 个唯一传感器给出，标量项 σ_{rN}^2、$\sigma_{rN,\dot{r}N}^2$ 和 $\sigma_{\dot{r}N}^2$ 是公共参考传感器的误差。

13.5 性能分析

本节通过 CRLB 对联合估计的定位性能进行说明，CRLB 为 FIM 的倒数：

$$\boldsymbol{C}_{\hat{x}}\geqslant[\boldsymbol{J}(\boldsymbol{x})\boldsymbol{C}^{-1}\boldsymbol{J}^{\mathrm{T}}(\boldsymbol{x})]^{-1} \tag{13.25}$$

其中，雅可比行列式 $\boldsymbol{J}(\boldsymbol{x})$ 和 $\boldsymbol{C}$ 是完整形式，包括本章中定义的所有 AOA、TDOA 和 FDOA 测量。[①]

图 13.7 举例给出了混合定位方案的 CRLB，该方案具有两个沿 $+x$ 方向相距 10 km 的传感器。在图 13.7(a)中，它们沿基线方向(头尾配置)用 100 m/s 的速度移动，在图 13.7(b)中，它们沿垂直于其基线(侧向配置)的方向运动。这两种情况下，传

① 回想一下，从角度、距离和距离变化速率到位置的转换是非线性的。因此，即使测量是高斯的，位置误差也不是高斯的，并且不会显示出它们是无偏的。因此，CRLB 不是严格的界限(可以违反)，在这种情况下不能用于确定估计量的性能。然而，这是一个常用的界限，其易于计算的特点为估计性能提供了较为方便的标准。

感器都以3°精度对AOA进行测量，以100 ns精度对TDOA进行测量，以10 Hz精度对FDOA进行测量。假设载波频率为1 GHz(用于将多普勒转换为距离差变化率)。

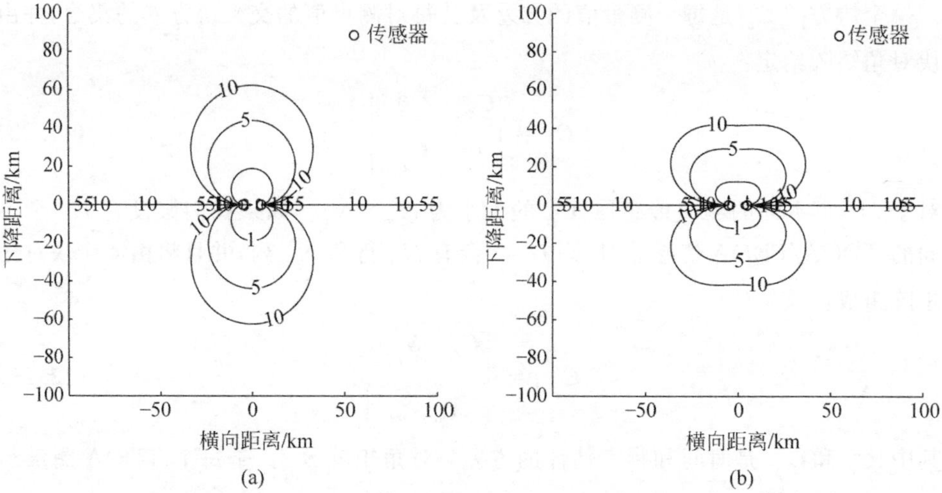

图13.7 基于CRLB的RMSE(单位：km)，给定 $\sigma_\psi=60$ mrad，$\sigma_t=100$ ns，$\sigma_f=10$ Hz，$f_0=1$ GHz且传感器速度为100 m/s

(a) 沿基线移动的传感器(头尾)；(b) 垂直于基线(左右移动)的传感器

估计精度等高线的形状变化反映了FDOA对传感器速度的依赖性。使用TDOA和AOA可以直接在传感器前面缓解性能损耗。

图13.8绘制了一对仅利用TDOA/FDOA(无AOA测量)定位传感器的CRLB，

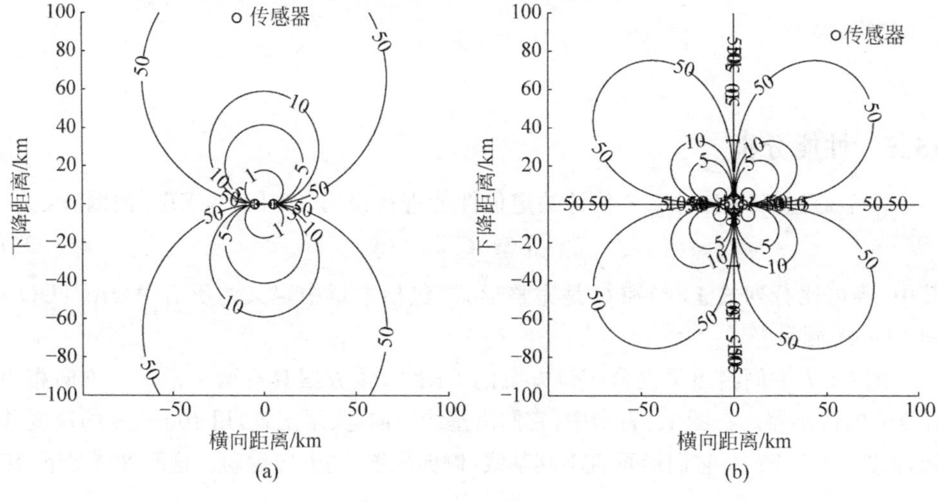

图13.8 基于CRLB的CRLB(单位：km)，给定 $\sigma_t=100$ ns，$\sigma_f=10$ Hz，$f_0=1$ GHz且传感器速度为100 m/s(无AOA传感器)

(a) 沿基线移动的传感器(头尾)；(b) 垂直于基线(左右移动)的传感器

传感器在$+x$或$+y$方向上的速度为100 m/s。缺乏AOA测量信息表明FDOA对传感器速度的敏感性。图13.8(a)与图13.7(a)类似,但没有利用AOA信息。近距离性能没有受到很大的影响,但是超出10 km等高线的精度更差,这说明,当TDOA和FDOA几何形状失效时,AOA测量能够提供一定的精度。同样,缺少AOA信息会放大对传感器速度的依赖性,正如图13.8(a)和图13.8(b)之间性能等高线的显著变化。

图13.9绘制了相同的双传感器精度,但是具有TDOA和AOA测量值(无FDOA测量)。当传感器为目标提供较大的基线时,利用TDOA和AOA定位的大部分情况是准确的。通过两个具有良好性能且在$+/-y$方向上性能较差的波瓣,很容易看出这一点。

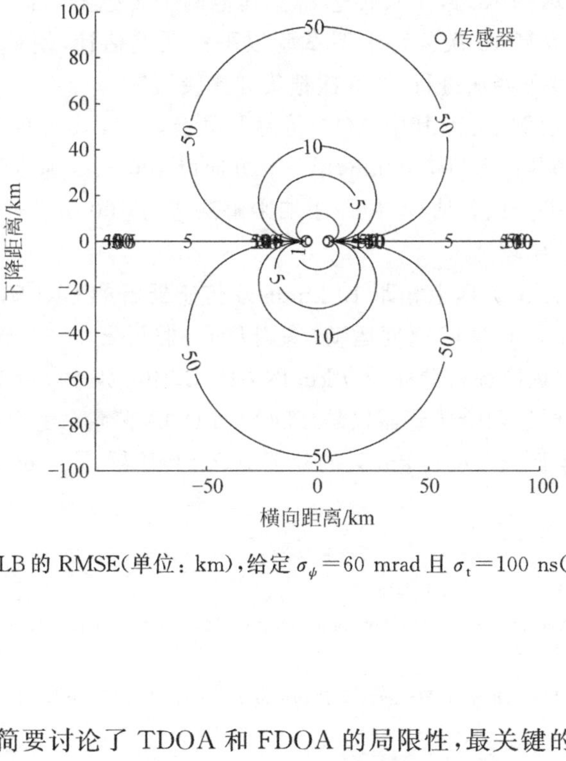

图13.9 基于CRLB的RMSE(单位: km),给定$\sigma_{\psi}=60$ mrad且$\sigma_t=100$ ns(无FDOA传感器)

13.6 局限性

前面的章节简要讨论了TDOA和FDOA的局限性,最关键的是,强调了准确获取传感器位置和速度的重要性,否则到达时间/频率差测量会增加很大的误差。结合AOA测量数据会有所帮助,主要是因为引起的误差与TDOA和FDOA测量误差中引起的误差不相关,并且固有界限更广(传感器定位中出现10 m的位置误差会在AOA辐射源估计中产生10 m误差;对于TDOA和FDOA,所引起的估计误差可能更大)。

对于全部3种模式,还有另一组误差同样值得考虑,并且会给联合定位带来重大挑战,那就是多路径。多径回波的到达角度与直接路径不同,并且可能导致虚假目标或AOA测量错误。试图正确地关联多个目标的TDOA、FDOA和AOA测量值(尤其是在存在多路径的情况下)是一个极具挑战性的问题,本书中的算法或性能预测无法解决这个问题。

13.7 问题集

13.1 对于 20 km 下降距离($+y$)和 10 km 横向距离($+x$)的辐射源,绘制一对沿 x 轴间隔 10 km 布置,在 $+y$ 方向上以 100 m/s 速度运动的传感器的对数似然率;假设 $\sigma_f=10$ Hz,$\sigma_t=1$ μs 且 $\sigma_\psi=50$ mrad。

13.2 重复问题 13.1,但将每个传感器的运动方向调整为①朝向彼此 10°;②远离彼此 10°,并重复上述问题。

13.3 重复示例 13.1,中央传感器在其他两个传感器后面 10 km,位于 $x=[0,-10]$ km。重复 10 次蒙特卡罗试验以平滑误差估计,使最小二乘解法进行 100 次迭代和梯度下降法进行 1000 次迭代并比较结果。

13.4 重复示例 13.2,其中 AOA 传感器位于 $x=[0,0]$,而 TDOA/FDOA 传感器对位于[0,10]km 和[0,20]km,沿 $+y$ 方向以 100 m/s 速度移动。重复 10 次蒙特卡罗试验以平滑误差估计,使最小二乘解法进行 100 次迭代和梯度下降法进行 1000 次迭代并比较结果。

13.5 计算在 x 方向上相距 10 km 的双传感器解的 CRLB,这两个传感器在 $+x$ 方向上以 $v=50$ m/s 的速度运动(头对尾)。假设 $\sigma_\psi=30$ mrad,$\sigma_t=1$ μs 和 $\sigma_f=20$ Hz。绘制远离辐射源在 100 km 的 CRLB,中心频率 $f=200$ MHz。

13.6 假设所述两个传感器仅是 TDOA/FDOA 测量(无 AOA 信息),重复问题 13.5。添加位于$[-20,0]$ km 处的外部 AOA 传感器,$\sigma_\psi=60$ mrad。

参考文献

[1] C. E. Shannon, "A mathematical theory of communication," *Bell system technical journal*, vol. 27, no. 3, pp. 379–423, 1948.

[2] T. M. Cover and J. A. Thomas, *Elements of information theory*. Hoboken, NJ: John Wiley & Sons, 2012.

[3] Kimberly N. Hale, "Expanding the Use of Time/Frequency Difference of Arrival Geolocation in the Department of Defense," Ph.D. dissertation, Pardee RAND Graduate School, 2012.

[4] K. Ho and W. Xu, "An accurate algebraic solution for moving source location using TDOA and FDOA measurements," *IEEE Transactions on Signal Processing*, vol. 52, no. 9, pp. 2453–2463, 2004.

[5] F. Quo and K. Ho, "A quadratic constraint solution method for TDOA and FDOA localization," in *2011 IEEE International Conference on Acoustics, Speech and Signal Processing (ICASSP)*. IEEE, 2011, pp. 2588–2591.

[6] C. H. Knapp and G. C. Carter, "Estimation of time delay in the presence of source or receiver motion," *The Journal of the Acoustical Society of America*, vol. 61, no. 6, pp. 1545–1549, 1977.

[7] E. Weinstein and P. M. Schultheiss, "Localization of a moving source using passive array data," Naval Ocean System Center Technical Report, Tech. Rep., 1978.

[8] P. M. Schultheiss and E. Weinstein, "Estimation of differential doppler shifts," *The Journal of the Acoustical Society of America*, vol. 66, no. 5, pp. 1412–1419, 1979.

[9] M. Wax, "The joint estimation of differential delay, doppler, and phase (corresp.)," *IEEE Transactions on Information Theory*, vol. 28, no. 5, pp. 817–820, Sep. 1982.

[10] B. Friedlander, "On the cramer-rao bound for time delay and doppler estimation (corresp.)," *IEEE Transactions on Information Theory*, vol. 30, no. 3, pp. 575–580, 1984.

[11] D. Mušicki and W. Koch, "Geolocation using TDOA and FDOA measurements," in *2008 11th International Conference on Information Fusion*, June 2008, pp. 1–8.

[12] B. Friedlander, "An efficient parametric technique for doppler-delay estimation," *IEEE Transactions on Signal Processing*, vol. 60, no. 8, pp. 3953–3963, Aug 2012.

[13] A. Yeredor and E. Angel, "Joint TDOA and FDOA estimation: A conditional bound and its use for optimally weighted localization," *IEEE Transactions on Signal Processing*, vol. 59, no. 4, pp. 1612–1623, April 2011.

[14] R. Ulman and E. Geraniotis, "Wideband TDOA/FDOA processing using summation of short-time CAF's," *IEEE transactions on signal processing*, vol. 47, no. 12, pp. 3193–3200, 1999.

[15] S. Stein, "Algorithms for ambiguity function processing," *IEEE Transactions on Acoustics, Speech, and Signal Processing*, vol. 29, no. 3, pp. 588–599, June 1981.

[16] M. L. Fowler and X. Hu, "Signal models for TDOA/FDOA estimation," *IEEE Transactions on Aerospace and Electronic Systems*, vol. 44, no. 4, pp. 1543–1550, Oct 2008.

附录A

概率和统计

本章将讨论概率和统计中的一些选定主题，这些主题出现在辐射源的检测和位置估计中。关于基本概率理论，感兴趣的读者可以参考文献[1]；关于涉及正态(或高斯)随机概率的分布手册，可以参见文献[2]；关于检测和估计理论，可以参见文献[3]；也可以在国际电信联盟的文献中找到这些分布以及与射频传播有关的其他分布[4]。

A.1 常见分布

本附录列出了在检测和估计问题中几种常见的分布。在每种情况下，我们都提供概率密度函数(probability density function，PDF)$f(x)$，该函数提供了所述随机变量实现取值 x 的概率。还介绍了前两个中心矩，称为均值或期望(μ)和方差(σ^2)，定义为

$$\mu = E\{X\} \tag{A.1}$$

$$\sigma^2 = E\{|X-\mu|^2\} \tag{A.2}$$

其中，$E\{\cdot\}$是期望算子，定义为

$$E\{g(x)\} = \int_{-\infty}^{\infty} g(x) f(x) \mathrm{d}x \tag{A.3}$$

以下各节使用符号“～”表示“分布为”。在后续章节中，概率密度函数符号给定 $f_X(x)$，其中 X 项定义了使用中的分布(每个分布下面都有一个不同的符号)。

A.1.1 高斯随机变量

第一个分布是高斯分布，有时也称为正态分布。通过期望 μ 和 σ^2 对其设定参数，编写为

$$X \sim \mathcal{N}(\mu, \sigma^2) \tag{A.4}$$

$$f_N(x \mid \mu, \sigma) = \frac{1}{\sqrt{2\pi\sigma^2}} e^{-\frac{(x-\mu)^2}{2\sigma^2}} \tag{A.5}$$

根据定义,高斯分布的期望和方差分别为 μ 和 σ^2。

$$E\{x\} = \mu \tag{A.6}$$

$$E\{(x-\mu)^2\} = \sigma^2 \tag{A.7}$$

若要生成高斯随机变量,请使用 randn 命令,该命令将从标准正态分布($\mu=0$,$\sigma^2=1$)生成随机样本,并对结果进行缩放和补偿。

```
x = mu + sqrt(var) * randn;
```

其中,mu 表示均值 μ; var 表示方差 σ^2。

A.1.2 复高斯随机变量

高斯随机变量的直接扩展是考虑复变量。我们将复高斯随机变量定义为两个独立的高斯随机变量 X_R 和 X_I 的复运算,假设它们是独立的[5-6]:①

$$x = x_R + jx_I \tag{A.8}$$

我们用(复数)期望 μ 和(实数)方差 σ^2 来对分布设定参数:

$$X \sim \mathcal{CN}(\mu, \sigma^2) \tag{A.9}$$

$$X_R \sim \mathcal{N}\left(\mu_R, \frac{1}{2}\sigma^2\right) \tag{A.10}$$

$$X_I \sim \mathcal{N}\left(\mu_I, \frac{1}{2}\sigma^2\right) \tag{A.11}$$

其中,μ_R 和 μ_I 分别是 μ 的实部和虚部。注意,实部和虚部均具有方差 $\sigma^2/2$。② 概率密度函数编写为

$$f_{\mathcal{CN}}(x \mid \mu, \sigma) = \frac{1}{\pi\sigma^2} e^{-\frac{|x-\mu|^2}{\sigma^2}} \tag{A.12}$$

根据定义,复高斯分布的期望和方差分别是 μ(可以是复数)和 σ^2(必须是实数):

$$E\{x\} = \mu \tag{A.13}$$

$$E\{|x-\mu|^2\} = \sigma^2 \tag{A.14}$$

---

① 除了方差 $E\{|x-\mu|^2\}$外,还有一个更复杂的公式可以使用,并且需要第 3 个参数来捕获 $E\{(x-\mu)^2\}$。关于公式和详情,参见文献[7]。

② 这是一种符号选择,并不通用。当以这种方式表示复高斯时,某些辐射源通过方差 σ^2 定义分量,而我们将 σ^2 定义为分量方差之和,以致得出的 PDF 形式略有不同。

若要生成一个复高斯随机变量，我们从标准正态分布生成一对样本，将它们乘以虚数(在 MATLAB 中为 1i)，然后缩放并补偿其运算和。

```
x = mu + sqrt(var/2) * (randn+1i * randn);
```

其中，mu 和 var 分别表示均值 μ 和方差 σ^2。我们将方差除以 2，因为实部和虚部分别代表总方差的一半。

A.1.3 卡方随机变量

下一个分布是卡方分布，它是针对非负标量 $r\geqslant 0$ 定义的。其参数阶为 k：

$$r \sim \chi_k^2 \tag{A.15}$$

$$f_{\chi^2}(r \mid k) = \frac{1}{2^k/2\Gamma(k/2)} r^{k/2-1} \mathrm{e}^{-r/2} \tag{A.16}$$

其中，$\Gamma(v)$是伽马函数。① 具有 k 个自由度的卡方随机变量的期望和方差为

$$E\{x\} = k \tag{A.17}$$

$$E\{(x-k)^2\} = 2k \tag{A.18}$$

若要生成具有 k 个自由度的卡方随机变量，请使用随附的 MATLAB® 函数 chi2rnd。

最常见的卡方随机变量是一组独立高斯随机变量的幅度平方之和。如果 $x_l \sim \mathcal{N}(0,1)$，对于 $l=0,1,\cdots,L-1$，每个功率之和分布为具有 L 个自由度的卡方随机变量：

$$z = \sum_{L-1}^{l=0} \mid x_l \mid^2 \sim \chi_L^2 \tag{A.19}$$

当输入是复高斯分布时，卡方分布的阶从 L 翻倍至 $2L$(对于组成总和的 L 个实数和 L 个复高斯分布)，但是输入必须以方差 $\sigma^2=2$ 分布(因此实部和虚部都具有单位方差)。

A.1.4 非中心卡方随机变量

非中心卡方分布是卡方分布的常见推广，由阶次 k 和非中心参数 λ 来表示：

$$r \sim \chi_k^2(\lambda) \tag{A.20}$$

$$f_{\chi} \in (r \mid k,\lambda) = \sum_{l=0}^{\infty} \frac{\mathrm{e}^{-\lambda/2}(\lambda/2)^l}{l!} f_{\chi} \in (r \mid k+2l) \tag{A.21}$$

其中，$f_{\chi} \in (x \mid k+2l)$是自由度为 $k+2l$ 的方程(A.16)中的卡方概率密度函数。

---

① 伽马函数定义为 $\Gamma(z)=\int_0^{\infty} x^{z-1}\mathrm{e}^{-x}\mathrm{d}x$ [8]。当 z 为整数时，它会化简为阶乘 $(z-1)!$。

非中心卡方分布的期望和方差为

$$E\{x\} = k + \lambda \tag{A.22}$$

$$E\{(x - (k + \lambda))^2\} = 2(k + 2\lambda) \tag{A.23}$$

若要生成具有 k 个自由度和非中心参数 λ 的非中心卡方随机变量，请使用随附的 MATLAB® 函数 ncx2rnd。

最常见分布是，当加在一起的高斯变量 x_1 具有单位方差，但均值非零时。换而言之：

$$x_l \sim \mathcal{N}(\mu_l, 1) \tag{A.24}$$

$$z = \sum_{l=0}^{L-1} |x_l|^2 \sim \chi_N^2(\lambda) \tag{A.25}$$

其中，非中心参数 λ 是根据每个高斯随机变量的平方期望之和计算得出的：

$$\lambda = \sum_{l=0}^{N-1} |\mu_l|^2 \tag{A.26}$$

当输入是复高斯时，非中心参数的形式会发生变化，但非中心卡方分布的阶数会从 L 翻倍至 $2L$（对于组成总和的 L 个实高斯和 L 个复高斯），但是输入必须以方差 $\sigma^2 = 2$ 分布（以便实部和虚部都具有单位方差）。

A.1.5 Rayleigh 随机变量

Rayleigh 分布是具有零均值的复高斯随机变量振幅，并由 σ（被控高斯随机变量的标准偏差）表示：

$$r \sim \mathcal{R}(\sigma) \tag{A.27}$$

$$f_{\mathcal{R}}(r \mid \sigma) = \frac{r}{\sigma^2} e^{-\frac{r^2}{2\sigma^2}} \tag{A.28}$$

得出期望和方差如下：

$$E\{r\} = \sigma \sqrt{\frac{\pi}{2}} \tag{A.29}$$

$$E\left\{\left(r - \sigma\sqrt{\frac{\pi}{2}}\right)^2\right\} = \frac{4 - \pi}{2}\sigma^2 \tag{A.30}$$

若要生成 Rayleigh 随机变量，请使用随附的 MATLAB® 函数 raylrnd。

如果 $x \sim \mathcal{N}(0, \sigma^2)$ 且 $y \sim \mathcal{N}(0, \sigma^2)$，则振幅 $r = \sqrt{x^2 + y^2}$ 分布为 $r \sim \mathcal{R}(\sigma)$。使用复高斯随机变量的符号，如果 $x \sim \mathcal{CN}(0, \sigma^2)$，则振幅 $r = |x|$ 分布为 $r \sim \mathcal{R}(\sigma, \sqrt{2})$。

A.1.6 Rician 随机变量

类似 Rayleigh 随机变量，Rician 随机变量为复高斯随机变量的振幅，但均值非零。概率密度函数编写为

$$r \sim \mathcal{R}(\nu,\sigma) \tag{A.31}$$

$$f_{\mathcal{R}}(r \mid \nu,\sigma) = \frac{x}{\sigma^2} e^{-\frac{(x^2+\nu^2)}{2\sigma^2}} I_0\left(\frac{x\nu}{\sigma^2}\right) \tag{A.32}$$

其中，$I_0(x)$是第一类修正 Bessel 函数，具有零阶[8]，定义为

$$I_0(z) = \sum_{m=0}^{\infty} \left(\frac{1}{m!}\right)^2 \left(\frac{z}{2}\right)^{2m} \tag{A.33}$$

在 MATLAB® 中，这是使用函数 besseli 计算的。

Rician 分布的期望和方差给定为

$$E\{r\} = \sigma\sqrt{\pi/2}\, L_{1/2}(-\nu^2/2\sigma^2) \tag{A.34}$$

$$E\{(r-E\{r\})^2\} = 2\sigma^2 + \nu^2 - \frac{\pi\sigma^2}{2} L_{1/2}^2\left(\frac{-\nu^2}{2\sigma^2}\right) \tag{A.35}$$

其中，$L_q(x)$是 Laguerre 多项式[8]。通过以下命令，在 MATLAB® 统计和机器学习工具箱中给出了 Rician 概率密度函数和方差的实现。

```
dist = makedist('Rician', nu, sigma);
mu = mean(dist);
variance = var(dist);
```

也可以在 MATLAB® File Exchange 中找到实现过程。例如，参见文献[9]。

如果 $x \sim \mathcal{CN}(\mu,\sigma^2)$，则 $r=|x|$分布为 Rician 随机变量，其中 $r \sim \mathcal{R}(|\mu|,\sigma/\sqrt{2})$。

若要生成带有尺度参数 σ 和非中心参数 ν 的 Rician 随机变量，最简单的选择是使用随机接口，该接口配备有统计和机器学习工具箱：

```
x dist = makedist('Rician', nu, sigma);
r = random(dist);
```

如果该工具箱不可用，则可以通过复高斯随机变量（方差 $2\sigma^2$，期望 v）生成 Rician 随机变量。

```
xx = nu + (sqrt(2) * sigma) * (randn+1i * randn);
x = abs(xx);
```

A.2 T 分布

T 分布是 William Gosset（以笔名“Student”）于 1908 年首次发布的统计分布。在电子战背景下，出现在 CFAR 匹配滤波器的制定中。有关详情，请参见文献[3]的 4.10 节。

给定一组 N 个独立测量，将 t 统计量定义为

$$t=\frac{\bar{x}-\mu}{s/\sqrt{N}} \tag{A.36}$$

其中，$\bar{x}$ 是样本均值；s 是样本标准偏差，定义为

$$s^2 \triangleq \frac{1}{N-1}\sum_{N}^{i=1}(x_i-\bar{x})^2 \tag{A.37}$$

如果测量 x_i 是高斯分布的，则统计量 t 根据 Student 的 T 分布以 $t \sim T_{N-1}$ 进行分布。更通俗地说，给定 $X\sim\mathcal{N}(0,1)$ 和 $Y\sim\xi_v^2$，统计量 $t=X/\sqrt{Y/\nu}$ 以 ν 自由度进行 T 分布。概率密度函数为

$$f_{\mathrm{T}}(t \mid \nu)=\frac{\Gamma\left(\frac{\nu+1}{2}\right)}{\Gamma\left(\frac{\nu}{2}\right)\sqrt{\nu\pi}}\frac{1}{\left(1+\frac{t^2}{\nu}\right)^{\frac{\nu+1}{2}}} \tag{A.38}$$

对于概率密度函数和累积分布函数(cumulative distribution function，CDF)，可以分别通过函数 tpdf 和 tcdf 引用 T 分布。统计和机器学习工具箱中给出了这两个函数。可以使用随附的 MATLAB® 函数 trnd 直接生成服从 T 分布的随机变量。若要根据 T 分布手动创建变量，请构建 X 和 Y 分量，并直接计算检验统计量：

```
: x = randn(dims);
y = chi2rnd(nu,dims);
t = x./sqrt(y/nu);
```

A.3 随机向量

接下来，考虑一组随机变量 x_n，$n=0,1,\cdots,N-1$。如果变量是独立的，则可以将它们的联合概率密度函数构建为它们各自概率密度函数的乘积：

$$f_{\boldsymbol{X}}(\boldsymbol{x})=\prod_{i=0}^{N-1}f_{X_i}(x_i) \tag{A.39}$$

但是，如果它们不是独立的，则必须应用贝叶斯定理：

$$f_{\boldsymbol{X}}(\boldsymbol{x})=f_{x_0}(x_0 \mid x_1,x_2,\cdots,x_{N-1})f_{x_1,x_2,\cdots,x_{N-1}}(x_1,x_2,\cdots,x_{N-1}) \tag{A.40}$$

如果我们对所有变量进行扩展，那么就得到了边缘分布的乘积，每个边缘分布都以剩余 $N-i-1$ 个变量为条件：

$$f_{\boldsymbol{X}}(\boldsymbol{x})=\prod_{i=0}^{N-1}f_{x_i}(x_i \mid x_{i+1},x_{i+2},\cdots,x_{N-1}) \tag{A.41}$$

在许多情况下，正如我们将在下面看到的，使用向量和矩阵可以更方便地处理分布。正如随机变量一样，我们将大部分注意力集中在前两个中心矩：期望和方差。由于 $\boldsymbol{x}$ 是矢量，因此它的期望也是矢量，并且方差是矩阵 $\boldsymbol{C}$，我们将其称为协方差矩

阵，因为它不仅指定了每个项的方差，而且还指定了每个对随机变量的协方差：

$$\boldsymbol{\mu}=E\{\boldsymbol{x}\} \tag{A.42}$$

$$\boldsymbol{C}=E\{(\boldsymbol{x}-\boldsymbol{\mu})(\boldsymbol{x}-\boldsymbol{\mu})^{\mathrm{H}}\} \tag{A.43}$$

其中，$\cdot^{\mathrm{H}}$ 是 Hermitian 算子，复共轭转置。如果 $\boldsymbol{x}$ 是实数，则可以将其替换为转置算子 $\cdot^{\mathrm{T}}$。

A.3.1 高斯随机向量

高斯随机向量是由变量 x_i 组成的向量，每个变量 x_i 遵循高斯分布，并且其对 (x_i, x_j) 共同为高斯分布。高斯随机向量的分布由期望 $\boldsymbol{\mu}$ 和协方差矩阵 $\boldsymbol{C}$ 设定参数：

$$\boldsymbol{x} \sim \mathcal{N}(\boldsymbol{\mu}, \boldsymbol{C}) \tag{A.44}$$

$$f_{\mathcal{N}}(\boldsymbol{x} \mid \boldsymbol{\mu}, \boldsymbol{C})=(2\pi)^{-N/2} \mid \boldsymbol{C} \mid^{-1/2} \pi^{-N/2} \mathrm{e}^{-\frac{1}{2}(\boldsymbol{x}-\boldsymbol{\mu})^{\mathrm{T}}\boldsymbol{C}^{-1}(\boldsymbol{x}-\boldsymbol{\mu})} \tag{A.45}$$

其中，$|\boldsymbol{C}|$ 是 $\boldsymbol{C}$ 的行列式。根据定义，均值和协方差是 $\boldsymbol{\mu}$ 和 $\boldsymbol{C}$。

$$E\{\boldsymbol{x}\}=\boldsymbol{\mu} \tag{A.46}$$

$$E\{(\boldsymbol{x}-\boldsymbol{\mu})(\boldsymbol{x}-\boldsymbol{\mu})^{\mathrm{T}}\}=\boldsymbol{C} \tag{A.47}$$

我们可以使用 randn 命令生成服从该分布的随机向量：

```
dims = [numel(mu),1];
[V,Lam] = eig(C);              % Eigendecomposition of the Covariance matrix
Lam_sqrt = Lam.^(1/2);         % Take square root of each eigenvalue
C_sqrt = V * Lam_sqrt * V';    % Recompose square root matrix C^(1/2)
x = mu + C_sqrt * randn(dims);
```

其中，mu 是预期向量 $\boldsymbol{\mu}$；C_sqrt 是协方差矩阵 $\boldsymbol{C}$ 的平方根。①

A.3.2 复高斯随机向量

正如标量情况一样，我们将复高斯定义为两个独立的高斯随机向量 $\boldsymbol{x}_{\mathrm{R}}$ 和 $\boldsymbol{x}_{\mathrm{I}}$ 的复运算和，假设它们是独立的[5-6]。②

$$\boldsymbol{x}=\boldsymbol{x}_{\mathrm{R}}+\mathrm{j}\boldsymbol{x}_{\mathrm{I}} \tag{A.48}$$

我们使用(复的)期望 $\boldsymbol{\mu}$ 和(实的)协方差矩阵 $\boldsymbol{C}$ 来对分布设定参数。

$$\boldsymbol{x} \sim \mathcal{CN}(\boldsymbol{\mu}, \boldsymbol{C}) \tag{A.49}$$

$$\boldsymbol{x}_{\mathrm{R}} \sim \mathcal{N}\left(\boldsymbol{\mu}_{\mathrm{R}}, \frac{1}{2}\boldsymbol{C}\right) \tag{A.50}$$

---

① 平方根 $\boldsymbol{C}^{-1/2}$ 被定义为 $\boldsymbol{C}^{-1/2}\boldsymbol{C}\boldsymbol{C}^{-1/2}=\boldsymbol{I}$，并且可以通过协方差矩阵 $\boldsymbol{C}$ 的特征分解轻松计算出来。

② 有一个更复杂的公式，该公式允许独立并需要第 3 个参数 $\boldsymbol{\Gamma}=E\{\boldsymbol{x}\boldsymbol{x}^{\mathrm{T}}\}$。关于公式和详情，参见文献[7]。

$$x_I \sim \mathcal{N}\left(\mu_I, \frac{1}{2}C\right) \tag{A.51}$$

其中，μ_R 和 μ_I 分别是 μ 的实部和虚部。

$$f_{\mathcal{CN}}(x \mid \mu, C) = |C|^{-1}\pi^{-N} e^{-\frac{1}{2}(x-\mu)^H C^{-1}(x-\mu)} \tag{A.52}$$

根据定义，x 的均值和协方差为 μ 和 C：

$$E\{x\} = \mu \tag{A.53}$$

$$E\{(x-\mu)(x-\mu)^H\} = C \tag{A.54}$$

可使用以下代码生成一个复高斯随机向量样本：

```
dims = [numel(mu),1];
[V,Lam] = eig(C);                    % Eigendecomposition of the Covariance matrix
Lam_sqrt = (Lam/2).^(1/2);           % Take square root of each eigenvalue after
                                     % dividing by 2
C_sqrt = V * Lam_sqrt * V';          % Recompose square root matrix C^(1/2)
x = mu + C_sqrt * (randn(dims)+1i * randn(dims));
```

请注意，特征值在求平方根之前先除以 2，因此所得矩阵反映的是实部和虚部的标准偏差，而不是它们的复运算和。然后，我们生成两个随机高斯向量，并将协方差矩阵的平方根应用于它们之和。

参考文献

[1] A. Papoulis and S. U. Pillai, *Probability, random variables, and stochastic processes*. New York, NY: McGraw-Hill Education, 2002.

[2] M. K. Simon, *Probability distributions involving Gaussian random variables: A handbook for engineers and scientists*. New York, NY: Springer Science & Business Media, 2007.

[3] L. L. Scharf, *Statistical signal processing*. Reading, MA: Addison-Wesley, 1991.

[4] ITU-R, "Report ITU-R P.1057-5, Probability distributions relevant to radiowave propagation modelling," International Telecommunications Union, Tech. Rep., 2017.

[5] B. Picinbono, "Second-order complex random vectors and normal distributions," *IEEE Transactions on Signal Processing*, vol. 44, no. 10, pp. 2637–2640, 1996.

[6] N. O'Donoughue and J. M. F. Moura, "On the product of independent complex gaussians," *IEEE Transactions on Signal Processing*, vol. 60, no. 3, pp. 1050–1063, March 2012.

[7] P. J. Schreier and L. L. Scharf, *Statistical signal processing of complex-valued data: the theory of improper and noncircular signals*. Cambridge, UK: Cambridge University Press, 2010.

[8] F. W. Olver, D. W. Lozier, R. F. Boisvert, and C. W. Clark, *NIST handbook of mathematical functions*. Cambridge, UK: Cambridge University Press, 2010.

[9] G. Ridgway. (2008) Rice/rician distribution. [Online]. Available: https://www.mathworks.com/matlabcentral/fileexchange/14237-rice-rician-distribution/.

附录B

射频传播

本附录将讨论射频波的传播问题。这是一个非常复杂的主题,准确的建模需要包括地形数据和大气特性(如电离层边界层)。为了获得非常精确的传播计算,用户可参考众多可用的计算模型,如ITM[1]、TIREM[2]、ITWOM[2]或开源SPLAT![3]。文献[4]的第26章和文献[5]的第5章讨论了这些内容和其他传播模型及其潜在影响。

在绝大多数情况下,这些模型提供的保真度水平不是必需的,也没有意义。例如,如果正在执行一般计算并且没有明确的发射机或接收机位置,则生成高分辨率的传播图(在地球表面的各个点提供明确的损耗)几乎没有意义。在这些情况下,可以使用一系列简化模型,即自由空间衰减、双射线路径损耗和刀口衍射。文献[6]的第5章和文献[7]的第5章详细讨论了这些模型,为本书的应用奠定了基础。

有关实现比此处所述模型更加高保真的模型信息,建议读者下载上文提到的分析软件包,或了解国际电信联盟的建议,尤其是文献[8]传播损耗基础,文献[9]地面到空中或空基链路,文献[10]衍射效应,文献[11]和文献[12]HF传播(通常不遵循本附录中导出的公式)。

本附录中的模型主要用于系统工程场景或测试与评估场景,而无法用于实际接收机处理算法。战场上的电子战接收机通常几乎没有关于其工作场景的信息,也很少有关于发射机位置的信息,因此它无法利用这些路径进行损耗预测。话虽如此,但人们对认知雷达的兴趣依旧日益增加,这取决于根据高度精确的数字地形高程数据和移动目标的先验知识对实际传播效应进行详细计算,可参考文献[13]~文献[15]。如果具备足够的处理能力并结合其他传感器的信息,电子战的未来发展可能会尝试利用这些技术。然而,此前将认知技术纳入电子战主要是为了识别目标和改进对频率捷变目标的检测(或者,当应用于辐射源时,通过自适应跳频技术来避免干扰),可参见考文献[16]~文献[18]。

B.1 自由空间传播

当射频信号不受阻碍地传播时，沿波前的能量密度与传播距离的平方成反比，见图 B.1。可根据方程(B.1)给定路径损耗(表示接收功率(通过各向同性天线))与辐射源功率(在接收机方向上)的比率[19]：

$$L_{\text{fspl}} = \left(\frac{4\pi R}{\lambda}\right)^2 \tag{B.1}$$

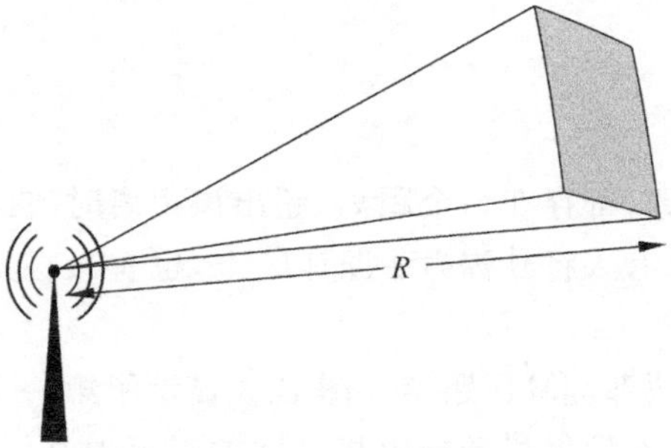

图 B.1 自由空间路径损耗示意图

通过半径等于传播距离的球体的表面积来描述这种传播

当发射机和接收机之间没有障碍物，并且在发射机和接收机之间的视线附近没有显性反射器(如建筑物或地面)时，自由空间路径损耗是一个有效的假设。当链路距离非常短，或者某个发射机或接收机是机载(或天基)时，最适合进行这种假设。

B.2 双射线传播

对于更长距离的情况，在存在显性反射器(如地球表面)的情况下，自由空间衰减模型不再有效，因为地面反射会在时间上与直接路径信号重叠，从而造成破坏性干扰。有关该地面反弹路径的说明，参见图 B.2。根据经验，发现该模型随距离的四次方变化，而与发射机和接收机高度的平方成反比。有趣的是，该路径损耗模型与波长无关：

$$L_{\text{2-ray}} = \frac{R^4}{h_t^2 h_r^2} \tag{B.2}$$

如文献[6]所报道，双射线损耗模型也可以通过列线图进行计算。

这是一类更常见模型的特定示例，其中损耗与 R^n 成正比，其中某些模型阶数 n 取决于所讨论的环境。许多模型引用的阶 n 为 1.5～5[5]。对于镜面反射或漫反射，双射线传播的进一步扩展考虑了地球曲率和地面粗糙度。关于所涉及的几

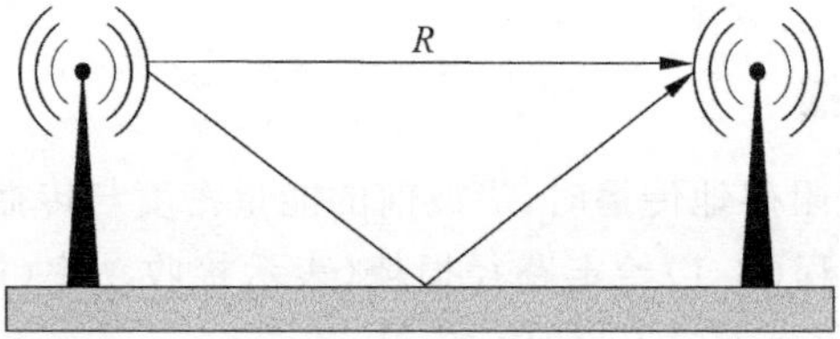

图 B.2 在双射线模型中，来自地球表面的反射是破坏性干扰的主要来源

何形状以及由此产生的损耗推导，参见文献[5]的 5.2.4 节。

B.3 菲涅耳区

对于任何地面链路，都存在一个距离，超出该距离时，自由空间模型将不再适用，而应使用双射线。有人将其称为菲涅耳区[6]，也有人将其称为周转距离[5]，这有点儿让人困惑。

我们采用专业术语菲涅耳区距离。图 B.3 显示了第一个菲涅耳区的示意图，该区域是一个椭圆形，在发射机和接收机之间的视距中心位置。该椭圆体的表面描绘出反射路径（相对于直接路径）具有 180°相移的点（直接路径与反射之间路径的长度之差为 $\lambda/2$）。如果没有障碍物干扰该椭圆体，并且地面不是太近，则电磁波将根据自由空间的视距模型传播。该椭圆体在路径中心的半径给定为 r，在该点的离地高度为 h。$r/h>60\%$时的距离 R 通常称为菲涅耳区距离，取决于发射机和接收机的离地高度以及频率。该距离可以大致近似为[6]

$$R_{\mathrm{FZ}}=\frac{4\pi h_{\mathrm{T}}h_{\mathrm{R}}}{\lambda} \tag{B.3}$$

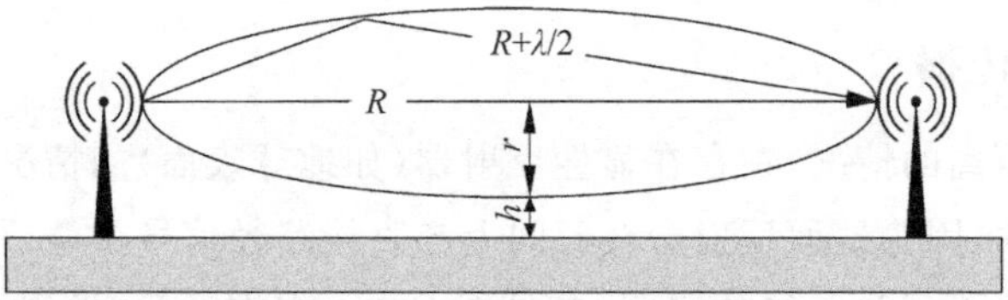

图 B.3 第一个菲涅耳区的示意图
半径为 r，离地高度为 h

其中，R_{FZ} 表示菲涅耳区距离（单位：m）；h_{T} 和 h_{R} 是发射机和接收机的高度（单位：m）；而 λ 是波长（单位：m）。这里所显示的距离是自由空间和双射线传播损耗相等时的距离，因此它为两个传播模型之间的转换提供了方便。可以找到菲涅耳区距离的各种定义（略有区别），这取决于不同的标准，即何时适合放弃自由空间模型并应用根据经验得出的双射线模型。

$$L=\begin{cases}\left(\dfrac{4\pi R}{R^{\lambda}}\right)^{2}, & R\leqslant R_{\mathrm{FZ}}\\ \dfrac{R^{2}}{h_{\mathrm{T}}^{2}h_{\mathrm{R}}^{2}}, & R>R_{\mathrm{FZ}}\end{cases} \tag{B.4}$$

图 B.4 中绘制了几个特征频率的组合损耗(针对自由空间模型和双射线损耗模型),绘制了每对曲线的菲涅耳区域距离,以在模型相等的地方出现 R_{FZ}。

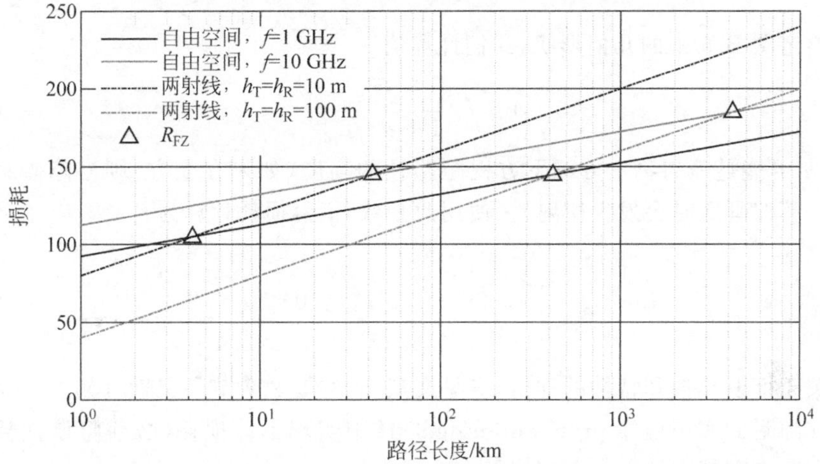

图 B.4 相对于自由空间和双射线路径损耗模型的菲涅耳区距离示意图

绘制了 1 GHz 和 10 GHz 的自由空间,绘制了离地面 10 m 和 100 m 的天线双射线,并针对两个模型的 4 个可能配对计算了 R_{FZ}

本书随附的 MATLAB® 代码给出了方程(B.4)的实现,并且可以使用函数 prop.pathLoss 进行调用。① 返回值以 dB 为单位,而方程(B.4)以线性单位定义。

B.4 刀口衍射

刀口衍射是附加的损耗项,适用于在发射机和接收机之间只有一个障碍物(如高山或大建筑物)的情况,如图 B.5 所示。当单个障碍物位于图 B.3 所示的菲涅耳区域椭圆体内但没有遮挡视距路径时,也会发生这种情况[5]。

文献[6]的第 5 章讨论了刀口衍射,并提供了一种通过列线图计算损耗的方法。计算后,必须将刀口衍射损耗加到自由空间衰减损耗上(而不是双射线路径损耗,即使链路距离超出菲涅耳区距离)。文献[5]中给出了衍射损耗的方程,它们模拟了相同的效果。

① 作为相控阵系统工具箱的一部分,MATLAB® 给出了许多信道模型,但这些模型专门用于对实际传输进行建模,并且未明确返回路径损耗的计算。

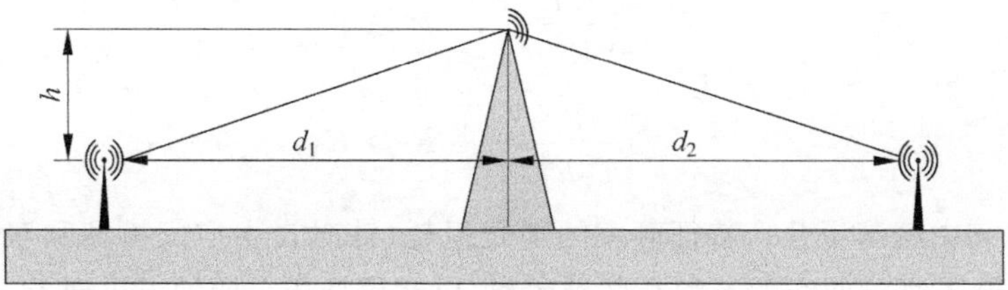

图 B.5 峰值周围的刀口衍射

给定图 B.5 中的几何形状，我们计算值 ν：

$$\nu = h\left(\frac{\sqrt{2}}{1 + d_1/d_2}\right) \tag{B.5}$$

其中，h 可能是障碍物上方或下方视距路径的高度（如果在上方，则当障碍物撞击到第一菲涅耳区时会发生衍射）。使用此参数，衍射损耗计算为

$$L_{\text{diff,dB}} = \begin{cases} 0, & \nu \leqslant 0 \\ 6 + 9\nu - 1.27\nu^2, & 0 < \nu < 2.4 \\ 13 + 20\log_{10}\nu, & \nu \geqslant 2.4 \end{cases} \tag{B.6}$$

关于衍射导数和特性的详情，参见文献[5]的 5.2.7 节和文献[10]。

在随附的实用程序 prop.knifeEdgeDiff 中实现了该损耗（必须将该损耗添加到给定距离和频率的自由空间损耗中）。

B.5 其他模型

还有针对路径损耗问题简化的其他模型，包括 John Egli 于 1957 年提出的模型[20]，该模型将频率缩放因子应用于 tworay 模型。常见的 R^n 模型针对每个频率使用参考距离 R_0 和损耗 L_0，并使用 $L_0(R/R_0)^n$ 缩小其他距离的损耗。1988 年，Nicholson 提出了 R^n 模型的一种特殊情况，其中 $n=4$，并且常数稍有不同[21]。最终，Longley-Rice 在 20 世纪 60 年代被提出，这是一种类似本书采用模型的分段混合模型[22]。除了自由空间和双射线（视距）区域外，Longley-Rice 还包括更长距离的区域，其中衍射和对流散射占主导。

B.6 城市信号传播

电磁波在城市环境中的传播特点是丰富的多径和动态特性。因此，最好用随机模型来代表电磁波，而不是用本附录其余部分所述的确定性路径损耗计算。文献[5]的第 16 章详细讨论了城市信号传播。通信信号的设计也非常依赖这些信号模型，因为大多数蜂窝和无线通信协议必须在密集的城市和室内环境中工作运行。实际上，对通信系统性能进行精确建模的需求一直是研究城市环境中射频传播的

驱动因素，因此所建立的大多数模型都将重点放在蜂窝和室内通信使用的频率范围上（例如，GSM 频段范围为 800～900 MHz 和 1800 MHz，IEEE 802.11 Wi-Fi 为 2.4 GHz 和 5 GHz 频带）[5]。

最常被引用的城市通信模型包括 Okumura[23]模型，Hata[24]模型和 COST-231[25]模型，不过，研究人员们已经提出了许多扩展和改进它们的方法。关于最新建议，请读者参考国际电联的相关建议，包括文献[26]～文献[30]。感兴趣的读者可以参考这些引用以了解推导详情，或参考文献[5]的第 16 章以了解综述。

参考文献

[1] D. Eppink and W. Kuebler, "TIREM/SEM Handbook," Electromagnetic Compatibility Analysis Center, Annapolis, MD, Tech. Rep., 1994.

[2] S. Kasampalis, P. I. Lazaridis, Z. D. Zaharis, A. Bizopoulos, S. Zetlas, and J. Cosmas, "Comparison of longley-rice, itm and itwom propagation models for dtv and fm broadcasting," in *16th International Symposium on Wireless Personal Multimedia Communications (WPMC)*, 2013.

[3] J. Magliacane. (2014) Splat! [Online]. Available: https://www.qsl.net/kd2bd/splat.html.

[4] M. Skolnik, *Radar Handbook, 3rd Edition*. New York, NY: McGraw-Hill Education, 2008.

[5] R. Poisel, *Modern Communications Jamming: Principles and Techniques, 2nd Edition*. Norwood, MA: Artech House, 2011.

[6] D. Adamy, *EW 103: Tactical battlefield communications electronic warfare*. Norwood, MA: Artech House, 2008.

[7] D. Adamy, *Practical Communications Theory, 2nd Edition*. Raleigh, NC: SciTech Publishing, 2014.

[8] ITU-R, "Rec: P.341-6, The concept of transmission loss for radio links," International Telecommunications Union, Tech. Rep., 2016.

[9] ITU-R, "Report ITU-R P.2345-0, Defining propagation model for Recommendation ITU-R P.528-3," International Telecommunications Union, Tech. Rep., 2015.

[10] ITU-R, "Rec: P.526-14, Propagation by Diffraction," International Telecommunications Union, Tech. Rep., 2018.

[11] ITU-R, "Rec: P.368-9, Ground-wave propagation curves for frequencies between 10 kHz and 30 MHz," International Telecommunications Union, Tech. Rep., 2007.

[12] ITU-R, "Rec: P.1148-1, Standardized procedure for comparing predicted and observed HF sky-wave signal intensities and the presentation of such comparisons," International Telecommunications Union, Tech. Rep., 1997.

[13] J. R. Guerci, R. M. Guerci, M. Ranagaswamy, J. S. Bergin, and M. C. Wicks, "CoFAR: Cognitive fully adaptive radar," in *2014 IEEE Radar Conference*, May 2014, pp. 0984–0989.

[14] G. E. Smith, "Cognitive radar experiments at the ohio state university," in *2017 Cognitive Communications for Aerospace Applications Workshop (CCAA)*, June 2017, pp. 1–5.

[15] J. R. Guerci, "Cognitive radar: A knowledge-aided fully adaptive approach," in *2010 IEEE Radar Conference*, May 2010, pp. 1365–1370.

[16] S. Kuzdeba, A. Radlbeck, and M. Anderson, "Performance metrics for cognitive electronic warfare - electronic support measures," in *MILCOM 2018 - 2018 IEEE Military Communications Conference (MILCOM)*, Oct 2018, pp. 1–9.

[17] S. You, M. Diao, and L. Gao, "Deep reinforcement learning for target searching in cognitive electronic warfare," *IEEE Access*, vol. 7, pp. 37 432–37 447, 2019.

[18] Ryno Strauss Verster and Amit Kumar Mishra, "Selective spectrum sensing: A new scheme for efficient spectrum sensing for ew and cognitive radio applications," in *2014 IEEE International Conference on Electronics, Computing and Communication Technologies (CONECCT)*, Jan 2014, pp. 1–6.

[19] ITU-R, "Rec: P.525-3, Calculation of free-space attenuation," International Telecommunications Union, Tech. Rep., 2016.

[20] J. J. Egli, "Radio propagation above 40 mc over irregular terrain," *Proceedings of the IRE*, vol. 45, no. 10, pp. 1383–1391, 1957.

[21] D. L. Nicholson, *Spread spectrum signal design: LPE and AJ systems*. Rockville, MD: Computer Science Press, Inc., 1988.

[22] A. G. Longley and P. L. Rice, "Prediction of tropospheric radio transmission loss over irregular terrain, a computer method," ESSA Technical Report ERL 79–ITS 67, NTIS Access No. 676-874, Tech. Rep., 1968.

[23] Y. Okumura, E. Ohmori, T. Kawano, and K. Fukuda, "Field strength and its variability in vhf and uhf land-mobile radio service," *Record of the Electronic Communication Laboratory*, vol. 16, pp. 825–873, 1968.

[24] M. Hata, "Empirical formula for propagation loss in land mobile radio services," *IEEE transactions on Vehicular Technology*, vol. 29, no. 3, pp. 317–325, 1980.

[25] K. Löw, "A comparison of cw-measurements performed in darmstadt with the cost-231-walfisch-ikegami model," Rep. COST 231 TD, Tech. Rep., 1991.

[26] ITU-R, "Report ITU-R P.1406-2, Propagation effects relating to terrestrial land mobile and broadcasting services in the VHF and UHF bands," International Telecommunications Union, Tech. Rep., 2015.

[27] ITU-R, "Report ITU-R P.530-17, Propagation data and prediction methods required for the design of terrestrial line-of-sight systems," International Telecommunications Union, Tech. Rep., 2017.

[28] ITU-R, "Report ITU-R P.1238-9, Propagation data dn prediction methods for the planning of indoor radiocommunication systems and radio local area networks in the frequency range 300 MHz to 100 GHz," International Telecommunications Union, Tech. Rep., 2017.

[29] ITU-R, "Report ITU-R P.1410-5, Propagation data and prediction methods required for the design of terrestrial broadband radio access systems operating in a frequency range from 3 to 60 GHz," International Telecommunications Union, Tech. Rep., 2012.

[30] ITU-R, "Report ITU-R P.1546-5, Method for point-to-area predictions for terrestrial services in the frequency range 30 MHz to 3000 MHz," International Telecommunications Union, Tech. Rep., 2013.

附录C

大气吸收

本附录阐述了由于电磁波的传播而造成的损耗,电磁波是由于其被经过的材料吸收能量而导致的。这些损耗通常分为三部分:

(1) 由于气体吸收(包括水蒸气)而造成的损耗,L_g;

(2) 由于雨水吸收而造成的损耗,L_r;

(3) 由于云雾吸收而造成的损耗,L_c。

在每种情况下,损耗都可以用系数 γ 表示,该系数以 dB/km 为单位,并乘以每个损耗项经过的距离 D(单位: km)以获得总损耗 L(单位: dB):

$$L_{atm} = L_g + L_r + L_c \tag{C.1}$$

$$= \gamma_g D_g + \gamma_r D_r + \gamma_c D_c \tag{C.2}$$

图 C.1 说明了所涉及的不同距离,其一条路径横穿了 D_g(单位: km)的大气,其中 D_r 段距离受到雨水影响,D_c 段距离受到云和雾影响。

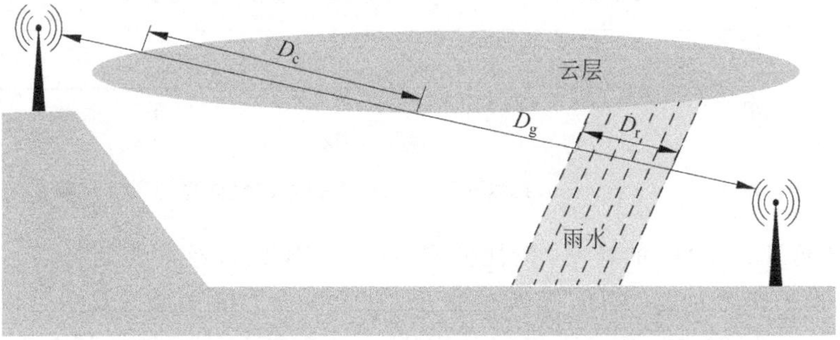

图 C.1 与气体(D_g),雨(D_r)和云层(D_c)吸收相关的路径长度图示

更详细概述可参见文献[1]的 5.8 节,关于这些损耗的详细推导可参见文献[2]的第 5 章和文献[3]的第 19 章。以下详情是从这些辐射源中随意获得的,但

是在很大程度上取决于国际电信联盟的建议[4-10]。

类似附录B，这里计算的损耗项可直接应用于系统工程和性能预测。在实战系统中，我们不太可能掌握用于准确计算这些损耗所需的大气先验知识，与附录B中的传播损耗或附录D中的噪声项相比，其影响可能很小。话虽如此，在某些情况下，对预期大气损耗的了解意味着对保证的探测距离心中有数。

C.1 由气体吸收造成的损耗

气体和水蒸气对电磁能量的吸收以吸收系数 γ_g 表示，以 dB/km 为单位。可根据方程(C.3)计算总损耗：

$$L_g = \gamma_g D_g \tag{C.3}$$

其中，D_g 是传播距离(单向)，以 km 为单位。系数 γ_g 随频率、大气压、温度和水蒸气密度而变化。它在射频频率上受大气氧(γ_o)和水蒸气(γ_w)的吸收支配。在文献[4]中给出了适合低于 350 GHz 频率的近似计算，可通过随附的 MATLAB® 代码中 atm. gaslossCoeff 函数实现该近似计算。

对于标准大气，图 C.2 在几个海拔高度(海拔 0 km、10 km 和 20 km)处绘制了大气损耗系数与频率的函数关系(本附录后面定义)。①

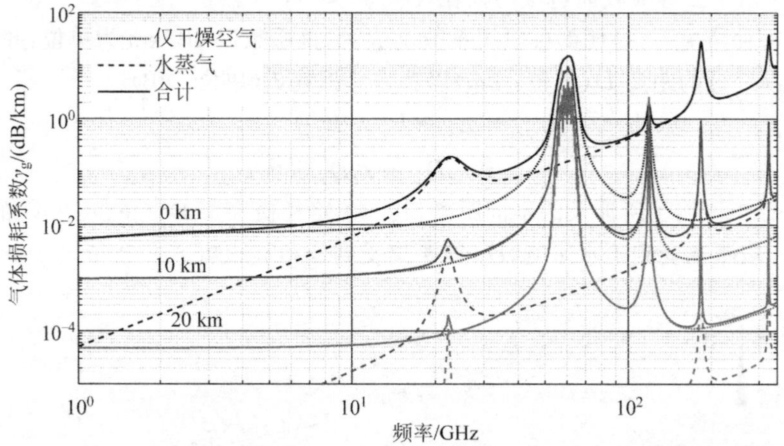

图 C.2 对于标准大气，在 h=0 km、10 km 和 20 km 海拔处的气体损耗系数与频率的函数关系

对于低于 1 GHz 的频率，损耗低于 0.005 dB/km(通常要低得多)，表示每 100 km 累积损耗为 0.5 dB。这个值很小，对于最长的传输来说几乎可以忽略不计。在 10 GHz 时，γ_g 增加到 0.015 dB/km，在 20 GHz 时，增加到 0.1 dB/km。在这些频率下，超过 100 km 的损耗分别为 1.5 dB 和 10 dB。对于 20 GHz 以上的

① 通常，在低海拔地区损耗会更严重。

频率，损耗甚至更大。

C.2　由雨水吸收造成的损耗

分段混合模型可以用来描述由于降雨引起的吸收，该模型采用了传输的仰角和偏振角。最终的损耗取决于两个参数 k 和 α 以及通过雨水段的路径长度[5]：

$$L_r = \gamma_r D_r \tag{C.4}$$

$$\gamma_r \triangleq kR^\alpha \tag{C.5}$$

其中，R 是降雨量(单位：mm/h)。如果遇到多个降雨段，则应分别计算每个降雨段的损耗，然后计算累加的损耗(以 dB 为单位)。

MATLAB® 软件包的 atm.rainlossCoeff 函数中实现了这些方程。

对于水平和垂直极化信号，在图 C.3 中绘制了雨水损耗系数与频率的函数关系，其路径仰角为 0°，适用于表 C.1 中定义的几种典型降雨水平。

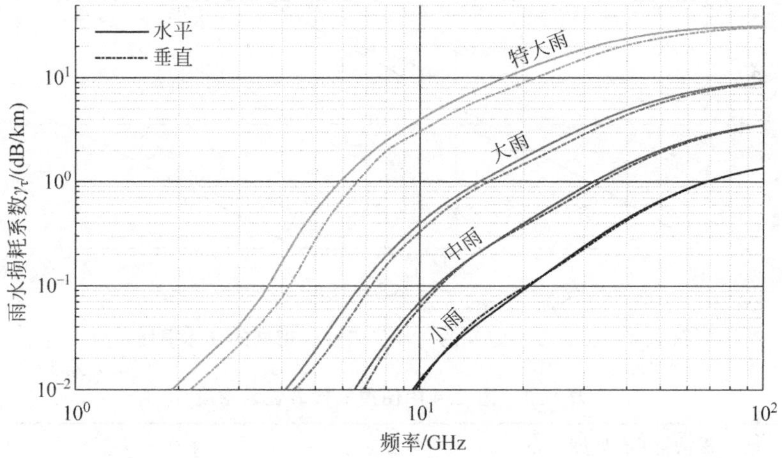

图 C.3　表 C.1 中定义的 4 个代表性降雨水平的雨水损耗系数

表 C.1　图 C.3 中使用的代表性雨情

雨情	小雨	中雨	大雨	特大雨
降雨量/(mm/h)	1	4	16	100

对于小雨，在 10 GHz 频率以下的损耗可以忽略不计。随着降雨量的增大，对于特大雨(100 mm/h)，最小受影响频率降低至 2 GHz。观察 10 GHz 的不同降雨量，损耗从小雨的低至 0.01 dB/km 到高达 4 dB/km 变化，这说明降雨可能对吸收损耗产生重大影响。

C.3 由云雾吸收造成的损耗

云雾吸收主要取决于雾的密度，以单位体积(单位：m^3)液态水的质量(单位：g)表示。[①] 可根据方程(C.6)确定损耗系数：

$$\gamma_c = K_1 M \tag{C.6}$$

其中，K_1 是文献[4]中模型定义的参数；M 表示雾密度(g/m^3)。在 MATLAB® 代码的 atm.foglossCoeff 函数中实现该参数的计算。

对于各种云密度，图 C.4 中绘制了最终损耗系数，通过表 C.2 中给定云密度下的雾的能见度对其进行了参数设置。

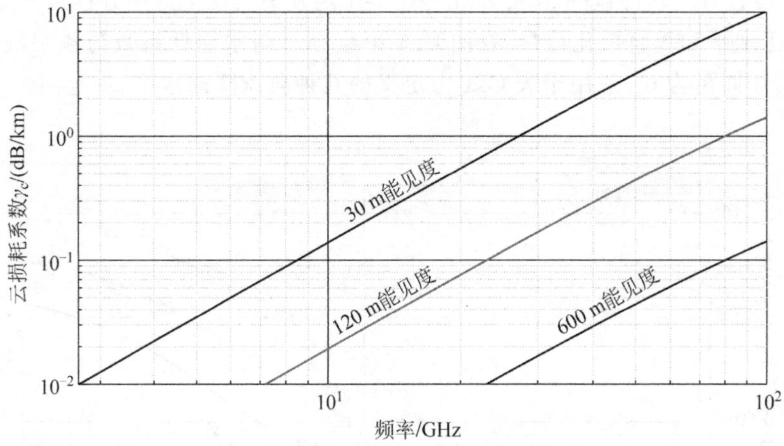

图 C.4 表 C.2 中定义的 3 种代表性云密度的气体损耗系数

表 C.2 图 C.4 中使用的代表性云密度

雾浓度(能见度)/m	密度/(g/m^3)
600	0.032
120	0.320
30	0.230

浓云和大雾会影响载频低于 1 GHz 的情形，而小雾在大约 20 GHz 以下频率时的影响可忽略不计。在所有情况下，该影响随频率(在对数－对数空间中)大致呈线性关系，在 10 GHz 时，对于中等能见度，其影响为 0.02 dB/km，对于低能见度(30 m)，其影响略大于 0.1 dB/km。

① 这是基于以下假设：相比波长 λ，所有水滴都很小，并且在 200 GHz 以下频率有效[6]。

C.4 标准大气

文献[7]定义的标准参考大气是通过 MATLAB® 脚本 atm.standardAtmosphere 计算的，并定义了分段温度、压力和水蒸气密度与高度的函数关系。为简单起见，这里不再赘述。

C.5 封装函数

为简单起见，我们还应用了封装函数，可通过一组常态变量和路径变量调用该函数，该函数返回单个损耗 L_{atm}。可通过以下脚本调用：

```
atmStruct = struct('T',T,'p',p,'e',e,'R',r,'M',m);
L = atm.calcAtmLoss(f,Dg,Dr,Dc,atmStruct,pol_angle,el_angle);
```

其中，Dg、Dr 和 Dc 是损耗 3 个分量中每个分量的路径长度；atmStruct 是 MATLAB® 架构数组，其中包含必要的大气参数，包括降雨量和云密度（如果未做说明，则假设它们都为 0）。最终参数 pol_angle 和 el_angle 是信号的极化和仰角，在雨水吸收模型中定义和调用这两个参数。

C.6 天顶衰减

天顶衰减，即在天顶（直接向上）传输的地球表面和大气边缘之间的总大气损耗，可以计算出各种海拔高度的损耗，然后进行累加。在 atm.calcZenithLoss 函数中给出这个特性。

可以使用相同的方法来计算沿倾斜路径的总损耗，首先，将路径划分为多个段，然后在每个段中累计总损耗。函数 atm.calcZenithLoss 中给出了一种简单的近似计算。如果给出了可选的第 3 个参数（天顶角），则沿着穿过大气层的直线计算损耗，该直线是从天底（直线向上）指向的 zenith_angle 弧度。

在图 C.5 中针对 1～350 GHz 频率绘制了该结果，以了解天顶损耗（直线向上），以及与天底成 10°、30°和 45°的倾斜距离路径。这里使用的估计受到限制，因为它假设从起始位置到大气层边缘是一个直线路径。实际上，路径会随着大气密度的变化而呈曲线，因此应将这些结果作为估计值，尤其是对于较大的天顶角。

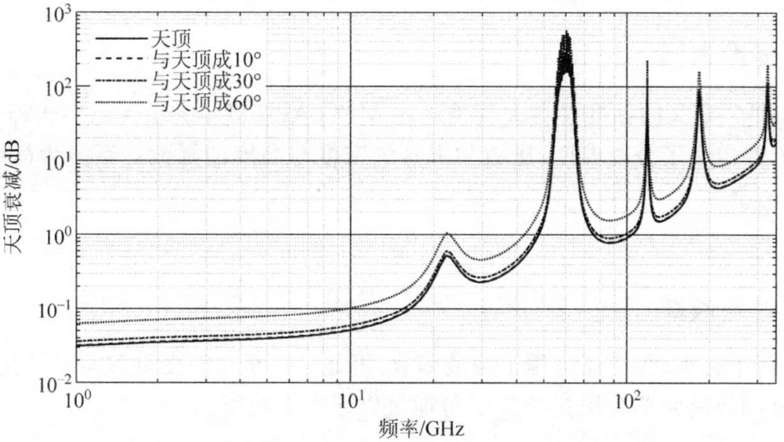

图 C.5 由气体损耗造成的天顶损耗衰减

C.7 MATLAB® 工具箱和模型逼真度

所提供的函数与随附的 MATLAB® 函数 gaspl、rainpl 和 fogpl 松散相关，这些函数是相控阵系统工具箱的一部分(均来自相关的 ITU 建议)。要注意的是，由大气气体造成的损耗主要取决于海拔高度。我们采用的实用程序和随附的 MATLAB® 函数都可以在一个高度上运行。若要考虑倾斜路径，可考虑将其分成不同海拔高度的子路径，并添加分量损耗以确定倾斜路径的总损耗。

参考文献

[1] D. Adamy, *EW 103: Tactical battlefield communications electronic warfare*. Norwood, MA: Artech House, 2008.

[2] L. V. Blake, *Radar Range-Performance Analysis*. Norwood, MA: Artech House, 1986.

[3] M. Skolnik, *Radar Handbook, 3rd Edition*. New York, NY: McGraw-Hill Education, 2008.

[4] ITU-R, "Rec: P.676-11, Attenuation by atmospheric gases in the frequency range 1–350 GHz," International Telecommunications Union, Tech. Rep., 2016.

[5] ITU-R, "Rec: P.838-3, Specific attenuation model for rain for use in prediction methods," International Telecommunications Union, Tech. Rep., 2005.

[6] ITU-R, "Rec: P.840-7, Attenuation due to clouds and fog," International Telecommunications Union, Tech. Rep., 2017.

[7] ITU-R, "Rec: P.835-6, Reference Standard Atmospheres," International Telecommunications Union, Tech. Rep., 2017.

[8] ITU-R, "Rec: P.836-6, Water vapour: surface density and total columnar content," International Telecommunications Union, Tech. Rep., 2017.

[9] ITU-R, "Rec: P.837-7, Characteristics of precipitation for propagation modelling," International Telecommunications Union, Tech. Rep., 2017.

[10] ITU-R, "Rec: P.839-4, Rain height model for prediction methods," International Telecommunications Union, Tech. Rep., 2013.

附录D

系统噪声

对于所有接收机来说，噪声都是一个避不开的问题。即使在没有人为干扰信号的情况下，也会存在银河背景辐射和来自天体、大气和地面射频辐射（有时也称为天空噪声），以及来自激励电路和射频系统内部和附近组件的辐射，称为热噪声。可以在文献[1]的第 4 章中找到有关环境噪声源的详细讨论，包括对引起热噪声的热力学和量子力学的讨论。文献[2]的 2.8 节和 2.9 节详细介绍了其他噪声源，包括人为脉冲噪声。也可以在文献[3]中找到一组简洁的建议。

本附录将简要回顾加性白噪声模型，这是迄今为止最常用的方法。然后，我们简要讨论了该模型的推广，以处理与频率相关的（非白）噪声，并介绍了天空噪声的主要分量以及脉冲噪声源。

D.1 加性高斯白噪声

接收机中的主要噪声源是热噪声，“它是由不完美导体中电子的热搅动引起的”[1]。这让人立即想到以下情况：对系统进行冷却可以降低噪声级，并相应提高灵敏度。简而言之，噪声级是温度（单位：K）和玻耳兹曼常数（$k=1.38\times10^{-23}$ (W·s)/K）的乘积：

$$N_0 = kT \tag{D.1}$$

标准温度（有时也称为参考温度）为 290 K，对应 17℃的室温。在方程（D.1）中，N_0 是噪声功率谱密度（W·s，或等效地，W/Hz）。为了获得接收到的总噪声功率，我们还要乘以接收机的带宽，称为噪声带宽 B_n：

$$N = kTB_n \tag{D.2}$$

其中，N 是总噪声功率（单位：W）。这代表了一个理想化的系统。实际上，射频组件是有损的和不理想的。这些损耗不仅会导致接收信号强度降低，而且会导致热噪声增加，因为传输线吸收的能量最终会被重新辐射。为了解决这个问题，需要为每个组件测量一个经验噪声因数。噪声因数定义为超出方程(D.2)预测值的测得噪声：

$$F_n = \frac{\widetilde{N}}{kTB_n} \tag{D.3}$$

其中，F_n 以线性单位表示；$\widetilde{N}$ 是测得噪声功率(以单位：W)。有时候以分贝单位 NF 表示噪声系数更为方便，可根据方程(D.4)定义 NF：

$$\mathrm{NF} = 10\lg(F_n) \tag{D.4}$$

由此，可以以线性或分贝单位计算噪声功率：

$$N = kTBF_n \tag{D.5}$$

$$N = 10\lg(kTB) + \mathrm{NF} \tag{D.6}$$

可以使用随附的 MATLAB® 函数 noise.thermal_noise 计算该值(单位：dB)。

文献[4]的 5.2 节详细讨论了噪声因数测量，以及现代接收机(包括众多组件)有效噪声因数的计算。所描述的一些代表性噪声系数值包括：行波管(travel wave tube，TWT)放大器，该值为 10～20 dB；对于更现代的固态功率放大器，该值约为 6 dB；对于有损天线，该值小于 1.5 dB(对于损耗非常小的天线，该值低至 0.05 dB)，以及相当于无源网络组件(如分路器)损耗因子的噪声因数。接收机系统的组合噪声因数应包括每个阶段的贡献率(例如，天线、放大器、滤波器、移相器和模数转换器)。

D.2 有色噪声

如果由于某种原因，噪声频谱是有色的(在整个频率上不均匀)，我们将乘积 kTB 替换为一个积分：

$$N = (F_n - 1)\int_{f_0 - B/2}^{f_0 + B/2} N_0(f)\mathrm{d}f \tag{D.7}$$

其中，$N_0(f)$是随频率变化的功率谱密度，接收机的通带为 $f_0 + [-B/2, B/2]$。

D.3 天空噪声

尽管通常认为上述热噪声对于一般建模而言已足够，但如果需要高保真度，则应考虑其他噪声源。Blake[1] 和 ITU[3] 提出了几种噪声源模型。我们在这里总结了一些主要噪声源。这些额外的噪声源可作为对方程(D.1)中系统温度 T 的修改而被考虑在内：

$$T_{\mathrm{eff}} = T + T_C + T_A + T_G \tag{D.8}$$

其中，每个项代表不同噪声源的贡献率；T 是热噪声温度(290 K)；T_C 是来自宇宙源(包括太阳和月亮)的噪声温度；T_A 是地球大气层发射的噪声；T_G 是地面发射的噪声。[①]

为了计算有效噪水平,我们使用可选的第 3 个参数调用 thermal_noise,以指定外部噪声温度。

```
N = noise.thermal_noise(bw, nf, Tc);
```

不一定总是要考虑到天空噪声。实际上在许多情况下,它对所得噪声因数的影响很小(增加幅度小于 1 dB)。图 D.1 描绘了这种关系,其中增大噪声水平($kB(T_{eff}-T)$)是随着噪声温度($T_{eff}-T$)增大的函数。从图 D.1 可以看出,如果所有外部噪声源的总贡献率小于 35 K,则噪声级的增加将小于 0.5 dB。如果总贡献率小于 10 K,则噪声级的增加小于 0.1 dB。为了使噪声水平提高 3 dB(噪声功率增加一倍),外部噪声源的总噪声温度必须为 290 K。

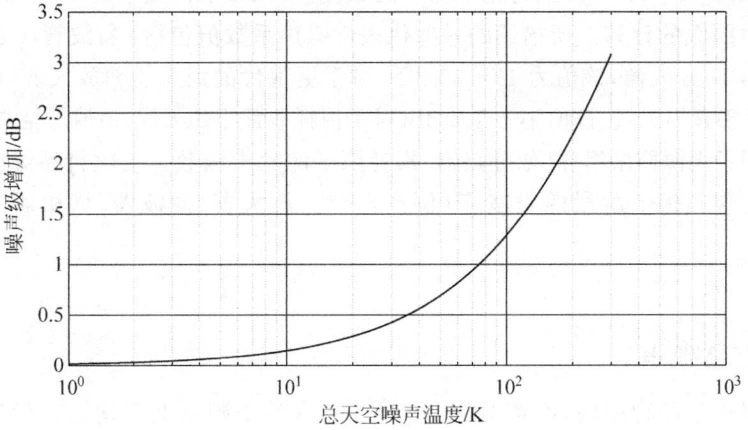

图 D.1　噪声水平是随外部噪声温度增大的函数,如果总外部噪声温度小于 35 K,则总噪声功率的增加小于 0.5 dB

D.3.1　宇宙噪声

第一项 T_C 是对地球大气层以外所有电磁辐射源的统称,太阳除外。银河背景电平对噪声温度的贡献率为 2.7 K,而离散信源(恒星附近)的贡献率遵循与频率相关(且可变)的噪声级。积分方程为

$$T_C = \frac{\alpha_C}{L_A}\left[T_{100}\left(\frac{100}{f_{MHz}}\right)^{2.5} + 2.7\right] \tag{D.9}$$

① 方程(D.8)中的噪声温度包括固有属性,如在每个噪声源方向上的集成天线增益的分数,将在文献[1]中详细讨论这些项。

其中，α_C 是地平线上方指向的全集成天线图的分数；L_A 是天空不同部分的平均大气损耗；T_{100} 是参考频率(100 MHz)下的银河噪声温度；f_{MHz} 是载波频率(单位：MHz)。Blake 认为，对于大多数地基雷达而言，$\alpha=0.95$ 是一个很好的近似值。T_{100} 在 500～18 650 K 波动，几何平均值为 3050 K。L_A 的估计应遵循附录 C 中的方法。我们采用仰角 45°处的损耗 L_A 作为整个天空平均损耗的近似值。

高于 2 GHz 时，除非将天线直接指向明亮的物体，如月亮或太阳，否则宇宙噪声基本上可以忽略不计[3]。可以使用随附的 MATLAB® 函数 noise.cosmic_noise_temp 估计宇宙噪声级。

D.3.1.1　太阳噪声

由于太阳是天空中的集中噪声源，因此我们可以将其效果与宇宙噪声分开建模。就像宇宙噪声一样，有效噪声温度包括天线图和大气损耗项：

$$T_s=\frac{\alpha_s}{L_A}\widetilde{T}_s \tag{D.10}$$

在没有太阳耀斑的情况下，太阳温度 $\widetilde{T}_s$ 从 1 GHz 时的 10^5 K 变化到 300 MHz 以下时的 10^6 K，以及 10 GHz 以上时的低于 10^4 K。由于太阳是天空中的离散物体，因此如果天线未指向太阳，则通常可以忽略此贡献率，α_s 代表一个天线旁瓣。鉴于这一事实，Blake 提出了一种更方便的方法，将 α_s(指向太阳的天线接收方向图的分数)替换为 G_s(指向太阳方向的平均天线增益)：

$$T_s=4.75\times10^{-6}\frac{G_s\widetilde{T}_s}{L_A} \tag{D.11}$$

如果旁瓣 G_s 低于 0 dBi，那么即使没有大气损耗，由太阳贡献的有效噪声温度也将小于 4.75 K，大致在银河背景辐射贡献率的数量级上。为了考虑到太阳的影响，我们为函数 cosmic_noise_temp 提供了一个可选参数 G_sun。

```
Tc = noise.cosmic_noise_temp(f,rx_alt,alpha_c,G_sun);
```

其中，G_sun 指 G_s，即指向太阳的平均天线增益(单位：dB，相对于各向同性天线 dBi)。

D.3.1.2　月球噪声

我们以与太阳噪声相同的方式考虑月球噪声。月球噪声在 1～100 GHz 具有约 200 K 的恒定水平[3]，并且遵循方程(D.11)，用指向月球的天线增益(G_m)代替 G_s，并用 $\widetilde{T}_m=200$ K 替代 $\widetilde{T}_s$。在随附的代码中，可以通过为函数 cosmic_noise_temp 提供可选参数来调用该函数：

```
Tc = noise.cosmic_noise_temp(f,rx_alt,alpha_c,G_sun,G_moon);
```

其中，G_moon 指 G_m（单位：dBi）。

D.3.1.3 总宇宙噪声

图 D.2 绘制了在一般情况下指向月球或太阳的 30 dBi 主瓣，在 100 MHz 至 10 GHz 频率下的宇宙噪声温度。指向月球的 30 dBi 主瓣的影响几乎可以忽略不计，对于 600 MHz 以上的频率，来自宇宙信源的总噪声温度小于 35 K。指向太阳的 30 dBi 主瓣影响要强烈得多，在 10 GHz 以上频率下，噪声级超过 35 K。由此可以得出结论，除非天线指向太阳，否则 600 MHz 以上频率的宇宙（包括太阳和月球）噪声是极小的（小于 30 K），并且在 1 GHz 以上频率（小于 10 K）时可以完全忽略不计。

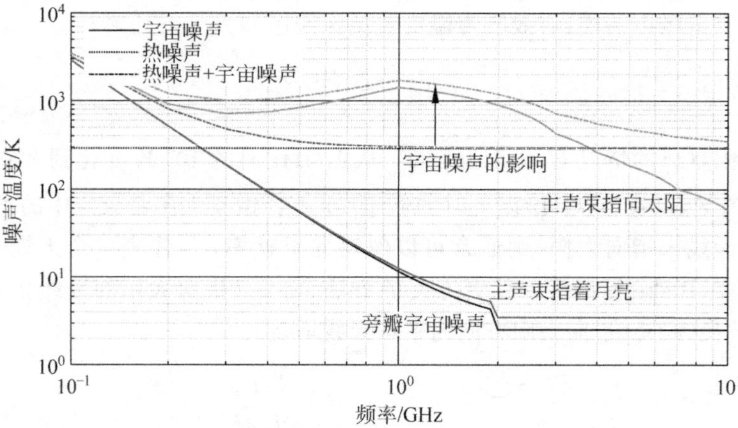

图 D.2 宇宙噪声温度和热噪声温度与基线频率的函数关系（忽略太阳噪声和月球噪声）以及 30 dBi 天线主瓣指向太阳或月球的情况

D.3.2 大气噪声

在可吸收的波段内大气是噪声的来源之一。这是因为大气中的成分会吸收能量，然后再辐射出去。可以将这种特性建模为来自有损传输线的噪声[1]。因此可以通过沿天线主要指向角的大气温度 T_t 和吸收损耗 L_A 来计算噪声温度 T_A：

$$T_a = \alpha_a T_t \left(1 - \frac{1}{L_A}\right) \tag{D.12}$$

其中，α_a 是天线在定义路径上接收机能量的比例系数；T_t 和 L_A 为在从天线到大气边缘（在天线主瓣中）的传播路径上的平均值。假定大气噪声来自各个角度，我们可以假设 $\alpha_a=1$ 而不会显著降低精度。关于方程（D.12）的更精确形式，包括沿传播路径的积分，可参见 Blake[1]。可从附录 C 中所述的标准大气中获取温度，同样也可以获取大气损耗。

在图 D.3 中绘制了大气噪声温度 T_a 与仰角和频率的函数关系。这可通过计算每个仰角到大气层边缘的大气损耗(L_A) 来计算,并为附录 C 中定义的标准大气计算地平面与大气层边缘之间的平均温度(海拔 100 km),得出近似值 $T_t=228$ K。在这些假设条件下,几乎所有低于 20 GHz 的场景中的大气噪声都是极小的(小于 30 K),而低于 10 GHz 的大气噪声(小于 10 K)可以忽略不计。高于 20 GHz 时,噪声级受仰角和吸收带(其中大气损耗很明显)的影响很大。

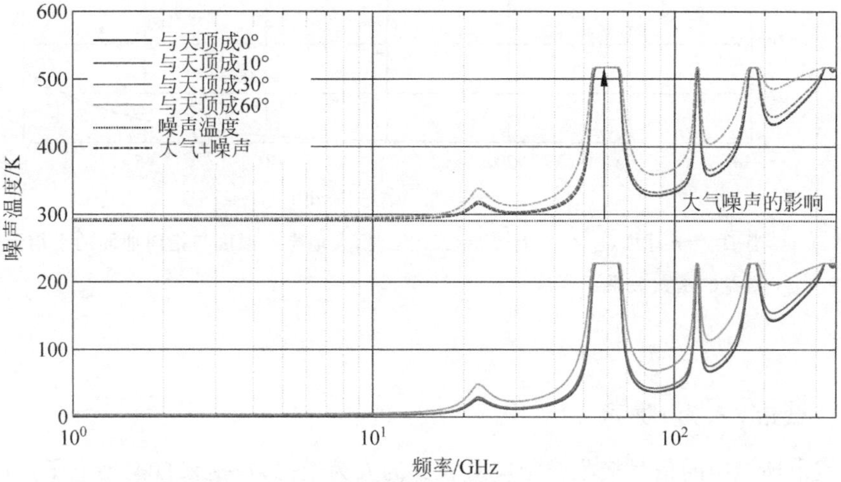

图 D.3 $\alpha_a=1$ 且 $T_t=228$ K 的地面接收机,大气噪声温度与频率和仰角的函数关系

D.3.3 大地噪声

像所有天体一样,地球本身就是辐射源。可合理地近似得出地球的热温度,$T_t=290$ K。可根据方程(D.13)计算地球的噪声贡献率[1]:

$$T_G=\frac{\Omega_G G_G \varepsilon T_t}{4\pi} \tag{D.13}$$

其中,Ω_G 是地球占据的天线视场的百分比(可以用 π 球面度[1]近似得出);G_G 是在地球方向上的平均天线增益(Blake 认为可以近似得出其值为 0.1~0.5);ε 是地球的表面发射率,(根据定义)为 0~1。对于完全反射表面,ε=0,而对于完全不透明的表面,ε=1。假定这些值和典型近似值,大地噪声的贡献率最低为 7.3 K(当 $G_G=0.1$ 时),最高为 36 K(当 $G_G=0.5$ 时)。

图 D.4 绘制了大地噪声温度(T_g)与指向地面的平均天线增益(G_G)的函数关系,假设 $\Omega_G=\pi$ 球面度,ε=1 且 $T_t=290$ K。这种情况下,当 $G_G<-4$ dBi 时,大地噪声(隔离状态)极小(小于 30 K),而当 $G_G<-8$ dBi 时,可以完全忽略不计(小于 10 K)。

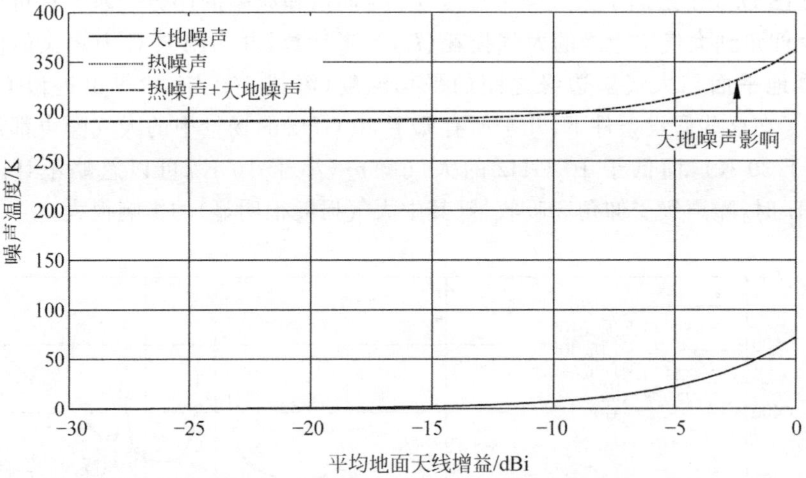

图 D.4 当 $\Omega_G=\pi$ 球面度，$\varepsilon=1$ 且 $T_t=290$ K 时，大地噪声温度与指向地面的平均天线增益的函数关系

D.4 城市(人为)噪声

城市环境中的信号接收必须应对大量的人为干扰，包括来自家用电子产品(如微波炉、车辆点火系统和便携式电话)和工业设备(如焊机和电力公司供配电)的干扰。读者可参阅文献[2]的 2.8 节中有关这些辐射源的讨论，以及文献[2]的 2.9 节中有关其对信号检测影响的数学公式。

参考文献

[1] L. V. Blake, *Radar Range-Performance Analysis*. Norwood, MA: Artech House, 1986.

[2] R. Poisel, *Modern Communications Jamming: Principles and Techniques, 2nd Edition*. Norwood, MA: Artech House, 2011.

[3] ITU-R, "Rec: P.372-13, Radio Noise," International Telecommunications Union, Tech. Rep., 2016.

[4] Avionics Department, *Electronic Warfare and Radar Systems: Engineering Handbook*, 4th ed. China Lake, CA: Naval Air Warfare Center Weapons Division, 2013.

作者简介

Nicholas A. O'Donoughue 博士是兰德公司(RAND)的高级工程师,他通过兰德公司联邦资助研发中心 Federally Funded Research and Development Centers 为各类国防研究提供雷达、通信和电子战方面的专业知识。他于 2006 年获得维拉诺瓦大学的化学工程学士学位,并分别于 2009 年和 2011 年获得卡内基梅隆大学电气工程专业的硕士学位和博士学位。在获得博士学位后,O'Donoughue 博士于 2012—2015 年在麻省理工学院林肯实验室的机载雷达系统和技术小组工作,致力于分析和开发机载地面监视雷达系统的电子战技术。

O'Donoughue 博士曾在 2013—2015 年作为讲师通过麻省理工学院的专业教育计划讲授了多届"构建雷达课程",并于 2015 年春季在塔夫茨大学讲授了雷达信号处理课程。

他曾荣获国防科学与工程研究生奖学金,维拉诺瓦大学工程校友会院长 Robert D. Lynch 奖学金和维拉诺瓦大学计算机工程杰出学生奖章。他发表了 40 多篇科技期刊和会议论文,其中两篇被选为最佳学生论文。Nicholas 是 IEEE 的高级会员,也是 Tau Beta Pi 和 Eta Kappa Nu 工程荣誉学会的会员。

索 引